动物繁殖原理与技术

黄国清　主编

中国农业大学出版社
·北京·

内容简介

本教材紧紧抓住“繁殖技术及其应用”这条主线，以工作过程为导向，以动物繁殖过程为现实依据，采用项目化课程编排模式，包括生殖激素功能与应用、采精与精液品质检查、精液的稀释与保存技术、发情与发情鉴定技术、输精与受精、妊娠与妊娠诊断技术、分娩与助产技术以及动物繁殖管理8个项目30个学习任务和22个实训操作，充分体现“以职业为先，岗位为重，素质为本”的现代职业教育理念。

本教材呈现形式新颖、内容贴近生产实际、图文并茂、生动活泼、直观易懂和操作性强，适用于职业本科和应用型本科人才培养，既可作为职业本科现代畜牧专业和应用型本科动物科学专业的教材，也可作为从事动物良种繁育的技术人员的参考用书。

图书在版编目(CIP)数据

动物繁殖原理与技术 / 黄国清主编．--北京：中国农业大学出版社，2024.3
ISBN 978-7-5655-3162-0

Ⅰ.①动…　Ⅱ.①黄…　Ⅲ.①畜禽－繁殖－高等学校－教材　Ⅳ.①S814

中国国家版本馆CIP数据核字(2024)第031421号

书　　名　动物繁殖原理与技术
Dongwu Fanzhi Yuanli yu Jishu
作　　者　黄国清　主编

策划编辑　赵　艳　　**责任编辑**　赵　艳
封面设计　中通世奥图文设计
出版发行　中国农业大学出版社
社　　址　北京市海淀区圆明园西路2号　　**邮政编码**　100193
电　　话　发行部 010-62733489,1190　　读者服务部 010-62732336
编辑部 010-62732617,2618　　出　版　部 010-62733440
网　　址　http://www.caupress.cn　　**E-mail**　cbsszs@cau.edu.cn
经　　销　新华书店
印　　刷　河北虎彩印刷有限公司
版　　次　2024年4月第1版　　2024年4月第1次印刷
规　　格　185 mm×260 mm　　16开本　　17印张　　424千字
定　　价　55.00元

编审人员

主　编　黄国清（江西农业大学）

副主编　吴华东（江西农业大学）

田允波（仲恺农业工程学院）

参　编　舒邓群（江西农业大学）

茆达干（南京农业大学）

江是良（西北农林科技大学）

刘　犇（宜春学院）

武建中（宜春学院）

邓　政（江西绿环种猪育种有限公司）

万敏慧（江西永辉生态养殖有限公司）

主　审　陈从英（江西农业大学）

前 言

习近平总书记强调，加强教材建设和管理，牢牢把握正确政治方向和价值导向，用心打造培根铸魂、启智增慧的精品教材。本教材在编写过程中紧紧锚定打造精品教材的目标，融入思政教育内容，突出教材的“新颖”“科学”“准确”“先进”和“实用”，反映动物繁殖最新理论和技术，反映动物繁殖最新研究成果，介绍的动物繁殖理论与技术能直接指导生产，具有很强的操作性。

动物繁殖原理与技术是动物科学专业的专业基础课，是在学习动物解剖生理、动物生物化学、动物微生物学和生物统计附试验设计等课程基础上开设的一门综合性、实践性很强的课程。本教材从养殖企业繁殖岗位的职业能力分析入手，以应用能力培养为重点，打破单纯强调学科自身系统性、逻辑性的局限，将动物繁殖原理与动物繁殖技术有机融合，突出理论知识的应用和实践能力的培养，强化学生对综合解决问题能力和职业能力的全面提升，充分体现“以职业为先，岗位为重，素质为本”的现代职业教育理念。通过本课程的学习，使学生可以掌握动物繁殖的基本知识和基本技能，为后续学习专业课程打下较坚实的基础，同时学生创新能力和实践能力得到培养。

本教材以工作过程为导向，以动物繁殖过程为依据，以项目、任务、活动、案例为载体，紧紧抓住“繁殖技术及其应用”这条主线，按照“项目—任务”的结构，构建编写体系，设有8个项目（生殖激素功能和应用、采精与精液品质检查、精液的稀释与保存技术、发情与发情鉴定技术、输精与受精、妊娠与妊娠诊断技术、分娩与助产技术、动物繁殖管理）和30个学习任务，每个项目在岗位群分析的基础上，提出了知识目标和技能目标，项目后设有自测训练，每个任务在讲授知识的基础上，设有若干个专业技能实训操作，教材内容贴近生产，有利于学生知识的掌握和技能的训练，达到理论内容实践化，实践内容实训化，突出专业技能培养，充分体现了专业性、应用性、职业性和先进性的原则。

本教材按照“以岗位能力培养为核心、以项目任务为载体”的要求，“教、学、做”一体化的体例进行编排，有利于“理实一体化”教学的全面实施。每个项目设有若干个学习任务，每个学习任务理论学习与实训操作相结合，让学生边学习边操作，边理解边记忆。

为了落实党的二十大报告提出的立德树人根本任务，本教材融入了思政教育内容，例如，将我国科学家的一些研究成果和开发的动物繁殖产品、繁殖领域相关的名人故事、中国科学家的科技创新、生殖激素的发现和发展与我国中药发展之间的联系等展现在教材中，体现我国科技工作者对动物繁殖学发展作出的贡献。

本教材是针对职业本科现代畜牧专业和应用型本科动物科学专业开发的，在编写体例、结构和内容选取等方面做了大胆探索，突出学生应用能力培养。本教材具有文字精练准确、生动活泼、内容贴近生产实际、图文并茂、直观易懂和操作性强的特点。本教材既可作为职业本科现代畜牧专业和应用型本科动物科学专业的教学用书，也可作为从事动物良种繁育的技术人员的参考用书。

本教材涉及的内容较广，在编写过程中，限于编者的能力和水平，教材中难免有不妥甚至错误之处，敬请读者批评指正。

编 者

2023 年 6 月

目录

项目 1

生殖激素功能和应用

中国科学家人工合成牛胰岛素

1958年8月,中国科学家提出了人工合成胰岛素的宏伟目标,凭借热爱祖国、献身科学事业、奋勇攀登世界科技高峰的顽强拼搏精神,进行了艰苦的创造性科学研究。在长达6年的科学攻关中,科学家们完成了大量精细的实验,写下了难以计数的实验记录,终于在1965年9月17日实现了目标,第一次人工合成了与天然牛胰岛素分子化学结构相同并具有完整生物活性的蛋白质。

【知识目标】

(1) 掌握生殖激素的概念。
(2) 掌握生殖激素的种类与作用特点。
(3) 掌握各种生殖激素的主要功能。
(4) 掌握生殖激素的应用。
(5) 了解生殖激素的性质及来源。

【能力目标】

(1) 掌握生殖激素的使用方法及使用时的注意事项。
(2) 生产中能正确使用生殖激素来调控动物的繁殖过程。

【学习任务】

任务 1-1　生殖激素的分类与作用特点

生殖是动物最基本的生理活动之一,生殖过程不仅受神经支配,更重要的是受生殖激素的调控。机体的生殖激素多种多样,各自有着不同的生理功能,而它们又相互配合、相互协调,以维持机体正常的生殖活动。

一、生殖激素的概念

1. 激素

激素是由动物机体产生的，经体液循环或空气传播等方式作用于靶器官或靶细胞，具有调节机体生理机能的一系列微量生物活性物质。

2. 生殖激素

在哺乳动物中，几乎所有激素都与生殖机能有关。有的是直接影响某些生殖环节的生理活动；有的则是维持全身的生长、发育及代谢，间接保证生殖机能的顺利进行。那些直接作用于生殖活动，并以调节生殖过程(如动物的性器官、性细胞、性行为、发情、排卵、妊娠和分娩等)为主要生理功能的激素称为生殖激素。生殖激素是由动物内分泌腺体(无管腺)产生的，故又称为生殖内分泌激素。

3. 次发性生殖激素

那些对生殖活动有间接作用的激素，即通过维持整体正常生理状态而间接地保证生殖活动正常进行的激素称为次发性生殖激素。例如生长素、促甲状腺素、促肾上腺皮质素、加压素，还有甲状腺素、肾上腺皮质素、胰岛素，这些激素都是通过影响机体代谢而间接影响生殖活动。

随着现代畜牧业的迅速发展，利用外源性生殖激素来控制家畜繁殖过程的技术，如发情控制、超数排卵、胚胎移植、诱发分娩、性成熟控制等，已显示出很大的应用价值。近年来，国内外除已提纯若干自然的生殖激素外，同时还人工合成出许多这类激素制剂及其类似物。

二、生殖激素的作用特点

1. 具有一定的选择性

各种生殖激素均有其一定的靶组织(或器官)，必须与靶组织(或器官)中的特异性受体(内分泌激素)或感受器(外激素)结合后才能产生生物学效应。促性腺激素可作用于性腺(卵巢和睾丸)，雌激素可作用于雌性生殖道、乳腺管道，孕激素可作用于乳腺泡，睾酮可作用于雄性第二性征(鸡冠、马鬃等)。

2. 具有高效能的生物活性

少量或极微量的生殖激素就可引起很大生理变化，如将 1 pg 的雌激素直接作用于阴道黏膜或子宫内膜上，就会引起阴道或子宫出现明显的收缩。

3. 具有持续性和积累性

生殖激素在血液中受分解酶的作用，其活性丧失很快，但其作用具有持续性和积累性。例如孕酮，经注射到家畜体内，在 10～20 min 内就有 90%从血液中消失，但其作用要在若干小时或若干天内才能显示出来。

生殖激素的生物活性在体内消失 1/2 时所需的时间，称为半衰期，又称半寿期或半存留期。

4. 具有协同和抗衡作用

(1) 协同作用　母畜在排卵时促卵泡素和促黄体素二者具有协同作用。

(2) 抗衡作用(也称拮抗作用)　雌激素能引起子宫兴奋性增强，而孕激素则抵消这种兴奋作用，使子宫处于安静状态。

妊娠母畜体内常常同时存在着孕酮和雌激素，这种平衡能使子宫保持稳定的生理状态。如减少孕酮含量(摘除黄体)或增加雌激素含量(注射雌激素)，都可以引起妊娠母畜流产。

三、生殖激素的分类

1. 根据来源和功能不同，生殖激素大致分为以下3类

(1) 来自下丘脑的释放激素，可控制垂体合成与释放有关的激素。

(2) 来自垂体前叶的促性腺激素，能刺激性腺产生类固醇激素，并能促进配子的成熟与释放。

(3) 来自性腺(即睾丸和卵巢)的性腺激素，对两性行为以及生殖周期的调节均起着重要的作用。

除此之外，与生殖有直接关系的生殖激素还有来自胎盘的一些激素，来自垂体后叶的催产素，以及近年来被人们认作生殖激素的前列腺素等。

2. 根据化学性质不同，生殖激素分为以下3类

(1) 含氮激素　包括蛋白质、多肽、氨基酸衍生物和胺类等，垂体分泌的所有生殖激素和脑部分泌的大部分生殖激素都属此类。此外，胎盘和性腺以及生殖器官外的其他组织器官也可分泌蛋白质类和多肽类激素。

(2) 类固醇类　主要由性腺和肾上腺分泌，对动物性行为的产生和生殖激素的分泌有直接或间接作用。

(3) 脂肪酸类　主要由子宫、前列腺、精囊腺(前列腺素)和某些外分泌腺体(外激素)所分泌。

任务1-2　生殖激素的功能与应用

动物的生殖活动是一个复杂的过程，所有生殖活动都与生殖激素的功能和作用有着密切的关系。随着生殖科学的迅速发展，人类利用生殖激素控制动物繁殖过程、消除繁殖障碍，这将进一步促进繁殖潜力开发，促进规模化养殖，加快品种改良，提高畜牧业生产水平。

一、下丘脑分泌的激素

(一) 下丘脑与垂体的关系

下丘脑至垂体并没有直接的神经支配，而是通过来自垂体上动脉的长门脉系统和来自垂体下动脉的短门脉系统将信息传递给垂体(图1-1)。下丘脑分泌的促性腺激素释放激素(GnRH)进入血液后，经垂体门脉系统作用于垂体前叶，促进垂体促黄体素(LH)和促卵泡素(FSH)的分泌和释放。GnRH可以促进垂体分泌LH和FSH，提供外源激素后数分钟，血液中LH和FSH水平便开始升高。相对而言，GnRH对LH分泌的促进作用比对FSH分泌的促进作用更迅速。LH和FSH对GnRH的分泌具有反馈性抑制作用。

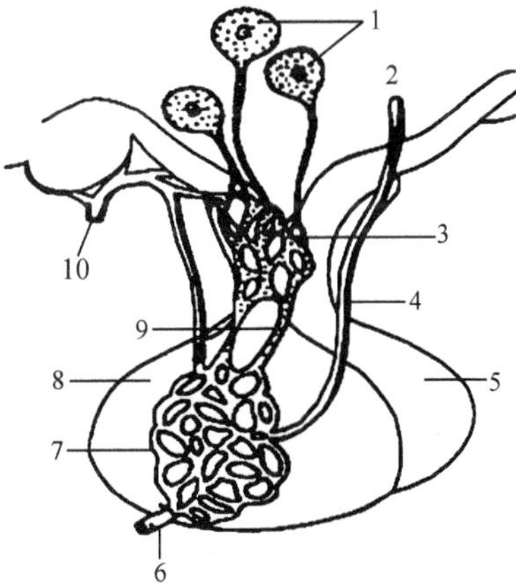

1. 下丘脑神经细胞　2. 下丘脑　3. 毛细血管丛　4. 回流到下丘脑的静脉　5. 垂体后叶　6. 静脉(通海绵窦)　7. 毛细血管丛　8. 垂体前叶　9. 垂体门脉血管　10. 垂体上动脉

图1-1　垂体与下丘脑关系示意图

(引自张周，2001)

（二）下丘脑分泌的激素

目前，人们已确定下丘脑可分泌促性腺激素释放激素、催产素、生长素释放激素、生长素抑制激素、促乳素释放因子、促乳素抑制因子和促甲状腺素释放激素等10多种释放或抑制激素。以调节动物繁殖功能为主要功能的激素有促性腺激素释放激素和催产素（表1-1）。

表1-1 下丘脑合成的激素及其主要生理作用

分类	激素名称	英文缩写	化学本质	合成部位	主要生理作用
释放激素（因子）	促性腺激素释放激素	GnRH	10肽	弓状核等	促进FSH和LH的分泌和释放
	促乳素释放因子	PRF	多肽		促进促乳素（PRL）的分泌与释放
	生长激素释放激素	GHRH	44肽		促进GH的分泌与释放
	促甲状腺素释放激素	TRH	3肽	正中隆起	促进促甲状腺素（TSH）和PRL的分泌与释放
	促肾上腺皮质素释放激素	CRH	41肽	室旁核等	促进促肾上腺皮质素（ACTH）的分泌与释放
	促黑素细胞素释放激素	MRH	5肽		促进促黑素细胞素（MSH）的分泌与释放
抑制激素（因子）	促性腺激素抑制激素	GnIH	12肽	背内侧核	抑制促性腺激素的合成与分泌，促进禽类摄食
	生长抑制激素	SS	14肽	视前区、室周核等	抑制GH和PRL的释放
	促乳素释放抑制因子	PIF	多肽或胺类		抑制PRL释放
	促黑素细胞素抑制激素	MIH	3肽	可能是催产素（OXT）的降解产物	抑制MSH释放
其他	催产素	OXT	9肽	视上核，室旁核	促进子宫收缩、乳汁排出
	抗利尿激素	ADH	9肽	视上核，室旁核	减少尿量，升高血压

（三）促性腺激素释放激素（GnRH）

促性腺激素释放激素又称促黄体素释放激素，由分布于下丘脑内侧视前区、下丘脑前部、弓状核、视交叉上核的神经内分泌小细胞分泌，能促进垂体前叶分泌LH和FSH。

1. 化学结构

所有哺乳动物下丘脑分泌的GnRH均为十肽，并具有相同的分子结构和生物学效应。禽类、两栖类和鱼类的GnRH的分子结构与哺乳类略有差异。

2. 分泌调节

GnRH分泌的激素调节包括3种反馈机制。性腺类固醇通过体液途径作用于下丘脑，调节GnRH的分泌，称为长反馈调节；垂体促性腺激素通过体液途径对下丘脑GnRH分泌的调节称为短反馈调节；血液中GnRH浓度对下丘脑的分泌活动也有自身引发效应，称为超短反馈调节。

3. 生理功能

GnRH 的主要生理功能是促进垂体前叶促黄体素和促卵泡素的合成和释放，其中以促黄体素的释放为主。GnRH 对雄性动物有促进精子发生和增强性欲的作用，对雌性动物有诱发发情、排卵和提高配种受胎率的功能。

4. 临床应用

临床上 GnRH 常用于治疗雄性动物性欲减弱、精液品质下降，雌性动物卵泡囊肿和排卵异常等症。目前，人工合成的 GnRH 类似物已广泛应用于畜牧生产和兽医临床以提高家畜的繁殖力，其中以促排 3 号的活性最高。

(1) 诱发发情　母畜产后因受季节、营养、泌乳、疾病的影响，卵巢活动受到抑制，表现为乏情。对母牛肌内注射 50～100 μg 促排 3 号，可诱导产后发情。

(2) 超数排卵　羊超数排卵时，于第一次配种后注射促排 3 号 15～20 μg，可以促进排卵，增加可用胚胎数。

(3) 提高情期受胎率　母猪配种前 2 h 或配种后 10 d 内注射 GnRH 类似物 100～200 μg，可提高情期受胎率 20%～30%，甚至可增加平均窝产活仔数 2～3 只。

(4) 治疗雌性繁殖障碍　应用 GnRH 类似物 LRH-A_1(促排 1 号)治疗牛卵巢静止和卵泡囊肿，剂量分别为 200～400 μg 和 400～600 μg。

(5) 治疗雄性不育　GnRH 能刺激公畜垂体细胞分泌间质细胞刺激素(ICSH)，促进睾丸发育、雄激素分泌和精子成熟，因此可用于治疗雄性动物性欲减弱、精液品质下降等。

(6) 公畜去势　应用 GnRH 免疫动物，可诱导机体产生特异性抗体，中和内源 GnRH，使垂体接受 GnRH 的刺激减弱，从而使性腺发生退行性变化，达到去势的目的。例如用 GnRH 主动免疫公兔和公猪，间质细胞出现退行性变化，睾丸重量明显减轻，睾丸萎缩。

(7) 抱窝母鸡催醒　注射 GnRH 可使抱窝母鸡醒窝，恢复产卵。

(8) 诱导亲鱼产卵　在鱼类生产中，国内常用 GnRH 类似物促排卵 1 号(LRH-A_1)或促排卵 2 号(LRH-A_2)诱导亲鱼产卵，剂量一般为每千克体重 5～10 μg。

(四) 催产素(OXT)

1. 来源与化学特性

哺乳动物的 OXT 属蛋白激素，由 9 个氨基酸组成，相对分子质量为 1 100。主要由下丘脑视上核和室旁核合成，并沿神经束运至垂体后叶，在该处贮存和释放。羊卵巢上大黄体细胞和牛卵巢上黄体细胞也可分泌 OXT。

2. 主要功能

(1) 能强烈地刺激子宫平滑肌收缩，是催产的主要激素，但在生理条件下，它不是发动分娩的主要因素，而是在分娩开始之后继续维持子宫收缩、促进分娩完成的主要激素。

(2) 能使输卵管收缩频率增加，有利于两性配子在母畜生殖道的运行。

(3) 能有力地刺激乳腺导管肌上皮组织细胞收缩，引起排乳。幼畜吮吸乳头的活动刺激了乳头神经感受器，反射性引起垂体后叶释放 OXT，经血液循环到达乳腺肌上皮细胞，引起收缩排乳。

(4) 可以刺激子宫分泌前列腺素，引起黄体溶解而诱发发情。

3. 临床应用

(1) 引起子宫收缩　催产素常用于促进分娩，治疗胎衣不下、子宫脱出、子宫出血和子宫内容物(如恶露、子宫积脓或木乃伊胎)的排出等。事先用雌激素处理,可增强子宫对催产素的敏感性。催产素用于催产时必须注意用药时期,在产道未完全扩张前大量使用催产素易引起子宫撕裂。治疗子宫出血,应与止血药合用。排出子宫积液、积脓、死胎等,最好与前列腺素配合应用。

(2) 同期分娩　母猪妊娠 112 d 时注射前列腺素类似物 16 h 后再注射 OXT,可在 4 h 内完成分娩。临产母牛注射地塞米松 48 h 后静脉滴注 5～7 μg/kg 体重 OXT 类似物,4 h 后即可分娩。

(3) 刺激乳腺泡的肌上皮细胞收缩,松弛乳腺大导管的平滑肌,使乳汁从腺泡叶通过腺管进入乳池,促使排乳。

(4) 提高受胎率　催产素可增加输卵管的蠕动,对发情、排卵有抑制作用,可促进雌性生殖道的收缩。催产素在输精前注射(马和牛为 30～50 U,猪和羊为 10～20 U)或添加到精液中可促进子宫收缩,可以加速精子在雌性生殖道中的运行,提高受胎率。

二、垂体促性腺激素

(一) 促卵泡素(FSH)

1. 来源与化学特性

促卵泡素(FSH)又称促卵泡生成素、促滤泡素,由垂体前叶嗜碱性细胞分泌,是一种糖蛋白激素,能溶于水,相对分子质量为 25 000～30 000。

2. 分泌调节

促卵泡素的合成和分泌受下丘脑 GnRH 和性腺激素的调节。来自下丘脑的 GnRH 脉冲式释放,经垂体门脉系统进入垂体前叶,促进 FSH 的合成和分泌,而来自性腺的类固醇激素则通过下丘脑对 FSH 的释放呈负反馈抑制作用。

3. 生理功能

(1) 促进卵巢生长,增加卵巢重量;刺激卵泡生长发育,在 LH 协同下,促进排卵和颗粒细胞黄体化。

(2) 促进生精上皮细胞发育和精子产生,与 LH 协同促进精子形成。

(3) 促进卵泡颗粒细胞的增生、雌激素的合成与分泌。

4. 临床应用

(1) 用于动物超数排卵　FSH 由于半衰期短,使用时必须多次注射才能达到预期效果,一般每日 2 次。

(2) FSH 可诱发季节性繁殖的牛、羊在非繁殖季节发情和排卵。

(3) 治疗母畜不发情　FSH 可治疗母畜如牛、羊因卵巢静止、卵巢发育不全、卵巢萎缩等引起的不发情。

(4) 使动物的性成熟提早　FSH 与孕激素配合使用,对接近性成熟的母畜可促使其提早发情配种。

(二) 促黄体素(LH)

1. 来源与化学特性

促黄体素(LH)由垂体前叶嗜碱性细胞分泌,是一种水溶性糖蛋白,相对分子质量约为 30 000。

2. 生理功能

(1) LH 可促进雌性动物卵泡的成熟和排卵。

(2) LH 促进排卵后的颗粒细胞黄体化,促使黄体细胞分泌孕酮,LH 可刺激牛、羊黄体释放孕酮,故又称促黄体分泌素。

(3) LH 刺激卵泡内膜细胞产生雄激素。

(4) LH 刺激雄性动物睾丸间质细胞合成和分泌睾酮,因此促黄体素又称间质细胞素(ICSH),对副性腺的发育和精子最后成熟具有重要作用。

3. 临床应用

(1) 诱导排卵　对非自发性排卵的动物,为获得其卵子或人工授精,可在发情旺期或人工授精时静脉注射 LH,一般可在 24 h 内排卵。在胚胎移植工作中,为了获得较多的胚胎数,常在供体配种的同时静脉注射 LH,以促进排卵。

(2) 预防流产　对于由黄体发育不全引起的胚胎死亡或习惯性流产,可在配种时和配种后连续注射 2～3 次 LH,可促使黄体发育和分泌,防止流产。

(3) 治疗卵巢疾病　LH 对排卵延迟、不排卵和卵泡囊肿有较好疗效。对已知患排卵延迟或不排卵的母畜,配种的同时注射 LH,可促进排卵。卵泡囊肿时应用 LH 可促使卵泡黄体化,使下次发情周期恢复正常。

(4) 治疗公畜不育　LH 对公畜性欲减退、精子浓度不足等疾病有一定疗效。

(三) 促乳素(PRL)

1. 来源与化学特性

促乳素又称催乳素,由垂体前叶的嗜酸性的促乳素细胞分泌,通过垂体门脉系统进入血液循环。哺乳动物的促乳素为 199 个氨基酸残基组成的单链蛋白质,相对分子质量为 22 500 左右。

2. 生理功能

促进黄体分泌孕酮(绵羊、大鼠),促进乳腺发育和泌乳。另外,可促进鸽子等鸟类的嗉囊发育,分泌嗉囊乳(哺喂雏鸽)。可增强某些动物的繁殖行为,增强雌性动物母性行为,如禽类抱窝性、鸟类反哺行为、家兔产前脱毛选窝等。对雄性动物,可维持睾酮分泌和刺激性腺分泌等。

三、胎盘促性腺激素

(一) 孕马血清促性腺激素(PMSG)

1. 来源与化学特性

孕马血清促性腺激素(PMSG)主要由马属动物胎盘的子宫内膜杯细胞分泌,是胚胎的代谢产物,存在于血清中。该激素在妊娠 40 d 左右开始出现,以后逐渐增加,在 60～80 d 含量达到高峰,此后逐渐下降,至 170 d 几乎完全消失。血清中 PMSG 含量因品种不同而异,轻型马最高(每毫升血液中约含 100 IU),重型马最低(每毫升血液中约含 20 IU),兼用马居中(每毫升血液中约含 50 IU)。此外,胎儿的基因型对其分泌量影响也较大,如驴怀骡分泌量最高,马怀马次之,马怀骡再次之,驴怀驴最低。

PMSG 是一种糖蛋白激素,含糖量达 41%～45%,相对分子质量为 53 000。PMSG 的分子不稳定,高温、酸、碱等都能引起失活,分离提纯也比较困难。

2. 生理作用

PMSG 具有类似 FSH 和 LH 的双重活性，但以 FSH 活性为主。因此对雌性动物有着明显的促进卵泡发育、排卵和促进黄体形成功能；对雄性动物有促进曲精细管发育和性细胞分化的作用。

3. 制备

（1）孕马血清的制备　选择妊娠 60～100 d 的健康母马，由颈静脉采血，一般母马每次可采 1 000～2 000 mL，盛于消毒、干燥的玻璃筒状容器中，放在较温暖处，使其迅速凝固。为了析出更多的血清，可在凝固后压以消毒镇压器或其他重物，如天平砝码等。将析出的血清吸出分装备用。如暂时不用，可加入 0.5%的石炭酸以防腐，放在冷暗处，保存 1 年仍有效。

（2）孕马全血的制备　用一消毒的玻璃瓶，按采血量放入 2 g 硼砂及 1 g 硫代硫酸钠，再加适量的蒸馏水，然后放在蒸锅中消毒，冷却至体温时即可采血。在采血过程中，要频频摇动瓶子，加入抗凝剂以防血液凝固，最后用灭菌翻口胶塞封好备用，在冷暗处保存。

4. 临床应用

（1）用于超数排卵　用 PMSG 代替价格较贵的 FSH 进行超数排卵可取得一定效果。但由于 PMSG 半衰期长，在体内不易被清除，一次注射后可在体内存留数天甚至 1 周以上，残留的 PMSG 影响卵泡的最后成熟和排卵，使胚胎回收率下降，所以，近年来在用 PMSG 进行超数排卵处理时，补用 PMSG 抗体（或抗血清），中和体内残存的 PMSG，明显提高了超数排卵效果。孕马血清促性腺激素应用举例见表 1-2。

表 1-2　孕马血清促性腺激素应用举例

种类	应用	剂量/IU	皮下或肌内注射	备注
牛	诱发发情	750	1 次	
	安静发情	1 600	1 次	
	超数排卵	2 000～3 000 800～1 200（静脉注射）	1 次	配合使用 HCG 2 000～5 000 IU
	睾丸机能减退	1 500	连续 2 次	
	持久黄体	1 000～1 500	1～2 次	
绵羊	诱发发情	200～400		
	提高双羔率	发情前 3～4 d 500（或用 10 mL 全血、血清）	1～2 次	配合使用 HCG 200～500 IU
	超数排卵	500～800		
	睾丸机能衰退	500～1 200		
猪	诱发发情	750～1 000（或 5 mL 全血）	1 次	配合使用 $LRH\text{-}A_3$ 100 μg 或 HCG 300 IU
	超数排卵	750～1 000	1 次	配合使用 HCG 1 000 IU
马	诱发发情	1 000	2～3 次	或血清 1 000 mL
	促进排卵	全血 200 mL	连续 3 次	

(2) 治疗雌性动物乏情、安静发情或不排卵。

(3) 提高母羊的双羔率,诱导肉牛产双胎。

(4) 治疗雄性动物睾丸机能衰退或死精 用于羊和牛睾丸机能衰退或死精症的剂量分别为500～1 200 IU和1 500 IU。

(5) 诱发非繁殖季节母羊发情、排卵 PMSG用于诱导羊、牛、马、猪发情的常用剂量分别为200～400 IU、1 000～1 500 IU、1 000 IU和250～1 000 IU。

(6) 与孕激素和前列腺素合用提高同期发情效果。

(二) 人绒毛膜促性腺激素(HCG)

1. 来源与化学特性

人绒毛膜促性腺激素(HCG)由人和灵长类动物胎盘绒毛膜的合胞体滋养层细胞合成和分泌,大量存在于孕妇尿中,血液中也有。一般孕后第8天开始分泌,8～9周时升至最高,然后21～22周时降至最低。目前的商品制剂主要来自孕妇尿和流产刮宫液。

HCG是一种糖蛋白激素,相对分子质量为36 700,由α-亚基和β-亚基组成。HCG的化学结构与LH非常相似。

2. 生理功能

HCG的生理功能与LH相似。

(1) 对雌性动物能促进卵泡发育、生长、破裂和生成黄体,并促进孕酮、雌二醇和雌三醇等的合成,同时可以促进子宫的生长。对雌性动物,在卵泡成熟时能促使其排卵,并形成黄体。给予大剂量时,能延长黄体存在时间。但卵泡未成熟时并无这些作用。

(2) 对雄性动物能促进睾丸的发育、并合成与分泌睾酮和雄激素。对公畜,能促进睾丸ICSH的分泌;能刺激雄激素的产生;能使隐睾下降。

(3) 对生育年龄的未孕妇女,能够引起排卵和黄体形成。对妊娠妇女维持妊娠具有重要作用。在妊娠早期,HCG可作为胎盘信号,使周期黄体转换为妊娠黄体,并维持其机能;胎盘形成后不久,可逐渐代替卵巢机能,具有明显的免疫抑制作用。

3. 临床应用

(1) 促进卵泡发育成熟和排卵 可治疗卵泡交替发育引起的连续发情,还可使马、驴正常排卵。

(2) 增强超数排卵和同期排卵的效果 在超数排卵措施中,一般都是先用诱发卵泡发育的激素制品,如FSH、PMSG,在母畜出现发情时再注射HCG,不仅可以增强超数排卵效果,使发情表现同期化,而且可以使排卵时间趋于一致。

(3) 治疗排卵延迟和不排卵,马、牛静脉注射HCG 1 000～2 000 IU,按照卵泡状况不同,可以在20～60 h以内发生排卵。

(4) 治疗卵泡囊肿或慕雄狂,以恢复正常发情周期。

(5) 促使公畜性腺发育,使性功能得到兴奋。使用剂量:马、驴、牛,1 000～5 000 IU;猪、羊,800～2 000 IU;阳痿马、牛,1 000～3 000 IU,一次肌内注射。

四、性腺激素

性腺激素主要来自于公畜的睾丸和母畜的卵巢。由卵巢分泌的主要为雌激素、孕酮和松弛素;由睾丸分泌的主要为雄激素睾酮。这些激素除来自性腺外,还可能来自胎盘。肾上腺皮质部也可以分泌少量的睾酮、孕酮等。而且，雌性个体中也会产生少量雄性激素，雄性个体也会产生少量雌性激素。

一般说来，性腺激素的主要功能是维持副性器官的功能变化以及第二性征，母畜还靠性腺激素维持妊娠(至少是在妊娠初期)。

性腺激素除松弛素为多肽类激素外，其他均属类固醇激素，它们的基本化学结构式为“环戊烷多氢菲”。

(一) 雄激素

1. 来源与特性

雄激素最主要的形式为睾酮，由睾丸间质细胞所分泌。肾上腺皮质部也可以分泌少量的雄激素，但其量甚微。当摘除睾丸时，则不能获得足够的雄激素以维持雄性机能。

2. 生理功能

(1) 对于幼龄动物，雄激素维持生殖器官、副性腺及第二性征的发育。在幼龄时期阉割的雄性动物，生殖器官趋于萎缩退化。

(2) 对于成年动物，雄激素刺激精细管发育，启动和维持精子发生，利于精子生成。

(3) 睾酮作用于中枢神经系统与雄性性行为有关，即维持雄性性欲。

(4) 睾酮对下丘脑或垂体有反馈调节作用，影响 GnRH、LH 和 FSH 的分泌。

3. 临床应用

雄激素在临床上主要用于治疗公畜性欲不强和性功能减退，但单独使用不如睾酮与雌二醇联合应用效果好。常用的药物为丙酸睾酮，皮下或肌内注射均可，建议使用剂量羊不超过 0.1 g、牛不超过 0.3 g。

(二) 雌激素

1. 来源与种类

雌激素主要来源于卵泡内膜细胞和卵泡颗粒细胞，此外，胎盘、肾上腺、睾丸及某些神经元也可分泌雌激素。卵巢中产生的雌激素有雌二醇和雌酮。除天然雌激素外，已人工合成了许多雌激素制剂，如己烯雌酚、己雌酚、苯甲酸雌二醇等。雌激素中以 17β-雌二醇活性最高，主要由卵巢分泌。

2. 生理功能

雌激素是促使雌性动物性器官发育和维持正常雌性性机能的主要激素。牛发情周期中的雌激素变化见图 1-2。雌二醇是雌激素主要的功能形式，有以下功能。

(1) 促进雌性动物的发情表现和生殖道生理变化　例如：促使阴道上皮增生和角质化；促使子宫颈管道松弛并使其黏液变稀薄；促使子宫内膜及肌层增长，刺激子宫肌层收缩；促进输卵管的增长并刺激其肌层收缩。这些变化有利于交配、配子运行和受精。

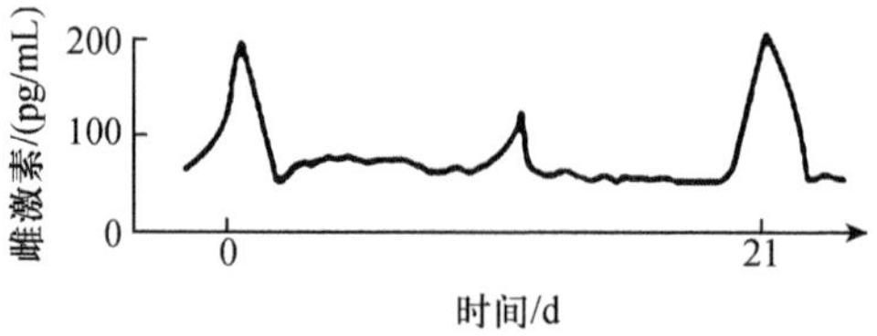

图 1-2　牛发情周期中的雌激素变化

（2）有的动物（如猪）的胚泡产生的雌激素可作为妊娠信号，有利于胚胎的附植。

（3）雌二醇与促乳素协同作用，促进乳腺导管系统发育。

（4）通过对下丘脑的反馈作用调节 GnRH 和促性腺激素分泌　雌二醇的负反馈作用部位在下丘脑的紧张中枢，正反馈作用部位在下丘脑的周期中枢（引起排卵前 LH 峰）。因此，在促进卵泡发育、调节发情周期中起重要作用。

（5）少量雌二醇促进雄性动物性行为　在雄性动物的性中枢神经细胞中，睾酮转化成雌二醇，是引起性行为的机制之一。但大量的雌激素使雄性动物睾丸萎缩、副性器官退化，造成不育。

（6）对骨代谢的影响　肠、肾、骨等组织有雌激素受体。雌激素作用于这些组织，促进钙的吸收，减少钙的排泄，抑制骨吸收，强化骨形成，促使长骨骺部软骨成熟，抑制长骨增长。

3. 临床应用

已有多种雌激素制剂在畜牧生产和兽医临床上应用，其中最常用的是己烯雌酚和苯甲酸雌二醇。

（1）治疗母畜不发情　注射己烯雌酚或雌二醇可使雌性动物表现发情，雌激素虽不能直接作用于卵巢而使卵泡发育，但可通过丘脑下部的反馈作用使 LH 分泌，间接作用于卵巢，并能增加子宫对垂体后叶激素的敏感性而提高子宫收缩性。

（2）治疗母畜持久黄体，通过 $PGF_{2\alpha}$ 的合成引起黄体退化。

（3）牛和羊可用雌激素引产，但猪可用雌激素进行同期发情　因为雌激素对母猪具有促黄体作用（帮助维持黄体），故先用雌激素处理保持黄体期，然后统一停用雌激素并注射 $PGF_{2\alpha}$ 即可引起黄体退化，达到母猪同期发情目的。

（4）雌激素与催产素配合可治疗母畜子宫疾病，如慢性子宫内膜炎、子宫积液等。

（5）与孕激素配合，用于奶牛和山羊的人工诱导泌乳。

（三）孕激素

1. 来源

孕激素主要由卵巢中黄体细胞分泌。部分动物如绵羊和马，妊娠后期以胎盘产生为主。此外，颗粒层细胞、肾上腺皮质及睾丸也能产生少量孕酮。孕酮（黄体酮）是孕激素的主要形式，其代谢后为孕二醇，随尿排出。牛发情周期中脱脂乳中孕激素含量变化见图 1-3。

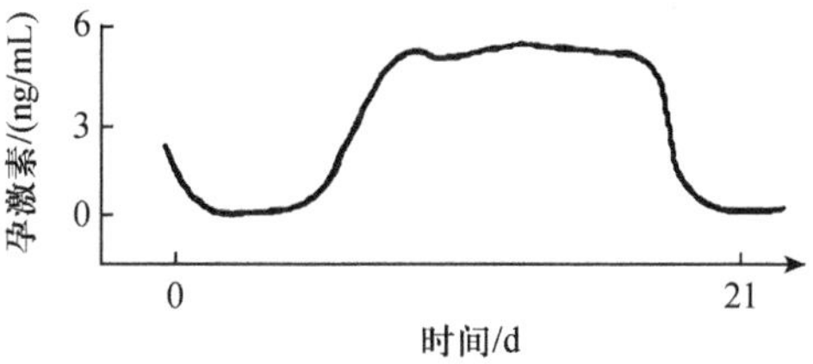

图 1-3　牛发情周期中脱脂乳中孕激素含量变化

2. 生理功能

（1）在黄体早期或妊娠初期，孕酮可促进子宫形成分泌性子宫内膜，使子宫腺体发育、功能增强、弯曲增多、形成子宫乳，有利于早期胚胎的营养、发育和附植。

（2）维持孕体正常的妊娠。可抑制子宫肌肉的自发性活动，抑制子宫对催产素的反应，使子宫保持安静，促使子宫颈外口收缩、封闭，利于保胎。

（3）调节发情的作用。少量孕酮与雌激素协同，促进发情行为表现；大量孕酮与雌激素对抗，抑制母畜发情。

(4) 在雌激素刺激乳腺腺管发育的基础上，刺激乳腺腺泡系统的发育，二者相互协调，并共同维持乳腺的发育。

(5) 促进生殖道的发育，生殖道在雌激素作用下开始发育，但只有与孕激素协同作用后，才能得到更充分的发育。

3. 临床应用

人工合成的孕激素如甲羟孕酮、氟孕酮、18-甲基炔诺酮等效价远远大于孕酮且性质稳定，大部分制剂可口服。现多制成油剂用于肌内注射，或制成丸剂皮下埋植，或制成乳剂用于阴道栓。

孕激素在动物繁殖中的应用非常广泛，它不仅可用于动物的同期发情、超数排卵和治疗繁殖疾病，而且由于其在生物体液中含量比雌二醇高，易于定量分析，故在繁殖状态监控、妊娠诊断以及许多繁殖疾病诊断方面也得到了普遍应用。

(1) 诱导同期发情　对牛、羊和猪，连续给予孕酮，可抑制垂体促性腺激素的释放，从而抑制发情，一旦停止给予孕酮，即能反馈性引起促性腺激素释放，使动物在短时间内出现发情。据此，在畜牧实践中已将其应用于牛、绵羊、山羊和猪的同期发情。

(2) 诱导超数排卵　连续应用孕酮 13～16 d，于撤除孕酮当天或撤除前 24 h 给予 PMSG 或 FSH，牛在撤除孕酮后 48～96 h 可引起超数排卵，羊在 36～48 h 后开始发情，继而排卵。

(3) 鉴别动物的"性状态"　通过测定动物血、乳或唾液中孕酮水平，结合直肠检查，可判断母马、母牛是否处于发情期(孕酮含量低，有卵泡)、间情期(孕酮含量高，有黄体，无卵泡)或乏情期(孕酮含量低，既无黄体，又无卵泡)。

(4) 进行妊娠诊断　根据血浆、乳汁、乳脂、尿液、唾液、被毛中孕酮水平的高低进行牛、羊、猪的妊娠诊断在生产中应用已非常广泛。一般是采集配种后 21～25 d(猪、牛、山羊)或 19～23 d(绵羊)的样品，通过放射免疫测定或免疫酶标测定法确定其孕酮含量。如果未孕，则孕酮接近发情时的水平；如果怀孕则孕酮含量很高，接近或超过黄体期的孕酮水平。

(5) 诊断繁殖障碍疾病　测定母牛配种后一定时间的孕酮水平，如果配种后 30 d 以内持续升高，此后突然下降，可判断为胚胎死亡、未孕。此外，通过孕酮测定技术还可以了解卵巢机能状态，分析母牛受胎率低的原因。

(6) 用于保胎　在运输、妊娠检查、受强烈应激有可能流产时，可注射孕酮抑制子宫肌收缩用于保胎。但应注意剂量，特别不能大剂量长期使用，否则等同同期发情处理，造成流产。

(7) 用于防止孕酮不足的功能性流产，如对卵巢功能不足的牛，配种后第 8 天起连续注射孕酮 7～10 d，每日 100 mg，或每 7～10 d 注射长效孕激素 200～600 mg 可避免流产。

(四) 松弛素(RLX)

1. 来源

松弛素(RLX)又称耻骨松弛素，主要由妊娠黄体分泌。松弛素存在于颗粒黄素细胞的胞浆中，一旦需要即释放入血。某些动物的胎盘、子宫、乳腺、前列腺等也可分泌少量松弛素。猪、牛等动物的松弛素主要来自黄体，而兔主要来自胎盘。

在正常情况下，松弛素的单独作用很小。生殖道和有关组织只有经过雌激素和孕激素的事前作用，松弛素才能显示出较强的功能。

2. 生理功能

在妊娠期的主要作用是抑制妊娠期间子宫肌的收缩，以利于妊娠的维持；在分娩时，松弛素水平降低，OXT释放增加，作用于靶器官的结缔组织，使骨盆韧带扩张、子宫颈变松软，以利于分娩。

3. 临床应用

用于动物子宫镇痛，预防动物流产和早产，诱发动物分娩。

五、其他激素

（一）前列腺素

1934年，有人分别在人、猴、山羊和绵羊的精液中发现含有可引起子宫收缩或舒张反应的物质，当时认为这种物质可能由前列腺分泌，故称为前列腺素（PG）。后来人们发现PG是一组具有生物学活性的不饱和脂肪酸，广泛存在于身体的各种组织和体液中，并非由专一的内分泌腺产生。

1. PG的化学结构和种类

PG是花生四烯酸的衍生物，不是一种单一物质，而是一类具有生物活性的长链不饱和氨基脂肪酸，称前列酸。根据不饱和程度和取代基不同，可将其分为3类（PG_1、PG_2、PG_3）、9个类型（A、B、C、D、E、F、G、H、I），其中PGE、PGF对动物繁殖较重要。

2. PG的生理功能

（1）溶解黄体　关于$PGF_{2\alpha}$溶解黄体的机理，目前主要有两种说法：其一，$PGF_{2\alpha}$使子宫-卵巢血管收缩，造成黄体组织供血不足，导致合成孕酮的原料供给不足，造成孕酮合成困难，引起黄体退化。其二，$PGF_{2\alpha}$直接作用于黄体细胞，抑制孕酮的合成，该种说法由绵羊做的实验证实。绵羊的卵巢动脉十分弯曲而紧密贴附在子宫-卵巢静脉上，从而形成子宫-卵巢静脉与卵巢动脉之间的对流系统，使子宫内膜产生的$PGF_{2\alpha}$不经血液循环而就近通过血管壁进入卵巢动脉，然后运抵卵巢引起黄体溶解（图1-4）。

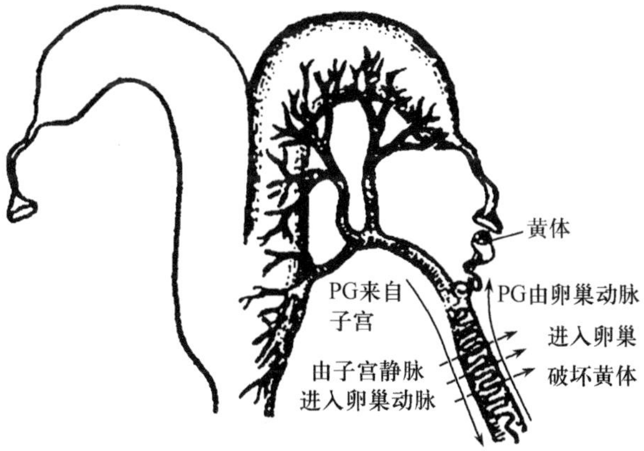

图1-4　PG逆流传递至卵巢

（2）对子宫的作用　$PGF_{2\alpha}$能促进子宫平滑肌的收缩，有利于分娩活动。

（3）对输卵管的作用　PG能影响输卵管活动和受精卵运行，与个体状态有关。PGF主要使输卵管平滑肌和输卵管口收缩，使卵子在输卵管内停留并有受精时间。PGE使输卵管松弛，有利于受精卵运行。

（4）对下丘脑-垂体-卵巢轴的影响　下丘脑产生的PG参与GnRH分泌的调节，PGF和

PGE 能刺激垂体释放 LH，同时 PG 对卵泡发育和排卵也存在直接作用。一方面，$PGF_{2\alpha}$ 可直接作用于卵泡，刺激卵巢壁平滑肌的收缩，促使卵泡破裂；另一方面，$PGF_{2\alpha}$ 通过促进血液中 LH 含量的升高而间接促进排卵。例如猪的卵泡液中 $PGF_{2\alpha}$ 浓度，在接近排卵时显著增加，在排卵时达到最高值。

(5) 对公畜生殖机能的影响　睾丸不但能分泌睾酮，而且能分泌 PG，PG 能使睾丸被膜、输精管及精囊腺发生收缩，有利于射精。

3. 临床应用

在生产实践中应用的主要是 $PGF_{2\alpha}$ 及其人工合成的类似物，国内外已生产多种 $PGF_{2\alpha}$ 类似物。例如，氯前列烯醇、氟前列烯醇、15-甲基 $PGF_{2\alpha}$ 等。目前，国内应用最广的是氯前列烯醇。$PGF_{2\alpha}$ 及其类似物主要用于以下几方面。

(1) 调节发情周期，用于同期发情　PG 能显著缩短黄体存在时间，控制各种动物发情周期，促进同期发情和排卵。只有当母畜处于功能黄体时，$PGF_{2\alpha}$ 才能对黄体有溶解作用。

(2) 同期分娩或引产　给妊娠 141 d 的羊肌内注射 $PGF_{2\alpha}$ 15 mg，给药 72 h 分娩成功率为 33%，平均分娩时间为 142.5 h。给妊娠 144 d 的山羊肌内注射 $PGF_{2\alpha}$ 20 mg，平均 31.5 h 引起分娩。用于排出死胎时与雌激素配合使用效果较好。

(3) 增加射精量　在采精前给公牛、公马、公兔注射 $PGF_{2\alpha}$ 均可增加其射精量。

(4) 治疗生殖疾病　用 PG 治疗动物黄体囊肿。对由子宫病理变化导致的持久黄体及子宫积脓，用 PG 治疗效果显著。

(5) 促进产后子宫复原，缩短两次怀孕的间隔时间。

(6) 用于治疗排卵迟缓　发情前或初期配合使用 PG，能取得比注射促排卵素更好的效果。

(二) 外激素

外激素是生物体向环境释放的、在环境中起着传递同种个体间信息，从而引起对方产生特殊反应的一类生物活性物质。这些物质由于其来源的动物种类及个体不同，产生的生物学效应也有差异。例如，公猪分泌的外激素可引诱发情母猪。大部分动物释放的外激素可刺激异性交配，并可影响同性别动物的生殖活动或生殖周期等。这些与性活动有关的外激素统称为性外激素。

1. 来源与特性

分泌外激素的腺体分布很广，如皮脂腺、汗腺、唾液腺、下颌腺、泪腺、耳下腺、包皮腺等。有些家畜的尿液和粪便中也含有外激素。

外激素的性质因分泌物的种类不同而异。例如公猪的外激素有两种：一种是由睾丸合成的有特殊气味的类固醇物质，贮存于脂肪中，由包皮腺和唾液腺排出体外；另一种是由下颌腺合成的有麝香气味的物质，经由唾液中排出。各种外激素都含有挥发性物质。

2. 临床应用

哺乳动物外激素大致可分为信号外激素、诱导外激素、行为外激素等。其中，行为外激素对动物繁殖比较重要。主要应用于以下几方面。

(1) 母畜催情、促进母畜的性成熟和发情表现　试验表明，给断奶后第 2、第 3 天的母猪鼻子上喷洒合成外激素，能促使其卵巢功能的恢复。青年母畜给予公畜刺激，则能提早性成熟，如“公羊效应”。

(2) 母猪的试情　母猪对公猪的性外激素反应非常明显。例如，用雄烯酮等合成的公猪性外激素，发情母猪则表现静立，发情母猪检出率为90%以上，而且受胎率和产仔率均比对照组提高。

(3) 用于公畜采精调教　使用外激素，可加速公畜采精训练，公猪尤其明显。

(4) 外激素还可以解决猪群的母性行为和识别行为，为仔畜寄养提供方便。

【拓展知识】

二维码1-1　生殖激素的测定

【实训操作】

实训1-1　促排3号和催产素提高母畜的繁殖力

一、实训目的

促性腺激素释放激素可促使母畜分泌促卵泡素(FSH)和促黄体素(LH)，能激发卵泡成熟并排卵，提高受胎率。催产素具有兴奋子宫平滑肌，加强子宫收缩的作用。临床上常用于原发性子宫无力所致的难产、产后子宫出血、加速胎衣和死胎的排出、促进子宫复原等。要求掌握促性腺激素释放激素(或类似物)和催产素(或类似物)的应用，提高动物繁殖力。

二、实训材料与器具

1. 受体

发情母牛及产后母牛。

2. 药品

促黄体释放激素类似物 (促排3号、LRH-A3)、催产素。

3. 器具

注射器(5 mL)。

三、实训方法与步骤

1. 促排3号

试验组在母牛发情输精前(直肠检查卵泡处于发育期)或输精后(直肠检查卵泡处于排卵期)，肌内注射促排3号50 μg/头。对照组不注射药物，直接输精。

2. 催产素

母牛产后，试验组立即肌内注射催产素100 U，或初次注射50 U，隔6～8 h再复注同剂量一次。对照组不注射。

四、实训作业

1. 统计发情母牛的情期受胎率(表 1-3)

表 1-3 促排 3 号对母牛情期受胎率的影响

组别	母牛数/头	返情母牛数/头	情期受胎率/%
试验组			
对照组			

2. 统计产后母牛胎衣脱落情况(表 1-4、表 1-5)

表 1-4 催产素对母牛胎衣脱落的作用

组别	母牛数/头	胎衣脱落母牛数/头	百分比/%
试验组			
对照组			

表 1-5 肌内注射催产素母牛胎衣脱落时间的统计

脱落时间/h		2	4	6	8	10	12	合计
试验组	头数/头							
	百分比/%							
对照组	头数/头							
	百分比/%							

五、技能考核标准

<table>
<tr><th rowspan="2">考核内容与分数分配</th><th rowspan="2">操作环节与要求</th><th colspan="2">评分标准</th><th rowspan="2">考核方法</th><th rowspan="2">熟练程度</th><th rowspan="2">时限</th></tr>
<tr><th>分值</th><th>扣分依据</th></tr>
<tr><td rowspan="4">1. 促排 3 号激发卵泡成熟并排卵

2. 催产素促进子宫收缩(100 分)</td><td>促排 3 号提高母畜受胎率观察</td><td>40</td><td>每错或少一步扣 5 分</td><td rowspan="4">单人操作考核</td><td rowspan="4">熟练掌握</td><td rowspan="4">10 min</td></tr>
<tr><td>催产素加速胎衣和死胎的排出、促进子宫复原观察</td><td>40</td><td>每错或少一项扣 5 分</td></tr>
<tr><td>熟练程度</td><td>10</td><td>在教师指导下完成时扣 5 分</td></tr>
<tr><td>完成时间</td><td>10</td><td>每超时 1 min 扣 2 分,直至扣 10 分</td></tr>
</table>

实训 1-2 PMSG 的制备与 PMSG 及 FSH 效价测定

一、实训目的

掌握 PMSG 制备与 PMSG 及 FSH 效价测定技术。

二、实训材料与器具

1. 实验动物

妊娠60～100 d的健康母马1～2匹。健康无伤残的18～23日龄(即将达到性成熟日龄)、体重9～13 g的同源雌性小鼠。各测试组实验鼠出生日龄相差不得超过3 d,体重相差不得超过2 g。

2. 测定样品

PMSG或FSH、生理盐水。

3. 测定器具

1 mL注射器、4号针头、0.1 mL微量注射器、1 mL和2 mL吸管、吸耳球、酒精棉球、剪刀、镊子、搪瓷盘、解剖板、鼠罐和青霉素瓶(稀释瓶)。

三、实训方法与步骤

(一) PMSG的制备

1. 孕马血清的制备

选择妊娠60～100 d的健康母马(最好选用轻型马),由颈静脉采血,一般每匹每次采血1 000～2 000 mL,盛于消毒、干燥的玻璃筒状容器中,放在较温暖处使其迅速凝固。为了析出更多的血清,可在凝固后压以消毒过的重物,然后将析出的血清吸出分装备用。若暂时不用,可加入0.5%石炭酸以防腐败,放冷暗处,可保存1年。

2. 孕马全血的制备

用一消毒玻璃瓶,按采血量放入2%的硼砂及1%的硫代硫酸钠,再加入适量蒸馏水,然后放在蒸锅中消毒,冷却至体温时即可采血。在采血过程中要频频摇动瓶子,加入抗凝剂以防血液凝固,最后用灭菌翻口胶塞封好备用,保存方法同上。

(二) PMSG与FSH的效价测定

1. 原理

FSH为垂体促性腺激素,作用于即将达到性成熟的雌性小鼠,可促进卵巢上的卵泡发育,分泌雌激素。在雌激素的作用下,小鼠的子宫、卵巢及整个生殖器官得以生长、发育。PMSG因为含有FSH、LH(促黄体素)成分,因此具有与FSH、LH相同的生物学作用,也能促使性成熟前的小鼠子宫发育增大。

PMSG是一种高分子蛋白质激素,其相对分子质量比FSH大,在机体内的作用期也比FSH长。因此,在测试效价过程中,PMSG可进行一次注射,而FSH则需经多次注射,才能达到预期的生物学效应。

将PMSG或FSH供试品,按照不同稀释梯度作为测试组,注射药物的小鼠根据子宫增大的程度和对照组相比较,确定效价。能促使小鼠子宫增大1倍者,确定为阳性反应。在各测试组中,将呈现阳性反应的最小剂量确定为一个小鼠单位(MU)。

2. 测试材料

(1) 实验动物　取健康无伤残的18～23日龄(即将达到性成熟日龄)、体重9～13 g同源雌性小鼠数只。各测试组内的实验鼠出生日龄相差不得超过3 d,体重相差不得超过2 g。

(2) 测试样品　孕马血、PMSG、FSH生物制剂。

3. 测试组的确定

为了测得精确效价，应先将各测试样品浓度组距加大进行粗测，从而确定样品的大致效价范围，再将测试样品浓度组距减小，以测得样品较为精确的效价。

（1）PMSG 测试组的确定　取 0.1 mL 孕马血清按表 1-6 加入不同量的生理盐水，稀释成不同浓度作为各测试组。如测试效价含量高的冻干制剂，可做 10 倍稀释后，再进行测试（表 1-6）。

表 1-6　孕马血清稀释倍数折算小鼠单位

组别	每 0.1 mL 血清中加生理盐水量/mL	稀释后血清浓度	每只鼠注射量/mL	注射鼠数/只	实际注入小鼠体内血清量/mL	孕马血清中含有小鼠单位/(MU/mL)
1	1.1	1/12	1/5	5	1/60	60
2	1.5	1/16	1/5	5	1/80	80
3	1.9	1/20	1/5	5	1/100	100
4	2.3	1/24	1/5	5	1/120	120
5	2.7	1/28	1/5	5	1/140	140
6	3.1	1/32	1/5	5	1/160	160
7	3.5	1/36	1/5	5	1/180	180
8	3.9	1/40	1/5	5	1/200	200
9	4.3	1/44	1/5	5	1/220	220
10	4.7	1/48	1/5	5	1/240	240

（2）FSH 测试组的确定　FSH 是瓶装粉剂，故在配制不同浓度的测试组之前，需用一定量的生理盐水稀释成溶液（图 1-5），测出每毫升溶液中的效价值后，即可换算出该瓶装内 FSH 的效价值（表 1-7）。每只鼠注入总剂量需分成 5 次注射，每天注射 2 次，间隔 8～10 h。一个 FSH 样品瓶可用 1 mL 生理盐水稀释作为母液，并于 0～5 ℃下存放，因为在常温条件下，稀释后的 FSH 容易失活，效价降低。

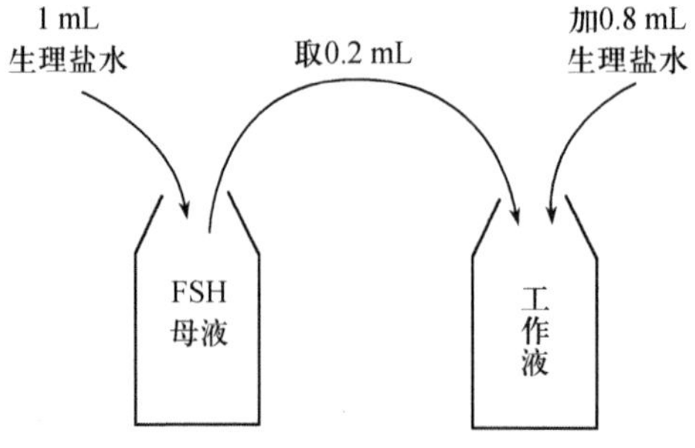

图 1-5　FSH 稀释流程

表 1-7 FSH 稀释液浓度换算小鼠单位

组别	加生理盐水量/mL	溶液量/mL	溶液浓度	注射鼠数/只	实际注入小鼠体内母液量/mL	FSH 小鼠单位/(MU/mL)
1	1.1	1.2	1/12	5	1/60	60
2	1.5	1.6	1/16	5	1/80	80
3	1.9	2.0	1/20	5	1/100	100
4	2.3	2.4	1/24	5	1/120	120
5	2.7	2.8	1/28	5	1/140	140
6	3.1	3.2	1/32	5	1/160	160
7	3.5	3.6	1/36	5	1/180	180
8	3.9	4.0	1/40	5	1/200	200
9	4.3	4.4	1/44	5	1/220	220
10	4.7	4.8	1/48	5	1/240	240

因为用 FSH 母液需分成 5 次给小白鼠注射，故每次注射剂量应是总剂量的 1/5。因此，取配制好的母液 0.2 mL 加生理盐水 0.8 mL，经一次稀释成工作液(图 1-5)，再取 0.1 mL 工作液，按表 1-7 加入不同量的生理盐水，即可配制成不同浓度的测试组。

4. 操作步骤

(1) 瓶装的 FSH 经 1 mL 生理盐水稀释成母液，可配制成 10 个测试组，为 50 只小鼠注射。

(2) 小鼠称重分组 各测试组小鼠组内体重的差异不得超过 2 g，将小鼠分为 5 组，每组 5 只，分别编号，其中一组为对照组，注射同样剂量的生理盐水。其余 4 组为测试不同浓度样品的测试组。

(3) 注射 将稀释好的药剂分别给各组的小鼠腹部皮下注射 0.2 mL，对照组注射生理盐水，注意注射量力求准确，不得使药液注射到胸腔或腹腔或逸出体外。

(4) 剖检 于注射药液后 72～76 h，先用颈椎脱臼法或撞击头部法处死小鼠，用大头钉将小鼠固定于解剖板上，用剪刀剪开腹腔，将子宫、卵巢剥离取出，观察子宫增大情况。

(5) 效价确定 将各组子宫与对照组比较，每组的 5 只小鼠中有 3 只或 3 只以上子宫增大 1 倍以上，则定为阳性反应。根据各测试组中呈阳性反应的最低浓度组效价值，换算出被测样品中 PMSG(或 FSH)的小鼠单位。

假设稀释液中 PMSG 浓度为 $1/x$，若稀释后浓度在 $1/x$ 以上各组均呈阳性反应，则 $1/x$ 浓度的测试组为呈阳性反应的最低浓度。实际注入鼠体内的供试品药液量为 $1/x \times 1/5$ mL$=1/5x$ mL，则 1 mL 供试品药液中含有的生物效价为 $5x$ 小鼠单位(MU)。

四、实训作业

计算出所测定的 PMSG 和 FSH 的小鼠单位。

五、技能考核标准

考核内容与分数分配	操作环节与要求	评分标准		考核方法	熟练程度	时限
		分值	扣分依据			
1. PMSG 的制备 2. PMSG 与 FSH 的效价测定（100 分）	掌握 PMSG 制备的操作要领	50	每错或少一步扣 5 分	单人操作考核	熟练掌握	10 min
	掌握 PMSG 与 FSH 效价测定的操作要领	30	每错或少一步扣 5 分			
	熟练程度	10	在教师指导下完成时扣 5 分			
	完成时间	10	每超时 1 min 扣 2 分，直至扣 10 分			

【项目小结】

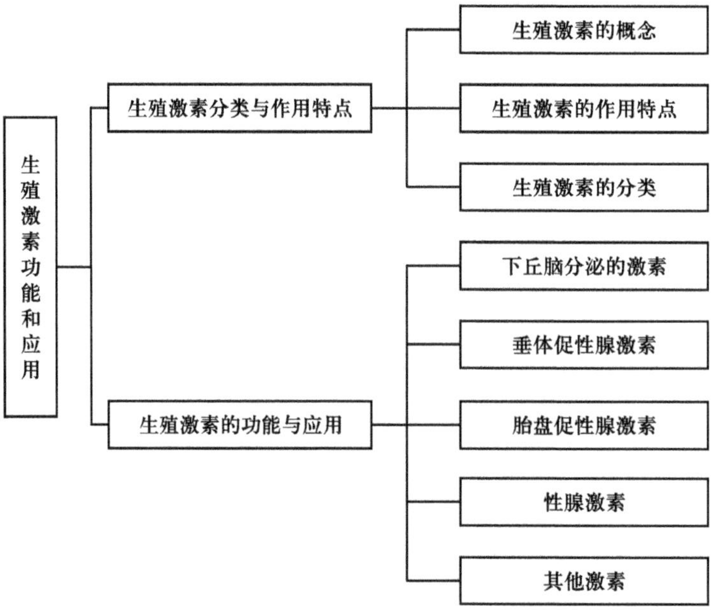

【自测训练】

一、名词解释

激素　　生殖激素　　次发性生殖激素　　溶黄体作用　　外激素

二、选择题

1. GnRH 的合成部位主要是在(　　)。

　A. 垂体后叶　　B. 垂体前叶　　C. 丘脑下部　　D. 子宫内膜

2. 催产素的合成部位主要是在(　　)。
A. 垂体后叶　B. 垂体前叶　C. 丘脑下部　D. 子宫内膜
3. 催产素的释放部位主要是在(　　)。
A. 垂体后叶　B. 垂体前叶　C. 丘脑下部　D. 子宫内膜
4. 由下丘脑合成的生殖激素有(　　)。
A. 促乳素　B. 促黄体素　C. 催产素　D. 促性腺激素释放激素
5. 由下丘脑合成并释放的生殖激素有(　　)。
A. 促乳素　B. 促黄体素　C. 催产素　D. 促性腺激素释放激素
6. 按激素的化学性质,生殖激素可分为(　　)三类。
A. 外激素　B. 类固醇激素
C. 多肽、蛋白质激素　D. 脂肪酸类激素
7. 化学性质属于蛋白质激素的有(　　)。
A. PMSG　B. GnRH　C. FSH　D. PGE_2

三、问答题

1. 使用生殖激素要注意哪些问题?
2. 可用于治疗卵巢囊肿的激素有哪些?
3. 生殖激素的作用特点有哪些?
4. 前列腺素的主要生理功能有哪些? 它在生产中有何用途?
5. 使用催产素对分娩母畜催产时应注意什么?
6. 能提高卵巢机能促进发情的激素有哪些? 各有何特点?
7. 如何对奶牛实施诱导泌乳?

项目2

采精与精液品质检查

我国养马学的开拓者，畜牧史和家畜繁殖学奠基人——谢成侠

谢成侠1914年出生于浙江杭州的贫困市民家庭，初中毕业后在沪学医，高中毕业后考取浙江医药专门学校，受时局动荡和家中经济拮据的影响无力攻读，1932年被陆军兽医学校录取，1936年毕业后分配于句容马场。1946年留美，深得导师嘉赏，后因留学经费停发，中断学业回国。1949年任教于浙江大学农学院，自此，他以坚忍不拔的奋发精神，从事农业教育。他不辞劳苦地走遍我国边疆主要牧区，深入农村进行调查研究，并著书撰文，在兽医科学基础上大力发展家畜繁殖科技。其主要著作有《中国养马史》《中国马驴品种志》《中国养牛羊史》《养马学》《中国养禽史》和《家畜繁殖原理》等。

【知识目标】

（1）了解畜禽生殖器官的结构与功能。
（2）掌握公畜禽精子的产生过程和形态变化。
（3）掌握假阴道安装基本知识。
（4）了解采精的程序和操作要领。

【能力目标】

（1）通过图片和标本识别各种家畜的生殖器官。
（2）掌握牛和羊的假阴道的安装方法。
（3）掌握公畜调教和采精方法。
（4）掌握各种家畜的精液品质检查方法。

【学习任务】

任务 2-1　雄性动物性机能发育与性行为

一、雄性动物的初情期、性成熟和适配年龄

1. 初情期

初情期是指雄性动物第一次排出有受精能力精子并表现出完整性行为链的年龄，也是雄性动物开始具有繁殖能力的时期。这时下丘脑-垂体-性腺已建立联系，促性腺激素分泌量增加，这一时期雄性动物的特点是：生殖器官和体躯发育最迅速；初步具备产生成熟精子的能力；但是生殖机能、生殖器官和体躯还没有完全成熟。

生产管理上要注意对临近初情期的公畜分群饲养，不能使刚刚进入初情期的公畜参加配种，并应加强营养，促进其生殖器官和体躯的全面发育。

2. 性成熟

性成熟指雄性动物的性机能已经成熟，具备了正常生殖能力，一旦交配，可使雌性动物受孕，但身体的其他组织器官还没有完全发育成熟。这一阶段雄性动物的特点是：生殖机能已经成熟，但体躯发育还未完成，必须再经过一段时间才能完成体躯的最后成熟。

在生产管理上要注意雄性动物体躯的发育情况，避免过早使用而影响雄性动物体躯发育和繁殖潜力的发挥。

3. 体成熟与适配年龄

体成熟指雄性动物基本上达到生长完成的时期，身体的其他组织器官已经发育成熟。

适配年龄是指雄性动物第一次适合配种的年龄，是根据雄性动物自身发育的情况和使用目的人为确定的公畜参加配种的合适年龄。雄性动物适配年龄一般晚于性成熟年龄，但早于体成熟年龄，通常在体成熟或接近体成熟时期，一般体重达到成年体重 70% 以上时即可以初配。

各种雄性动物初情期、性成熟年龄和初配年龄见表 2-1。

表 2-1　各种雄性动物初情期、性成熟年龄和初配年龄

动物种类	初情期/月龄	性成熟/月龄	初配年龄/月龄
牛	6～12	8～14	18～24
水牛	10～15	15～20	24～36
马	12	12～18	30～36
驴	8～12	12～18	30～36
猪	3～6	4～8	10～12
羊	4～8	6～10	12～15

二、雄性动物性行为

性行为是动物在两性接触中表现出来的特殊行为，是由动物体内激素和体外特殊因素共

同作用而引起的特殊反应。性行为是由特殊的刺激而产生的，而每一种性行为反过来又变成一种新刺激，并由此而引起另一性行为和刺激，这种按一定顺序连续发生的若干性行为的现象，称为性行为链或性行为序列。

公畜性行为的表现模式主要包括性激动、求偶、勃起、爬跨、交合、射精和性失效等连续的行为过程。公畜在性活动中的完整性行为链是顺利完成交配和人工采精的必要条件，如果性行为序列发生混乱或缺失，都可能造成公畜交配或采精的失败。

1. 性激动

性激动是指公畜接触母畜时所产生的性兴奋或性冲动现象。公畜可以通过感觉器官将异性刺激转变为神经冲动，激发求偶交配欲望。

2. 求偶

求偶是指公畜向母畜做出某些特殊姿势和动作，以诱使母畜接受交配的性行为表现。

3. 交配

交配包括勃起、爬跨和交合等几个连续发生而紧密结合的性行为。

4. 射精

射精是公畜将精液排放在雌性生殖道内的过程。

5. 性失效

性失效即射精完毕后，公畜立刻爬下，结束交配，性欲消失。

【实训操作】

实训 2-1 雄性动物生殖器官解剖构造的观察

一、实训目的和要求

通过观察各种家畜生殖器官的标本、模型及挂图，掌握生殖器官的位置、形态、解剖结构、特点、生理功能及各组成部分之间的相互关系，为更好地掌握和应用动物繁殖技术奠定解剖学基础。

二、实训材料和工具

(1) 各种雄性生殖器官浸制或新鲜标本、模型及挂图(或投影)。

(2) 大的方瓷盘、解剖刀、剪刀、镊子、卷尺、电脑和投影仪。

三、实训方法

生殖器官图片投影与标本、模型观察相结合，比较各种家畜生殖器官的异同。

四、实训内容和观察要点

雄性动物生殖器官由内生殖器和外生殖器组成。内生殖器包括睾丸、附睾、输精管与精索、雄性尿道及副性腺；外生殖器包括阴茎、包皮和阴囊。几种主要公畜的生殖器官见图 2-1。

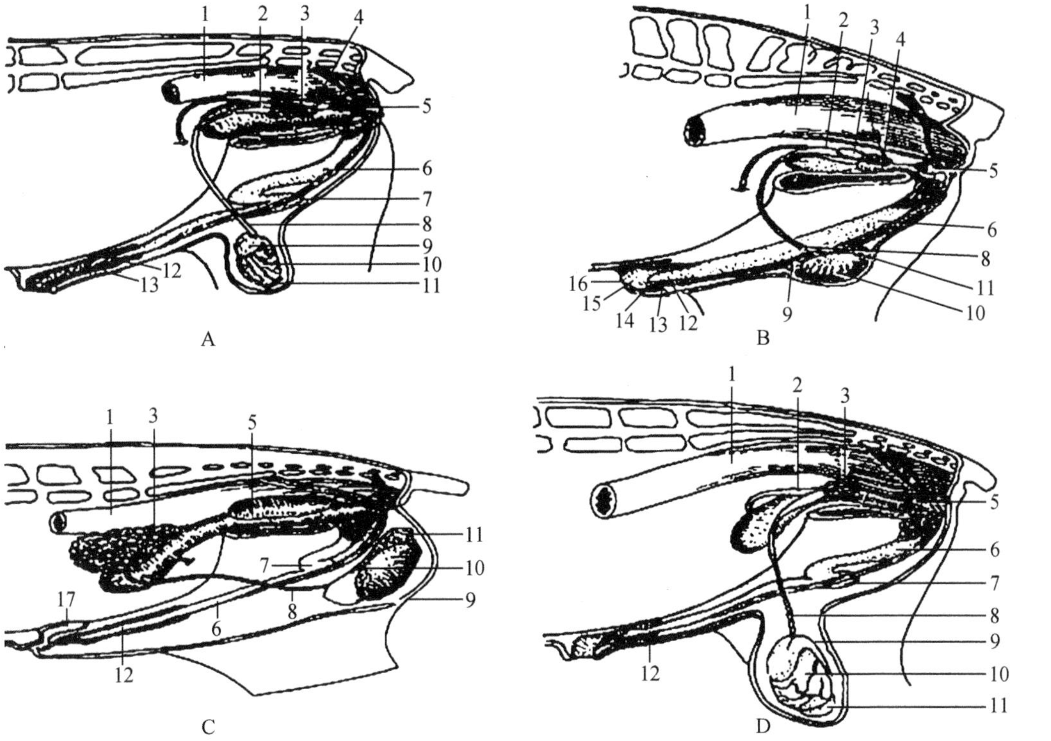

A. 牛 B. 马 C. 猪 D. 羊

1. 直肠 2. 输精管壶腹 3. 精囊腺 4. 前列腺 5. 尿道球腺 6. 阴茎 7. S状弯曲 8. 输精管 9. 附睾 10. 睾丸 11. 附睾尾 12. 阴茎游离端 13. 内包皮鞘 14. 外包皮鞘 15. 龟头 16. 尿道突起 17. 包皮憩室

图 2-1 几种主要公畜的生殖器官

（引自徐相亭，2008）

（一）公畜生殖器官的形态和位置

1. 睾丸

公畜睾丸成对存在，分别位于阴囊的两个腔内，左右各一，均为长卵圆形。一侧有附睾附着，为附牵缘，另一侧为游离缘。牛、羊阴囊较马阴囊稍靠前，位于前腹股沟区，睾丸长轴与地面垂直，附睾位于睾丸的背外侧，附睾头在上、尾在下。马（驴）阴囊位于两股之间的腹股沟区，睾丸长轴与地面平行，附睾位于睾丸的背外线，附睾头在前、尾在后。猪的阴囊突出于股部之后，睾丸长轴倾斜且前低后高，附睾位于睾丸的前上缘，附睾头在前下方、尾在后上方。公牛、公马睾丸分别见图 2-2、图 2-3。

随畜种不同，睾丸的大小有差别。牛、羊、猪的睾丸相对比较大，以羊的睾丸为最大。成年公畜睾丸的质量：牛为 550～650 g，猪为 900～1 000 g，绵羊为 400～500 g，山羊为 150 g。

睾丸的生理功能如下。

（1）产生精子 精细管的生精细胞是直接形成精子的细胞，它经多次分裂最后形成精子。精子随精细管的液流输出，经直精细管、睾丸网、输出管到附睾。

（2）分泌雄激素（内分泌） 间质细胞分泌雄激素。雄激素能激发公畜的性欲和性行为，刺激第二性征；刺激阴茎及副性腺的发育，维持精子发生及附睾精子的存活。

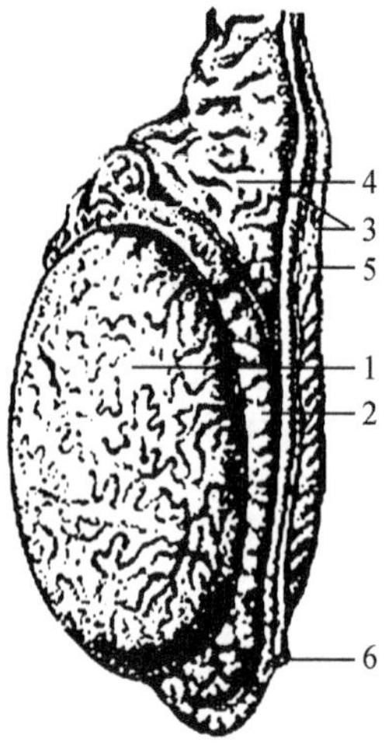

1. 睾丸 2. 附睾 3. 输精管
4. 精索 5. 睾丸系膜 6. 阴囊韧带

图 2-2 公牛睾丸

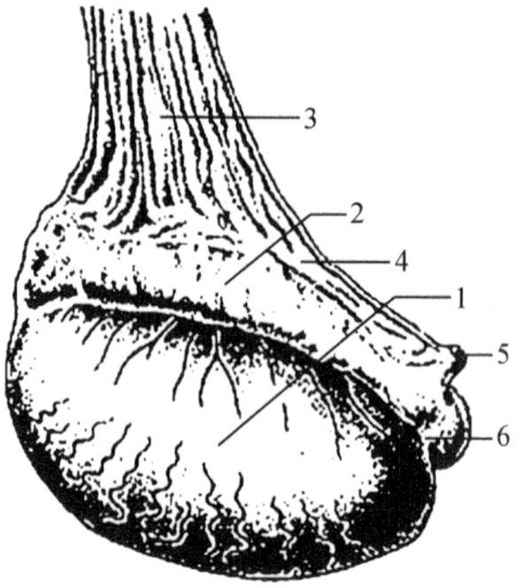

1. 睾丸 2. 附睾 3. 精索 4. 睾丸系膜
5. 阴囊韧带 6. 睾丸固有韧带

图 2-3 公马睾丸

(3) 分泌液体 产生睾丸液、维持精子生存,有助于精子向附睾头移动。

2. 附睾

附睾位于睾丸的附着缘,分头、体、尾三部分。头膨大,由睾丸输出管相连接汇合成一条较粗而长的附睾管盘曲成附睾体和附睾尾,最后过渡为输精管。

附睾的生理作用:①促使精子成熟;②贮存精子;③浓缩精子;④运输精子。

3. 输精管

输精管由附睾管延续而来,随后进入由睾丸系膜、血管、淋巴管、神经、睾内提肌共同组成的精索(呈锐角三角形),沿腹股沟管进入腹腔,此后即和精索内的其他部分分开,单独向后上方进入骨盆腔。至膀胱背面,两侧输精管都进入尿生殖道皱襞内。在此处输精管变粗,形成输精管壶腹。牛、羊的输精管壶腹比较明显,粗细介于马和猪之间。马和驴(尤其是驴)的输精管壶腹发达。猪的输精管壶腹不明显。

4. 副性腺

(1) 精囊腺 精囊腺成对位于膀胱颈背面的两旁,输精管末端的两侧。与同侧的输精管形成射精管,共同开口于尿生殖道起始部的精阜上。牛、羊、猪的精囊腺都是由致密的分叶腺体组织构成的。马的精囊腺呈梨形囊状,向后缩小成输出管。牛、羊的精囊腺比马的小,而猪的精囊腺特别发达。

(2) 前列腺 前列腺位于精囊腺的后部,即尿生殖道起始的背侧。牛和猪的前列腺分为体部和扩散部二部分。牛的体部为菱形,猪的体部为纽扣形。猪的前列腺体部小,而扩散部很大。羊的前列腺最不发达,仅有扩散部,而且为尿道肌所包围,外观看不到。马的前列腺由两个侧叶和一个峡部构成,形似蝴蝶,为复管状腺,有许多排出管开口于精阜的两旁。

(3) 尿道球腺 尿道球腺成对位于尿生殖道骨盆部出口的外侧两旁,各有一个排出管(马有 7~8 个)开口于尿道内。猪的尿道球腺最发达,为圆柱状,上面覆盖的尿道球肌很薄,所以能看出它的分叶。马的尿道球腺比猪的小。牛、羊的尿道球腺最小,均为球状,上面覆盖的尿道球肌较厚。

几种主要家畜的副性腺见图2-4。

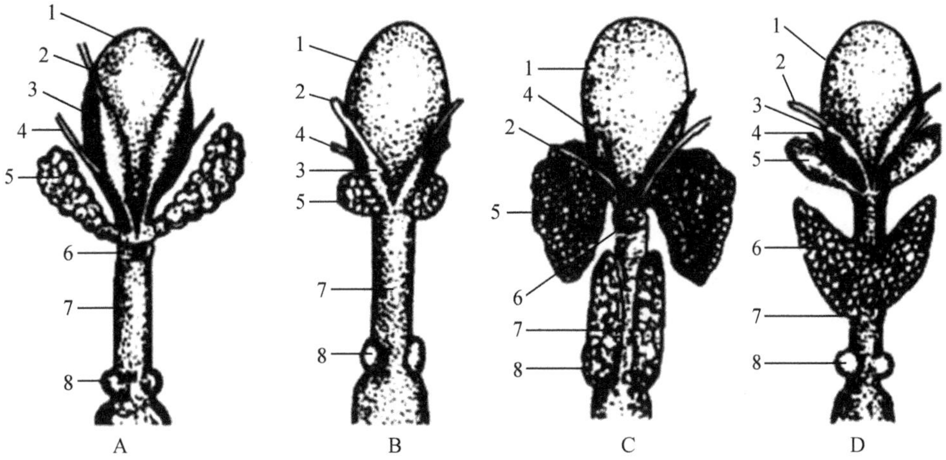

A. 牛 B. 羊 C. 猪 D. 马

1. 膀胱 2. 输精管 3. 输精管壶腹 4. 输尿管 5. 精囊腺 6. 前列腺 7. 前列腺扩散部 8. 尿道球腺

图2-4 几种主要家畜的副性腺(背面图)

(引自张周,2001)

5. 尿生殖道

尿生殖道是公畜尿和精液排出的共同管道,可分为骨盆部和阴茎部,以坐骨弓为界,在交界处管腔变窄,形成尿道峡部。阴茎部位于阴茎海绵体腹面的尿道沟内。在尿生殖道骨盆部的腹面正中线上做纵向切口,可以看到起始部尿道上壁有一圆形隆起的精阜,上有射精孔,是输精管和精囊腺的输出管共同形成的开口。前列腺的开口在其两侧,尿道球腺开口在其后。公牛尿生殖道骨盆部及副性腺见图2-5。

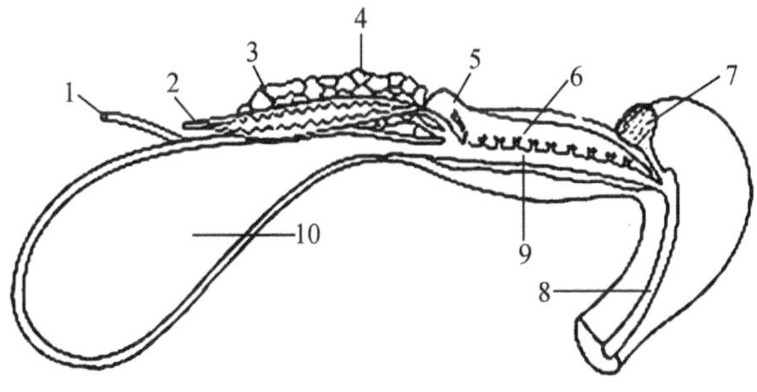

1. 输精管 2. 输精管壶腹 3. 精囊腺 4. 前列腺体部 5. 前列腺扩散部
6. 尿殖道骨盆部 7. 尿道球腺 8. 尿殖道阴茎部 9. 精阜及射精孔 10. 膀胱

图2-5 公牛尿生殖道骨盆部及副性腺(正中矢状切面)

6. 阴茎

阴茎由阴茎根、阴茎体和龟头组成。阴茎借助于两个阴茎脚固定于坐骨弓,从此处开始,在两股之间沿着下腹壁走向脐部,龟头位于其末端。阴茎由两个阴茎海绵体和腹面的尿道海绵体组成,为阴茎的勃起组织。牛的阴茎在阴囊之后形成S形弯曲,并由阴茎伸缩肌固定于阴茎根上，交配时伸直。龟头上下较扁且前端有些扭转。羊的阴茎与牛的相似，但比牛的细小，尿道突细长，呈蚯蚓状，绵羊的较长，山羊的较短。猪的阴茎S形弯曲在阴囊之前。马的阴茎长而粗大呈扁圆柱状，龟头膨大，其前下侧有一龟头窝，内有尿道突。几种公畜的龟头形状见图 2-6。

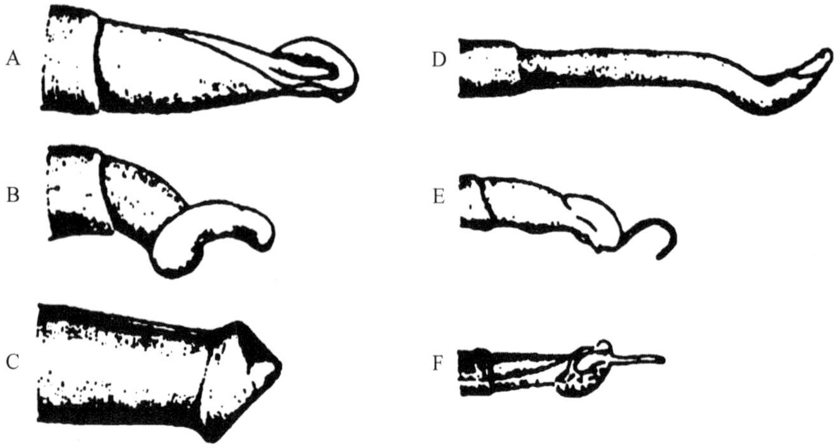

A. 牛　B. 牛(刚交配后的形状)　C. 马　D. 猪　E. 绵羊　F. 山羊

图 2-6　几种公畜的龟头形状

(引自徐相亭，2008)

（二）公禽的生殖系统

公禽的生殖系统由睾丸、附睾、输精管和交配器官组成(图 2-7)。

1. 睾丸

睾丸是成对的实质性器官，位于腹腔内，以较短的系膜悬吊在肾前叶的腹面，周围与胸腹气囊相接触。幼禽的睾丸很小，如小公鸡的只有米粒大，呈黄色。成年禽明显增大，在性成熟后的繁殖季节睾丸体积最大，如鸽蛋大小，呈黄白色或白色。

睾丸外面包有薄的白膜，间质不发达，小梁也很少，不形成睾丸小叶和睾丸纵隔，但有丰富的曲精细管和直精细管。

2. 附睾

公禽的附睾不发达，附着于睾丸的背内侧缘，又称睾丸旁导管系统。具有贮存、浓缩、运输精子，分泌精清等功能。睾丸和附睾与较大的血管相邻，在进行阉割手术时，要特别注意。

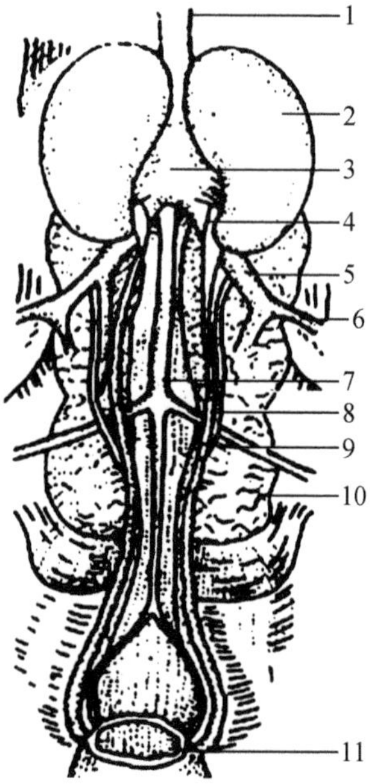

1. 后腔静脉　2. 睾丸　3. 睾丸系膜　4. 附睾　5. 髂静脉　6. 股静脉　7. 主动脉　8. 输尿管　9. 输精管　10. 肾　11. 泄殖腔

图 2-7　公禽泌尿生殖系统

3. 输精管

输精管是一对细而弯曲的管道，与输尿管并行，其末端形成射精管，呈乳头状突入泄殖道中。输精管在繁殖季节加长增粗，因贮存精子而呈白色。输精管具有分泌精清、贮存精子、运输精液的功能。

4. 交配器官

公鸡的交配器官不发达，是 3 个并列的小突起，称阴茎体，位于肛门腹部的内侧。刚孵出的小鸡的阴茎体明显，可以以此来鉴别雌雄。鸭、鹅有发达的阴茎，长 6～9 cm，平时位于脏道壁的囊中，交配时勃起伸出。

五、实训作业

1. 按所列项目，将各种公畜生殖器官的观察结果填于下表。

类型		牛	羊	猪	马
睾丸	长轴/cm				
	直径/cm				
	质量/g				
附睾	管长/cm				
	质量/g				
输精管壶腹	粗细				
	形状				
	内部结构				
精囊腺	大小				
	形状				
	构造特点				
前列腺	体部与弥散部				
	构造特点				
尿道球腺	大小				
	形状				
	构造特点				
阴茎	横切面直径/cm				
	龟头形状				
	尿道突特点				

2. 根据活体位置绘出公牛生殖器官解剖结构图。

六、技能考核标准

<table>
<tr><th rowspan="2">考核内容与分数</th><th rowspan="2">操作环节与要求</th><th colspan="2">评分标准</th><th rowspan="2">考核方法</th><th rowspan="2">熟练程度</th><th rowspan="2">时限</th></tr>
<tr><th>分值</th><th>扣分依据</th></tr>
<tr><td rowspan="4">1. 公牛、公羊生殖器官观察

2. 公猪生殖器官观察
(100 分)</td><td>识别公牛、公羊生殖器官的形态、结构与位置</td><td>50</td><td>每错或少一项扣 5 分</td><td rowspan="4">单人操作考核</td><td rowspan="4">熟练掌握</td><td rowspan="4">10 min</td></tr>
<tr><td>识别公猪生殖器官的形态、结构与位置</td><td>30</td><td>每错或少一项扣 5 分</td></tr>
<tr><td>熟练程度</td><td>10</td><td>在教师指导下完成时扣 5 分</td></tr>
<tr><td>完成时间</td><td>10</td><td>每超时 1 min 扣 2 分，直至扣 10 分</td></tr>
</table>

任务 2-2　精子的发生与形态结构

雄性动物在初情期至性机能减退的整个生殖年龄中，可以全年或季节性地产生大量精子。精子的发生需要经历复杂的分裂和形成过程。在这一过程中，精原细胞最终成为精子，完成染色体数目减半以及细胞质和细胞核的变化，形成精子特有的形态与结构。

一、精子的发生

精子在睾丸内形成的全过程称为精子的发生，包括精细管上皮的生精细胞由精原细胞经精母细胞到精子细胞的增殖发育过程和精子形成过程。精细管在初情期形成管腔，由多层不同发育时期的生精细胞和支持细胞构成精细管上皮。它们在精子发生过程中保持紧密联系，并随着分裂过程的持续发生，各发育时期的生精细胞依次从精细管外周向管腔迁移，最后形成的精子释入精细管腔(图 2-8)。

精子的发生过程可分为精原细胞增殖、精母细胞发育与成熟分裂、精子形成 3 个阶段(图 2-9)。

1. 精原细胞增殖

精原细胞位于精细管上皮最外层，紧贴精细管基膜，是睾丸中最幼稚的一类细胞，分为 A 型、中间型、B 型 3 种，通过有丝分裂进行增殖。

A 型精原细胞是精细管中紧贴基底膜的椭圆形细胞，形状较大，胞质少，核内染色质分布均匀。由精原细胞在初情期前分化所形成的 A_0 型精原细胞是精子发生的干细胞，在精子发生时可以从休眠状态转化分裂状态，逐级分裂为 A_1、A_2、A_3 和 A_4 型精原细胞。其中 A_0 与 A_1 型细胞可分裂为两种精原细胞：一种是活跃的精原细胞，继续有丝分裂增殖，最后形成初级精母细胞；另一种进入休眠状态，成为下一个精子发生周期的起始细胞。

中间型精原细胞位于精细管的基底膜，呈圆形，体积较大，核染色时着色浅，有 1～2 个核仁，胞质无糖原。它是由 A_4 型精原细胞分化而来的，并通过有丝分裂方式继续增殖为 B 型精

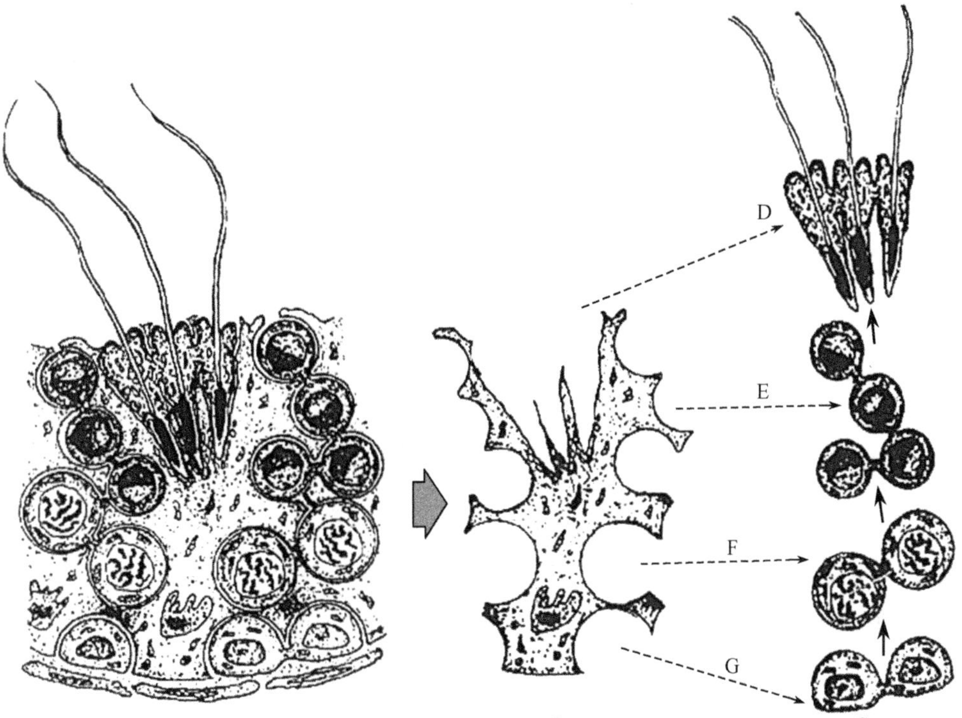

A. 精细管上皮　B. 支持细胞　C. 生精细胞　D. 变形精细胞　E. 圆形精细胞　F. 精母细胞　G. 精原细胞

图 2-8　精细管上皮及精子的发生

(引自 Fawcett,1974)

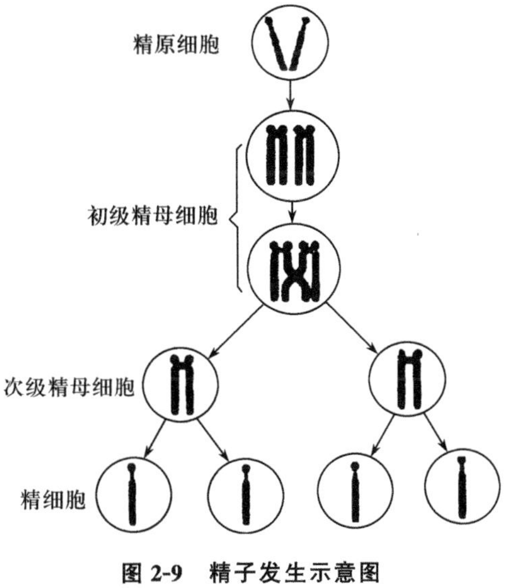

图 2-9　精子发生示意图

原细胞,成为精母细胞的前体细胞。

B 型精原细胞具有圆形的细胞核和不规则的核仁,细胞形状小,脱离与基底膜的接触。B 型精原细胞将继续发生有丝分裂,最终形成初级精母细胞。

2. 精母细胞发育与成熟分裂

初级精母细胞形成后，进入静止期。在此期间，细胞进行DNA复制，并积极转录、合成、贮存各种必需的蛋白质和酶，为成熟分裂做准备，细胞体积也增加1倍。然后经过一次成熟分裂形成2个次级精母细胞，染色体减半成为单倍体。次级精母细胞形成后不再复制DNA，很快进行第二次成熟分裂，形成两个单倍体的精子细胞（图2-10）。

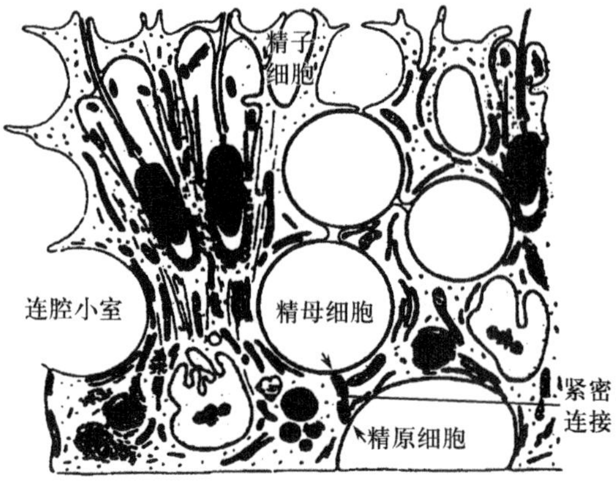

图2-10　支持细胞超微结构模式图

3. 精子形成

精子细胞形成后就不再分裂，而是经过复杂的形态结构变化演变为蝌蚪状的精子。在这一形态变化过程中，精子细胞的高尔基复合体形成精子的顶体，细胞核形成精子头部的主要部分，中心小体逐渐形成精子尾部，线粒体成为精子尾部中段的线粒体鞘膜，细胞质则大部分脱落。

一个精原细胞经4次有丝分裂产生16个初级精母细胞；再经过2次减数分裂，每个初级精母细胞形成4个精子。

在睾丸内形成的精子通过附睾最后经射精排出的最短时间为：公猪9～12 d，公牛10 d，公绵羊13～15 d。这样就可以推算出精子从发生到排出体外的时间，对于各种家畜大约是2个月。在畜牧生产实践中，改善公畜生精机能和精液品质的措施，实际上是在2个月以后，才能在精液中得到反映；同样，公畜精液品质的某些突然变化，也应追溯到2个月前的某些因素。

二、精子在附睾内的转运、成熟和贮存

睾丸生成的精子不具备运动与受精的能力，需要在附睾内的转运过程中完成精子成熟所发生的某些形态与机能等的变化，才能获得受精潜能和运动能力，这个过程称为精子的成熟。

精子的成熟涉及某些形态和机能的变化，包括体积略微缩小、原生质滴的后移和脱落、运动能力和运动方式的变化、受精能力的变化、代谢方式以及膜的通透性改变等。

三、精子的形态结构

哺乳动物的精子是形态特殊、结构相似、能运动的雄性生殖细胞。家畜精子形似蝌蚪，分为头、颈、尾三部分（图2-11和图2-12）。

1. 头部

家畜精子的头部呈扁椭圆形，主要由核构成，其中含有染色质，其最重要的成分是DNA，家畜的遗传信息排列在DNA链上。精子核的前部为顶体，是一个不稳定的特殊结构，其中含有许多酶类，与受精有关。精子的顶体在衰老时容易变性。出现异常或从头部脱落，因此顶体完整率是评定精液品质的指标之一。与家畜精子相比，禽类精子的头部更细长。

2. 颈部

颈部位于头和尾之间，其中含有2～3个颗粒。核和颗粒之间有一基板，尾部的纤维丝即以此为起点，外界环境不适会引起精子颈部畸形。

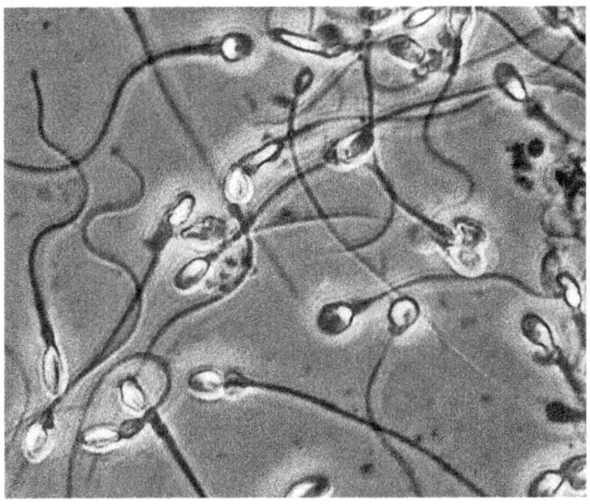

图 2-11　显微镜下的精子

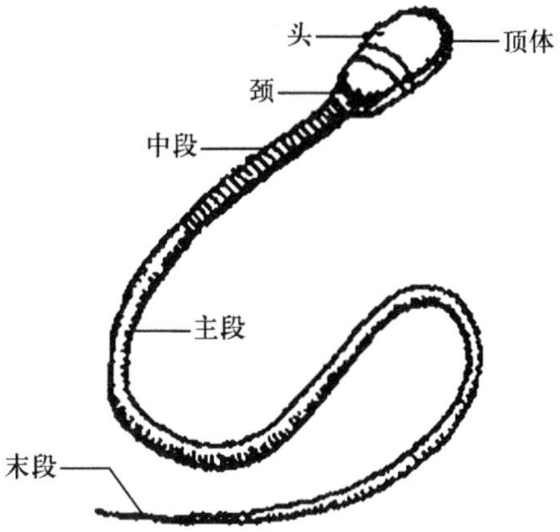

图 2-12　哺乳动物精子的形态结构

3. 尾部

尾部是精子的运动器官，呈现鞭索状运动，推动精子向前运行。精子尾部可分为中段、主段、末段三部分。中段由颈部延伸而成，是尾部的粗大部分，由轴丝、致密纤维和线粒体鞘组成。线粒体鞘内含有与精子代谢有关的酶和能源。主段是尾部最长的部分，主要结构为轴丝，轴丝外周由 9 条粗纤维包绕，并由纤维鞘包裹，最外层为质膜。末段很短。

【实训操作】

实训 2-2　睾丸的组织学切片观察

一、实训目的和要求

通过对雄性动物睾丸组织切片的观察，了解睾丸的组织结构及其形态。了解精子发生的过程与形态。

二、实训材料和仪器

1. 动物睾丸的组织切片。
2. 动物睾丸组织图片（幻灯片）。
3. 显微镜、幻灯机或投影仪。

三、实训方法

教师先结合投影讲解动物睾丸组织学及精子发生过程，使学生对动物睾丸组织学结构及精子发生过程有初步的了解。然后再用显微镜对睾丸组织切片进行进一步的观察。

四、实训内容和观察要点

（一）低倍镜观察

1. 被膜

被膜由浆膜和白膜构成。外层浆膜为一较薄的固有鞘膜，从腹膜延伸而来。内层白膜为弹性结缔组织白色薄膜层，其中富含血管。白膜下为实质部分，即睾丸的功能层(图 2-13)。

2. 睾丸纵隔和中隔

睾丸纵隔为睾丸的一端伸向睾丸实质的结缔组织索，并向四周发出许多放射状的结缔组织小梁，伸向白膜。这些结缔组织小梁称为睾丸中隔。猪的睾丸中隔较发达；牛、羊的睾丸中隔薄而不完整。

3. 睾丸小叶

睾丸中隔将睾丸实质分成许多小叶，小叶的尖端朝向中央，小叶的基部朝向睾丸的表面。每个小叶由 2～3 条盘曲的曲精细管及血管和间质细胞组成。曲精细管直径约为 200 μm。据估测，牛的曲精细管拉直，头对头相接，可长达几千米，占睾丸质量的 80%。

曲精细管在各小叶的尖端先各自汇合成直精小管，穿入睾丸纵隔结缔组织内，形成弯曲的导管网，称为睾丸网(马无此结构)，为精细管的收集管道。睾丸网又分出 12～15 条睾丸输出管，汇入附睾头，形成附睾管(图 2-13)。

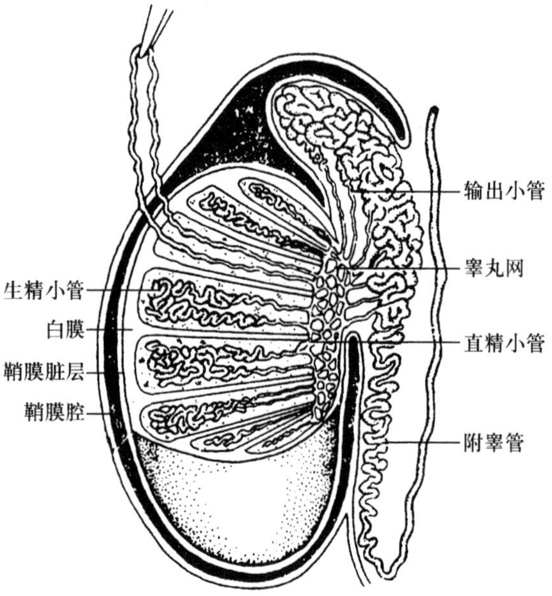

图 2-13 睾丸和附睾的组织构造

(二) 高倍镜观察

1. 睾丸小叶的结构

睾丸小叶由曲精细管及其间质细胞构成。此外，还有血管、淋巴管等。

2. 间质细胞

间质细胞又称 Leydig 细胞。体积较大，分布于曲精细管之间，近似卵圆形或多角形，细胞质嗜酸性，核大而圆。具有分泌雄激素的功能。

3. 曲精细管的结构

曲精细管(图 2-14)的管壁自外向内由同心圆状排列的结缔组织、基膜和复层上皮构成。上皮细胞成层地排列在基膜上，可分为足细胞和生精细胞两种。

4. 足细胞

又称 Sertoli 细胞、支持细胞、营养细胞。体积较大而细长，但数量较少，属于体细胞。足

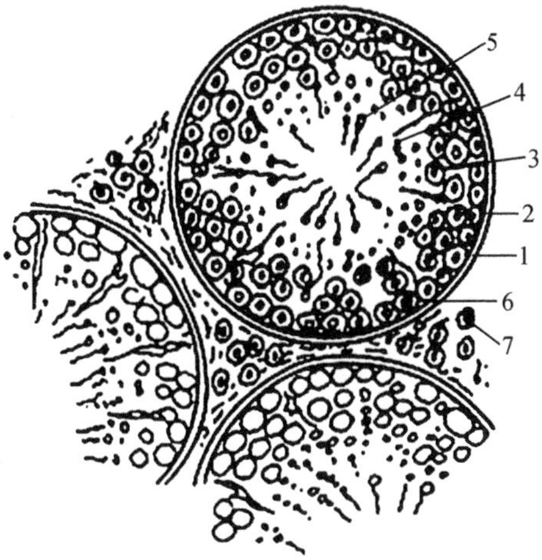

1. 精原细胞　2. 初级精母细胞　3. 次级精母细胞　4. 精子细胞　5. 精子　6. 支持细胞　7. 间质细胞

图 2-14　曲精细管横切面示意图

细胞呈辐射状排列在曲精细管中，分散在各期生殖细胞之间，其底部附着在曲精细管的基膜上，游离端朝向管腔，常有许多个精子嵌在上面。该细胞高低不等，界限不清。细胞核较大，位于细胞的基部，着色较浅，具有明显的核仁，但不显示分裂现象。由于它的顶端有数个精子伸入胞浆内，一般认为此种细胞对生精细胞起着支持、营养、保护等作用。足细胞失去功能，精子便不能成熟。

5. 生精细胞（生殖细胞）

数量比较多，成群地分布在足细胞之间，大致排列成3～7层（同心圆排列）。根据不同发育阶段及其形态特点又可分为：精原细胞、初级精母细胞、次级精母细胞、精子细胞和精子。

（1）精原细胞　位于最基层，紧贴基膜。细胞体积较小，呈圆形，常有分裂现象。是精子生成的干细胞。细胞质比较清亮。细胞核大而圆，富含染色质，因而着色较深。

（2）初级精母细胞　位于精原细胞上面，排成几层，常显示有分裂现象。细胞体积较大，呈圆形。细胞核呈球形，富含染色质，故着色较深。分裂时，因染色体所处不同的活动时期而呈线状、棒状或粒状。在最初阶段与精原细胞不易区别。随着细胞离开基膜向管腔移动，同时胞浆不断增多，胞体不断变大，具有明显的细胞核。

（3）次级精母细胞　位于初级精母细胞的内侧，体积较小，细胞呈圆形。细胞核呈球形，染色质呈细粒状。由于该细胞很快分裂为两个精子细胞，所以在切片上很难找到它。

（4）精子细胞　位于精母细胞内侧，靠近曲精细管的管腔。常排列成数层。并且多密集在足细胞游离端的周围。细胞体积更小，胞浆少。细胞核呈球形，着色深。

（5）精子　位于或靠近曲精细管的管腔内。有明显的头和尾，呈蝌蚪状。头部含有核物质，染色很深，常深入足细胞的顶部胞浆中。尾部朝向管腔。精子发育成熟后脱离曲精细管的管壁，游离在管腔中，随后进入附睾。

精子是一种独特的细胞，不含细胞质。成熟后还有前进运动的能力。

五、实训作业

绘出并注明睾丸曲精细管及其所含细胞的构造示意图。

六、技能考核标准

<table>
<tr><th rowspan="2">考核内容与分数分配</th><th rowspan="2">操作环节与要求</th><th colspan="2">评分标准</th><th rowspan="2">考核方法</th><th rowspan="2">熟练程度</th><th rowspan="2">时限</th></tr>
<tr><th>分值</th><th>扣分依据</th></tr>
<tr><td rowspan="4">1. 睾丸的组织结构及其形态观察
2. 精子发生的过程与形态观察（100 分）</td><td>低倍镜观察睾丸的组织结构及其形态</td><td>40</td><td>每错或少一项扣 5 分</td><td rowspan="4">单人操作考核</td><td rowspan="4">熟练掌握</td><td rowspan="4">10 min</td></tr>
<tr><td>高倍镜观察睾丸小叶的结构和精子发生过程</td><td>40</td><td>每错或少一项扣 5 分</td></tr>
<tr><td>熟练程度</td><td>10</td><td>在教师指导下完成时扣 5 分</td></tr>
<tr><td>完成时间</td><td>10</td><td>每超时 1 min 扣 2 分，直至扣 10 分</td></tr>
</table>

任务 2-3 精液的组成与生理特性

一、精液的组成

精液由精子和精清组成。精清主要来自雄性动物副性腺的分泌物，此外还有少量的睾丸液和附睾液。精液中精清占大部分，其中 90%～98%是水分（牛 90%、绵羊 85%、猪 95%、马 98%），2%～10%是干物质；干物质中 60%是蛋白质。

二、精清的主要化学成分

精清的主要化学成分包括糖类、蛋白质和氨基酸、脂类、有机酸、无机离子、酶类、维生素等。

1. 糖类

大多数哺乳动物的精清中都含有糖类物质。其中最主要的糖类是果糖，果糖是精子可以利用的主要能源，主要来源于精囊腺。果糖的分解产物丙酮酸在射精时瞬间给予精子能量。每 100 mL 精液中的糖类含量为：牛 530 mg，羊 250 mg，猪 1 300 mg、马 2 mg。此外，精清中还有山梨醇和肌醇等糖醇，也是由精囊腺分泌的。其中，山梨醇可氧化为果糖供精子利用，肌醇在猪的精清中含量很高，但不能被精子利用。

2. 蛋白质和氨基酸

精清中的蛋白质含量很低，一般为 3%～7%。精清中的蛋白质主要是组蛋白，其主要在精子头部和 DNA 结合构成核蛋白，并在精子尾部形成脂蛋白和角质蛋白。精清中的蛋白质成分，射精后在蛋白酶的作用下很快发生变化，使不可透析性氮的浓度降低，同时使非蛋白氮和氨基酸的含量增加。精清中游离的氨基酸成为精子氧化代谢中用于氧化的基质。精液中的氨基酸主要影响精子的存活时间。精子有氧代谢时可利用精清中的氨基酸作为基质合成蛋白质。

3. 脂类

精清的脂类物质大多是磷脂，来源于前列腺。其中的卵磷脂对延长精子寿命和抗低温打击有一定作用；甘油磷酸胆碱来自附睾，每 100 mL 精液中脂类的含量为：绵羊 1 650 mg，牛 350 mg，马 86 mg。脂类在雌性动物生殖道内能转化为磷酸甘油被精子利用。

4. 有机酸

哺乳动物精清中含有多种有机酸，主要有柠檬酸、抗坏血酸（维生素 C）、乳酸、前列腺素等，对维持精液正常的 pH 和刺激雌性生殖道平滑肌收缩有重要作用。其中，柠檬酸主要来自精囊腺。每 100 mL 精液中有机酸的含量为：牛 720 mg，猪 141 mg，马 50 mg。有机酸可防止或延缓精液凝固，其中抗坏血酸与受精力有关。

5. 无机离子

精清中的无机离子主要有 Na^{+}、K^{+}、Mg^{2+}、Cl^{-}、PO_4^{3-} 和 HCO_3^{-} 等，对维持渗透压和 pH 有重要作用。

6. 酶类

精液中有多种酶类，大部分来自副性腺，少量由精子渗出。水解酶、氧化还原酶、转氨酶等对精子的活动、代谢及受精具有重要作用。

7. 维生素

精清中维生素的种类和含量与动物本身的营养和饲料有关。精清中的维生素主要有维生素 B_1、维生素 B_2、维生素 C、泛酸和烟酸等。这些维生素可以影响精子的活力和密度，并使精液呈现某种色泽。

三、精子的代谢和运动

（一）精子的代谢

精子为维持其生命和运动，必须利用其自身及精清中的营养物进行复杂的代谢过程。这种新陈代谢主要表现在糖酵解、精子的呼吸以及脂类和蛋白质化合物的代谢。

1. 糖酵解

精清所含有的糖类是维持精子存活的主要能量来源。果糖酵解是无氧时精子获得能量的主要途径。果糖经过酵解变成丙酮酸或乳酸，并释放出能量。精子糖酵解的能力在不同动物中有很大差异，如牛的精子可分解果糖、葡萄糖和甘露糖，但几乎不能利用半乳糖和蔗糖。猪精液中果糖含量很少，猪精子无氧时利用果糖酵解产生乳酸的能力很低。

2. 精子的呼吸

在有氧条件下，精子消耗氧进行呼吸。精子呼吸产生的能量比糖酵解所产生的能量大 4～10 倍。山梨醇、甘油磷酰胆碱、缩醛磷脂、果糖、葡萄糖以及糖酵解的产物丙酮酸和乳酸等均可作为精子呼吸的代谢底物。精子呼吸的过程是按照一般组织的代谢过程（即三羧酸循环）来进行的。分解的最终产物是 CO_2 和水，并释放出大量能量，这些能量大多以 ATP 形式存在，主要贮存于线粒体鞘。

3. 脂类代谢

在有氧条件下，精子内源性的磷脂可以被氧化，以支持精子的呼吸和活动力。精子也可利用精清中的磷脂，将磷脂氧化分解为脂肪酸，脂肪酸进一步氧化，释放出能量。但是，精子的代谢以糖类代谢为主，当糖类代谢基质耗竭时，脂类的代谢就显得非常重要。脂类代谢产物甘油具有促进精子耗氧和产生乳酸的作用。甘油本身也可被精子氧化代谢。精子也能利用一些低级的脂肪酸，如乙酸。

4. 蛋白质代谢

由于氨基酸氧化酶的脱氨作用，精子能使一部分氨基和氨基酸氧化。但是，精子中蛋白质的分解意味着精子品质已变性。在有氧时，牛的精子能使某些氨基酸氧化成氨和过氧化氢，这对精子有毒性作用。精液腐败时就出现这种变化。所以正常的精子活动力的维持和运动是不需要从蛋白质分解中获取能量的。

（二）精子的活动力和运动

活动力是精子最显著的特征，精子的活动力与精子的受精力密切相关，使之成为评定精液品质的简单而有效的方法。精子的活动力表现为不同的运动形式，与精子的代谢密切相关。精子代谢产生的能量，大部分用于其活动力，小部分用于维持膜的完整性。

精子运动主要靠其尾部的摆动。尾部轴丝外围的 9 条粗纤维的收缩是摆动的主要原动力，内侧较细的纤维配合外侧粗纤维将这种收缩有节律地从颈部开始，沿着尾部的纵长传开。尾部的摆动，使精子向前泳动。

精子尾部纤丝收缩的能量主要来自精子代谢所产生的 ATP。

1. 精子的运动形式

精子的运动在显微镜下可见到以下 3 种运动形式。

（1）直线前进运动　精子按直线方向前进运动，是正常精子在适宜条件下的运动。这样的精子能运行到输卵管的壶腹部与卵子完成受精过程，是有效精子。

（2）旋转运功　精子围绕点做转圈运动，最终导致精子衰竭，是无效精子的运动。

（3）原地摆动　精子在原地做微弱摆动，不发生位移，这种精子没有受精能力。

精子的运动速度与环境温度有关，精子在 37 ℃环境中每秒前进的速度比低于 37 ℃环境中的快；精子的运动速率也受精子密度和精液黏度的影响。

2. 精子的运动特性

精子在液体状态下或在雌性动物的生殖道内运动时具有独特的运动特性。

（1）逆流性　精子的逆流性是指精子在流动的液体中向逆流方向运动。精子在雌性动物生殖道内，由于发情母畜的分泌物向外流动，精子逆流是向输卵管方向运行的。

（2）趋物性　精子的趋物性是指当精液中有异物时，精子有向异物边缘运动的趋向，表现为精子头部顶住异物进行摆动运动。因此，在精液稀释过程中应尽量减少异物的产生，以免降低精子的活力，造成精液品质下降。

（3）趋化性　精子的趋化性是指精子有向某些化学物质运动的特性。雌性动物生殖道内存在的化学物质（如激素）、卵母细胞分泌的化学物质等均可吸引精子向其运动。

四、外界环境因素对精子的影响

对精子有影响的环境条件很多，这里主要讨论温度、渗透压、pH、光照、电解质、震动和某些化学物质对精子生存时间、运动、代谢和受精能力等方面的影响。只有充分了解这些因素的影响，才能在精液的稀释和保存中，控制适宜的条件，延长精子存活和保存受精能力的时间。

1. 温度

精子在相当于体温即 37 ℃左右的温度下，可保持正常的代谢和运动状态。在进行精子活力检查时，最好在这一温度下进行，否则就失去了客观标准，不同检查温度下的活率是没有可比性的。当温度继续上升时，精子的代谢提高，运动加剧，生存时间缩短。家畜的精子在45 ℃以上的温度下，会经历一个极短促的热僵直现象，迅速死亡。

低温对精子的影响是比较复杂的。经适当稀释的家畜精液，缓慢降温时，精子的代谢和运动会逐渐减弱，一般在0～5 ℃基本停止运动，代谢也处于极低的水平，称为精子的“休眠”。但是未经任何处理的精液，急剧降温到10 ℃以下，精子会因低温打击，出现“冷休克”，而不可逆地丧失其生存的能力。为防止这一现象的出现，在精液处理过程中，在稀释液里加入卵黄、奶类等防冷休克物质和采用缓慢降温的一些技术方法是十分有效的。

在精液的冷冻保存中，在冷冻稀释液中加入甘油或其他防冻剂，经特殊的冷冻工艺，可将精液冷冻后在超低温冷源干冰(－79 ℃)和液氮(－196 ℃)中长期保存。在超低温的条件下，精子的代谢活动已经停止，对精子物理化学影响也很小，但精子并没有死亡。经解冻仍能恢复其代谢、运动和受精的能力。

2. 渗透压

渗透压是指精子内外膜溶液浓度不同，而出现的膜内外压力差。在高渗压(高浓度)稀释液中，精子膜内的水分会往外渗出，造成精子脱水，严重时精子会干瘪死亡；在低渗溶液(蒸馏水、纯净水)中，水会主动向精子膜内渗入，引起精子膨胀变形，最后死亡。

3. pH

新鲜精液的pH为7左右，接近中性，可用pH试纸或特定的测定仪测知。在一定的范围内，酸性环境对精子的代谢和运动有抑制作用；碱性环境则有激发和促进作用。但超过一定限度均会因不可逆的酸抑制或因加剧代谢和运动而造成精子酸、碱中毒死亡，对精子适宜的pH范围，一般为6.9～7.3，即介于弱酸到弱碱之间。在精液保存中，为了延长保存时间，常利用酸抑制的原理向精液中通入CO_2或降低pH的方法，抑制精子的代谢和运动。需要输精时，再将pH调至适宜的范围。采用这种方法可延长精子在室温条件下的保存时间。此外，在精液的液态保存中，糖酵解产生的乳酸会使精液的pH降低，因此在稀释液中加入一定量的缓冲物质，以维持pH的相对稳定是十分必要的。

4. 光照

直射的阳光对精子的代谢和运动有激发作用，加速精子的代谢和运动，不利于精子的存活。在精液处理和运输时，应尽量避免阳光的直射，通常采用棕色玻璃容器收集和储运精液。某些短光波，特别是紫外线对精子有较大的危害，经其照射的精子，运动和受精能力降低，还会影响受精卵的发育。大剂量X射线的辐射对精子会造成严重伤害，进而危害精子的受精能力和早期胚胎的发育。

5. 电解质

电解质对精子膜的通透性不及非电解质的糖类物质，对渗透压的影响较大，浓度高时，对精子有刺激和损害作用。

电解质对精子的影响与其在精液中电离的离子类型和浓度有关。由于阴离子能影响精子表面的脂类，造成精子的凝聚，其损害往往大于阳离子。适量的电解质对精子的正常代谢和缓冲作用是必要的。对精子代谢和运动能力影响较大的离子主要是K^+、Na^+、Ca^{2+}和Cl^-，其浓度的高低可能具体影响代谢和运动能力的提高或降低。某些重金属离子对精子有毒害作用，可致精子死亡。

6. 震动

在采精和精液的运输过程中,震动往往是不可避免的,轻度的震动对精子的危害不大。在液态精液运输时,应将装精液的容器注满、封严,防止液面和封盖之间出现空隙。如果有空气存在,震动可加速精子的呼吸作用,对精子的危害就会增加。

7. 常用的化学物质

常用的消毒药物,即使浓度很低也足以杀死精子,应避免其与精液接触。但某些抗菌类药物如抗生素和磺胺等,在适当的浓度下,不但无毒害作用,而且还可以抑制精液中细菌的繁殖,对精液的保存和延长精子的生存时间十分有利,已成为精液稀释中不可缺少的添加剂。

吸烟所产生的烟雾,对精子有很强的毒害作用,在精液处理的场所要严禁吸烟。

任务2-4 采 精 技 术

采精是用人工的方法采集公畜的精液,是人工授精的基础和重要环节,其方法有假阴道法、手握法、按摩法和电刺激法等。牛、羊、马主要用假阴道法采精,猪多用手握法采精,家禽和犬多用按摩法采精,野生动物多用电刺激法采精。

一、采精前的准备

(一) 器材的清洗与消毒

采精用的所有器材,均应力求清洁无菌。在使用之前要严格消毒,每次使用后必须洗刷干净。传统的洗涤剂是2%～3%的碳酸氢钠溶液或1%～1.5%的碳酸钠溶液。在基层单位常采用肥皂或洗衣粉代替,但安全性不及前者。器材用洗涤剂洗刷后,务必立即用清水多次冲洗干净且不留痕迹,然后经过严格消毒方可使用。消毒方法,因各种器材质地不同而异。

1. 玻璃器材

采用电热鼓风干燥箱进行高温干燥消毒,要求温度为130～150 ℃,并保持20～30 min,待温度降至60 ℃以下时,才可开箱取出使用。也可采用高压蒸汽消毒,维持20 min。

2. 橡胶制品

一般采用75%酒精棉球擦拭消毒,最好再用95%的酒精棉球擦拭一次,以加速挥发残留在橡胶上面的水分和酒精气味,然后用生理盐水冲洗。对于猪、马用的输精胶管,可放入煮沸的水中浸煮3～5 min,然后用生理盐水冲洗。

3. 金属器械

可用新洁而灭等消毒溶液浸泡,然后用生理盐水等冲洗干净。也可用75%的酒精棉球擦拭,或用酒精灯火焰消毒。

4. 溶液

如润滑剂和生理盐水等,可隔水煮沸20～30 min;或用高压蒸汽消毒,消毒时为避免玻璃瓶爆裂,瓶盖要去掉或插上大号注射针头,瓶口用纱布包扎。

5. 其他用品

如药棉、纱布、棉塞、毛巾、软木等,可采用隔水蒸煮消毒或高压蒸汽消毒。

【学习探究】

在生产中,为什么接触精液的器皿最好事先用生理盐水或精液冲洗?

(二) 假阴道的准备

假阴道是模仿雌性动物阴道内环境条件而设计制成的一种人工阴道。虽然各种家畜用的假阴道在形状、大小等方面不尽相同,类型也各种各样,但设计原理和基本构造是相同的,即由外筒(又称外壳)、内胎、集精杯(瓶、管)、气嘴和固定胶圈等基本部件所组成。此外,牛还要有集精杯保护套或集精漏斗;猪要有集精漏斗,同时还要有双连充气球。牛用假阴道有欧美式(图 2-15)和苏式(图 2-16)两种类型。苏式集精杯都是保温的双层设计,适宜于低温天气和寒冷地区使用。公兔的假阴道外筒可用长 4～5 cm、内径 3.5～4 cm 的竹筒自行制造,内胎可取人用避孕套或胶皮指套改制。

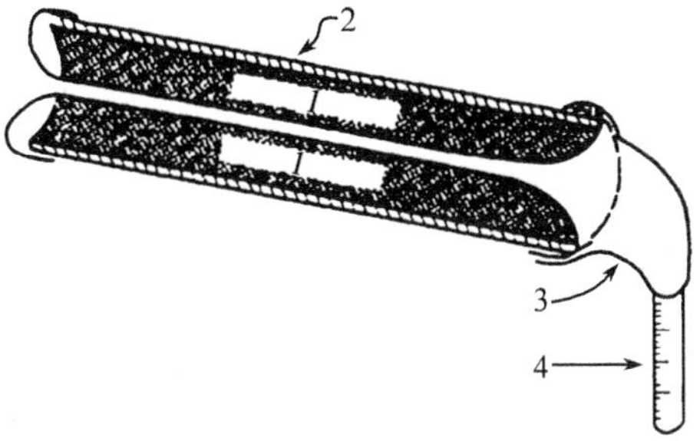

1. 热水　2. 硬质外壳　3. 锥形橡胶套　4. 集精管

图 2-15　牛用假阴道(欧美式)

(引自张周,2006)

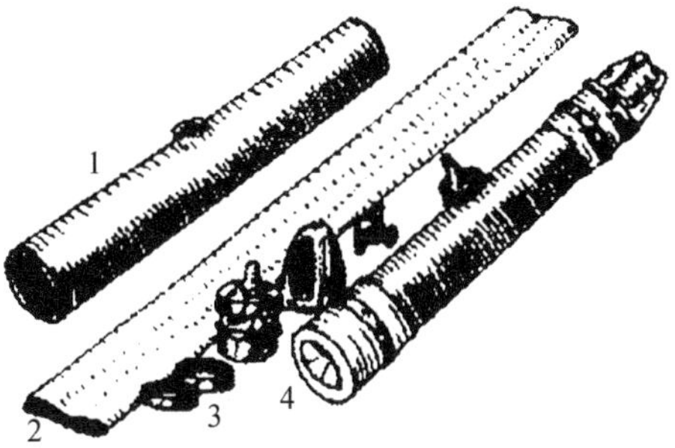

1. 外筒　2. 内胎　3. 皮圈护套　4. 集精管

图 2-16　牛用假阴道(苏式)

(引自张周,2006)

假阴道(图 2-17)安装前应先检查外筒、内胎是否有破损裂缝、沙眼、老化发黏等不正常情况,否则将会发生漏水、漏气而影响采精。

图 2-17　假阴道实物图

假阴道的安装:假阴道在使用前必须进行洗涤、安装内胎、消毒、冲洗、注水、涂润滑剂、调节温度和压力。假阴道内胎的温度一般控制在 38～40 ℃,可通过注入相当于假阴道内外壳容积 2/3 的温水来保持。集精杯也应保持在 34～35 ℃。借助注水和空气来调节假阴道的压力。压力不足不能刺激射精,压力过大则使阴茎不易插入或插入后不能射精,一般以假阴道内胎入口处形成 X 形或 Y 形为宜(图 2-18)。用消毒的润滑剂对假阴道内表面加以润滑,涂抹部位是假阴道全长的 1/2～2/3。但涂抹润滑剂不宜太多,以免混入精液中。

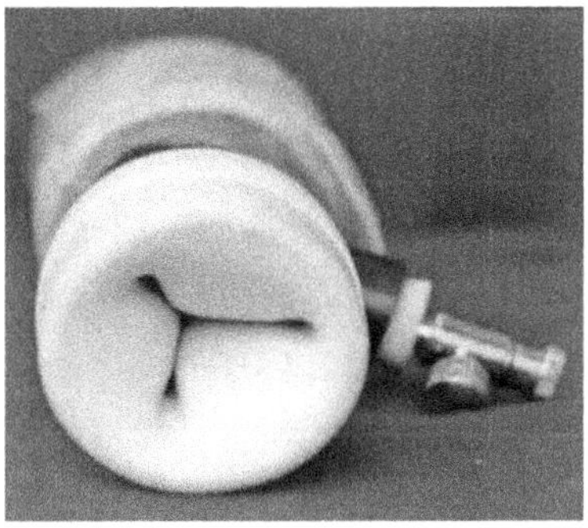

图 2-18　假阴道充气后的理想状态

（三）采精场所的准备

采精要有良好的和固定的场所与环境，以便公畜建立起巩固的条件反射，同时保证人畜安全和防止精液污染。为此，采精场所应该宽敞、平坦、安静、清洁和固定，供保定公畜的采精架（或称配种架）（图 2-19）和供公畜爬跨射精的假台畜（图 2-20）必须坚固结实，安放的位置要便于公畜进出和采精人员操作。采精场所的地面既要平坦，又不能过于光滑，最好能铺上橡皮垫以防打滑。采精前要将场所打扫干净，并配备有消毒和紫外线照射灭菌的设备。

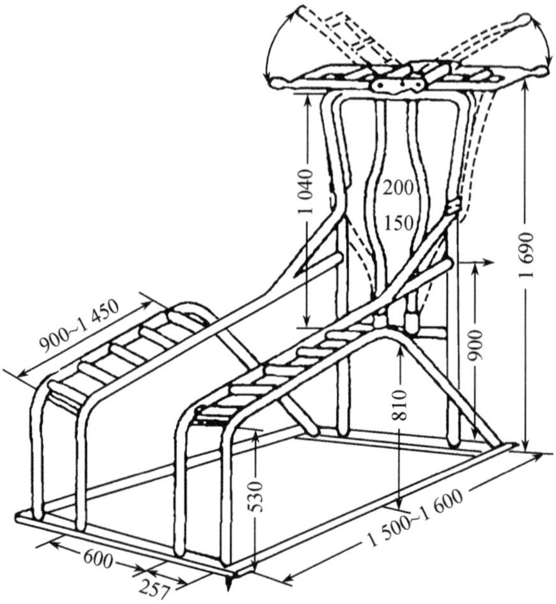

图 2-19　牛用采精架(单位:mm)

（四）种公畜的准备和调教

公畜采精前必须用诱情的方法促使公畜有充分的性兴奋和性欲，尤其对性欲迟钝的公畜要采取改换台畜、变换位置及观摩其他家畜爬跨等方法。

利用假台畜采精必须对种公畜进行调教，使其建立条件反射。一般调教的方法主要有以下 3 种。

（1）在假台畜旁牵一头发情母畜，诱使其爬跨数次，但不使其交配，当公畜性兴奋达高峰时即牵向假台畜使其爬跨。

（2）在假台畜后躯涂抹发情母畜的阴道分泌物或尿液，刺激公畜的性欲并引诱其爬跨假台畜，经过几次采精后即可调教成功。

（3）将待调教的公畜拴系在假台畜附近，让其观看另一头已调教好的公畜爬跨假台畜采精，然后再诱导其爬跨假台畜。

另外，训练公猪时，可利用另一头公猪爬跨过的假台猪，或将其他采精公猪的尿液涂抹在假台猪上，诱使调教的公猪接触，引起爬跨反射。

在调教过程中，一定要反复进行训练，耐心诱导，切勿逼迫、抽打、恐吓等不良刺激，以免引起调教困难。第一次采精成功后，还要经过几次反复，并注意非配种季节也要定期采精，从而巩固公畜建立的条件反射。调教时应注意公畜外生殖器的清洁卫生；最好选择在早上调教，早

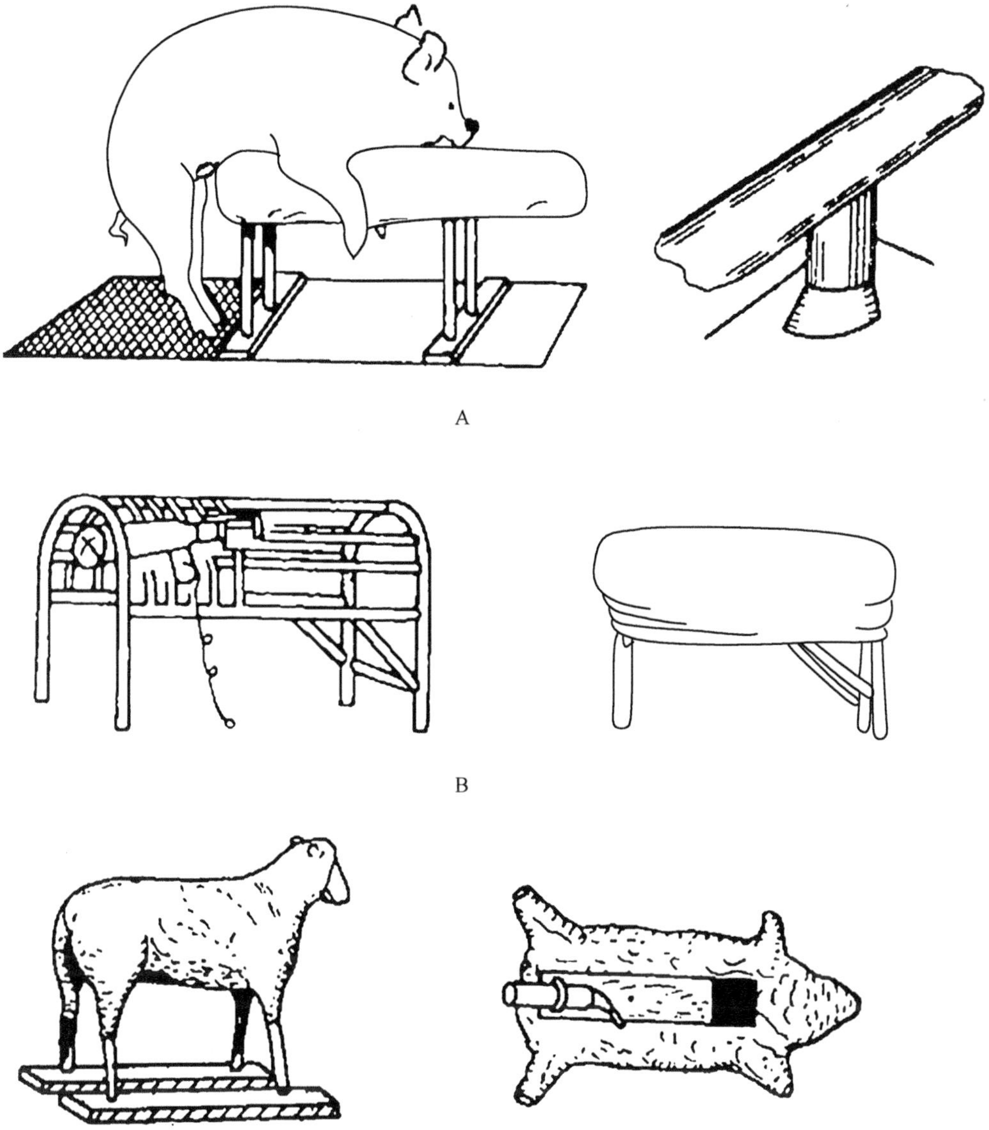

C

A. 假台猪　B. 假台马　C. 假台羊

图 2-20　采精用的假台畜

上公猪精力充沛，性欲旺盛；调教时间、地点要固定，每次调教时间不宜长。

公猪调教训练始于 7 月龄，持续时间 4～6 周，最多每天 1 次，每周 3～4 次，一次持续 15～20 min，一般性欲好的后备猪 1～2 次就可调教成功，性欲不太强的需调教 7～8 次。调教成功后，要连续再采 2 d。

二、采精操作

（一）公牛的假阴道法采精（图 2-21）

（1）将种公牛牵到采精房内，让种公牛在采精室停留片刻，以使公牛进行射精前准备，这样有利于提高采到的精液品质。但要防止公牛在未采精时就已经射精。

（2）将种公牛牵到台牛旁，采精员手持假阴道面向台牛站于台牛的右后侧面。

（3）当公牛阴茎伸出，并在跨上母牛或台畜后的瞬间，采精员手持假阴道，迅速向前一步，将假阴道筒口向下倾斜与公牛阴茎伸出方向成一直线，紧靠在台牛臀部右侧，用左手在包皮开口的后方，掌心向上托住包皮（切不可用手抓捏阴茎，否则会使阴茎缩回）。将阴茎拨向右侧导入假阴道内。当公牛用力向前一冲后，即表示射精完毕。公牛射精后，采精员同时使假阴道的集精杯一端向下倾斜，以使精液流入集精杯中。

（4）当公牛跳下时，假阴道应随着阴茎后移，不要抽出。当阴茎由假阴道自行脱出后，立即将假阴道直立，筒口向上、集精瓶向下，并立即送至精液处理室内，放气后，取下精液杯，盖上盖子。

图 2-21　公牛假阴道采精

（二）公猪的手握法采精（图 2-22）

（1）从恒温箱（37 ℃）取出一干净的采精杯。如果采精栏不靠近实验室，将采精容器放置保温箱内。

（2）采精员一只手戴乳胶手套，再戴一个食品手套，一只手拿集精杯（冬天最好是保温杯），并在集精杯口扎上双层消毒纱布，以过滤精液，除去胶质。

（3）待公猪爬跨时，采精员蹲于采精台右侧，将公猪包皮部的长毛剪掉。在公猪爬跨后，挤压包皮部将积尿排出，用清水清洗干净，再用干毛巾或纸巾擦干包皮部并弃去外层的食品手

图 2-22　利用假台猪采精

套。当公猪阴茎伸出时，用戴手套的手握住螺旋状的阴茎头不让其转动，同时手指继续有节奏地一松一紧地加压，即可引起公猪射精。公猪射精时手指停止加压，射精稍停时手指继续加压，直至采完全部精液。在射精过程中不能松手，不要采集第一部分清亮液体(约 25 mL)，要保持公猪完成整个射精过程(需 3～5 min)。

(4) 公猪从假台猪下来之后，丢掉过滤用纱布和胶状物，确保精液不要打翻，将精液尽快送至精液处理室内进行精液品质检查，并进行稀释保存。

(三) 公羊的假阴道法采精(图 2-23)

采精前，剪去公羊阴茎周围多余的长毛，用 0.1%高锰酸钾溶液洗净其包皮，挤出包皮腔内积尿和其他残留物并擦干。把公羊牵引到采精现场后，不要立即让其爬跨台羊，应控制几分钟，使公羊的性兴奋不断加强，待阴茎充分勃起并伸出时，再让公羊爬跨台羊，这样可提高精液品质。

图 2-23　公羊的假阴道法采精

采精时，采精员用右手握住假阴道后端，固定好集精杯(瓶)，并将气嘴活塞朝下，蹲在台羊的右后侧，让假阴道靠近母羊的臀部，当公羊跨上台羊背部而阴茎尚未触及台羊时，左手迅速将公羊的阴茎导入假阴道内，不能用手抓碰或摩擦阴茎，假阴道内的温度、压力、润滑度适宜，公羊后躯急速向前用力一冲，即表示射精完毕。此时，顺公羊动作向后移下假阴道，并迅速将假阴道竖起，集精杯一端向下，然后打开活塞上的气嘴，放出空气，取下集精杯，加上瓶盖，送精液检查处理室待检。

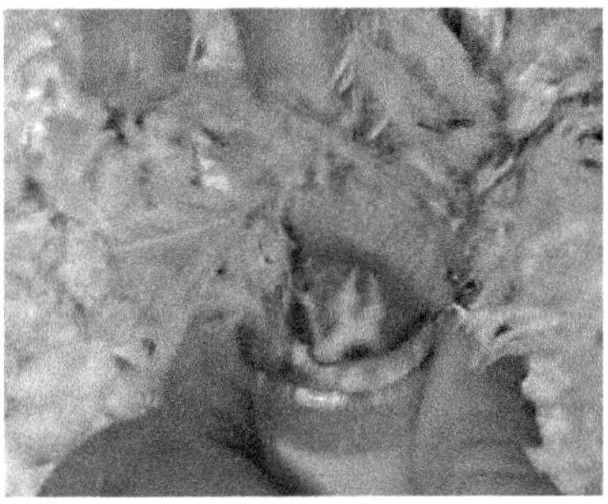

图 2-24　公鸡的按摩法采精

(四) 家禽的按摩法采精(图 2-24)

一人用两手分别握着公鸡两腿，以自然宽度分开，使鸡头向后，尾部朝向术者。术者先以剪子剪去公鸡泄殖腔周围的羽毛，再用酒精棉花球消毒泄殖腔周围，待酒精挥发后再进行采精。采精时，术者用右手中指和无名指夹着经消毒、清洗、烘干的采精器，使器口握在手心内，手心朝向下方，以避免按摩时公鸡排粪污染，左手沿公鸡背鞍部向尾羽方向，按摩几次，以减轻公鸡惊恐并引起性兴奋。接着术者左手顺势翻转手掌，将尾羽翻向背侧，并以拇指与食指跨在泄殖腔两上侧，右手拇指与食指跨在泄殖腔两下侧腹部柔软部，以迅速敏捷手法，抖动触摸腹部柔软处，然后迅速轻轻地用力向上抵压泄殖腔，左手拇指和食指即可在泄殖腔两上侧做微微挤压，精液即可顺利排出。与此同时，迅速将右手夹着的集精器口翻上，承接精液流入集精器中。采集到的精液置于水温 25～30 ℃的保温瓶内以备输精。

三、采精频率

采精频率是指每周内对公畜的采精次数。为维持种公畜正常的性生理机能、保持健康的体况和最大限度地提高射精量及精液品质，合理安排利用种公畜的采精频率是十分重要的。

生产实际中，成年公牛一般每周采精 2 次，每次可间隔 0.5 h 以上连采 2 次，也可以每周采 3 次，隔日采精；青年公牛精子产量较成年公牛少 1/3～1/2，采精次数应酌减。1.5 岁左右的公羊初次采精，一般每天 1～2 次；2.5 岁以上，则每天可采 2～4 次，或第一次采精后间隔 5～10 min 再采第二次。公马采精频率适宜隔日 1 次，如生产需要每日采精 1 次，则在 1 周内连续采精几天后停采休息 1～2 d。成年公猪为每周 2 次或每 2 周 5 次，后备公猪为每周 1 次。多数公猪习惯于既定的采精和配种频率，一旦习惯形成，靠增加采精频率不会提高精子产量。

【实训操作】

实训 2-3 假阴道的认识与安装

一、实训目的

（1）认识假阴道的组成部件并了解其用途。

（2）练习假阴道的安装方法。

二、实训工具与材料

（1）各种公畜采精用假阴道。

（2）辅助器材及药品：高压灭菌器、酒精灯、长柄钳、镊子、玻璃棒、棒状温度计、漏斗、量杯、75％和 95％酒精棉球、滑石粉、甲酚皂溶液（来苏儿）、洗衣粉等。

三、实训方法与步骤

（一）假阴道的认识

假阴道呈长筒状，由外壳、内胎和集精杯（管）3 个主要部分组成。其粗、细和长、短因畜种而异。我国常用的有欧美式、苏式和日式等形式。

1. 外壳

牛、羊和猪的假阴道外壳一般为硬橡胶或塑料制成的圆筒，中部装有可吹气、注水和排水的开关。猪用假阴道则在此处连接一个可向假阴道内打气的双连球，以调节压力。

马的假阴道的外壳由镀锌铁皮或金属制成，分头、颈和体三部分。筒体的中部装有把柄，其侧面有吹气和注水、排水的孔，并有封闭塞或橡胶带。

2. 内胎

由优质橡胶制成的胶筒，目前有些国家将其内胎面制成粗糙面，以增强采精时对阴茎的刺激，利于采精。

3. 集精杯(管)

牛、羊用双层的棕色集精杯(苏式)或有刻度的离心管(欧美式)。马用黑色橡皮杯(苏式)。猪用棕色有刻度的广口瓶。当用手握法对公猪进行采精时，只需备一只乳胶手套和收集精液的容器即可。集精杯(管)可借助橡皮圈直接固定于假阴道的一端或借助橡胶漏斗与假阴道连接。

(二) 假阴道的安装要点

1. 假阴道外壳及内胎的检查

(1) 检查假阴道外壳两端是否光滑，外壳有否裂隙或开焊之处(特别是马用外壳)。

(2) 检查内胎是否漏水。可将内胎注满水，用两手握紧两端，并扭转内胎施以压力，观察胎壁有无破损漏水之处，如发现应及时修补或更换。公猪的手握法采精用的乳胶手套在用前也应检查。

2. 假阴道清洗

(1) 外壳、内胎、集精杯(管)等用具用后可用热的洗衣粉水清洗。内胎的油污必须洗净。

(2) 以清水冲净洗衣粉，待自然干燥后即可使用。

3. 内胎安装

将内胎放入外壳，内胎露出外壳两端，长短大体相等。而后将其翻转在外壳上，内胎应平整，不应扭曲，再用橡皮圈加以固定。

4. 消毒

先以长柄钳夹取75%的酒精棉球擦拭内胎和集精杯，再以95%的酒精棉球充分擦拭。采精前，最好用稀释液冲洗1～2次。

5. 集精杯(管)的安装

牛、羊、猪的集精杯(管)可借助特制的保定套或橡皮漏斗与假阴道连接。

6. 注水

通过注水孔向假阴道内、外壁之间注入50～55 ℃温水，使其能在采精时保持38～42 ℃，注水总量为内、外壁间容积的1/3～1/2(图2-25)。

7. 涂润滑剂

用消毒好的玻璃棒，取灭菌凡士林少许，均匀地涂于内胎的表面，涂抹深度为假阴道长度的1/2左右，润滑剂不宜过多、过厚，以免混入精液，降低精液品质。当用手握法给公猪采精时无须使用润滑剂。

8. 调节假阴道内腔的压力

从注气孔吹入或打入空气(图2-26)，根据不同家畜和个体的要求调整内腔压力。

9. 假阴道内腔温度的测量

把消毒的温度计插入假阴道内腔，待温度不变时再读数，一般以40 ℃左右为宜，马可稍高，也要根据不同个体的要求，进行适当调整。

10. 防止污染

用一块折成四折的消毒纱布盖住假阴道入口，以防灰尘落入，即可准备采精。

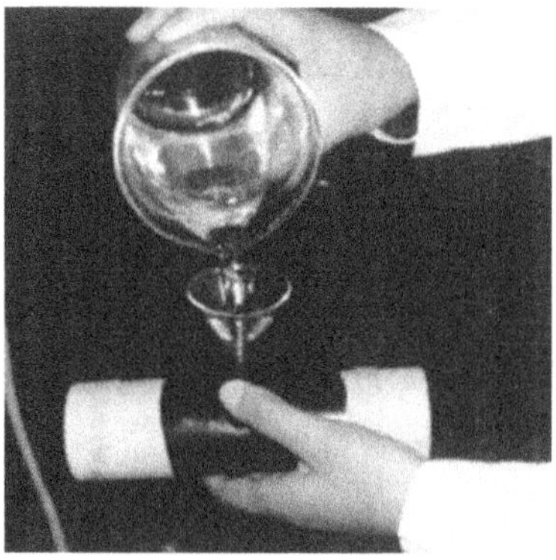

图 2-25　向内胎与外壳的夹壁中注水

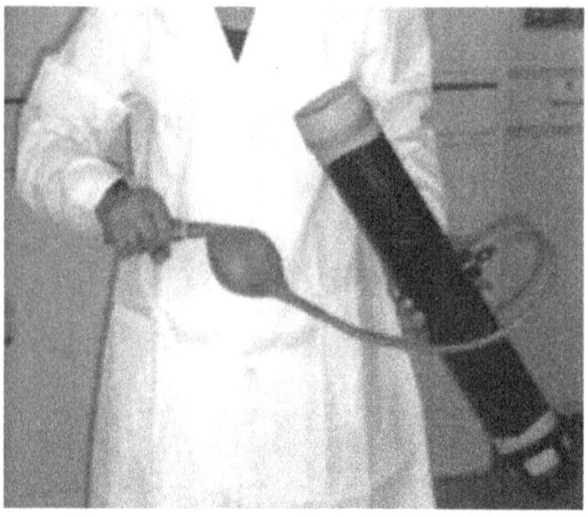

图 2-26　充气

四、技能考核标准

<table>
<tr><th rowspan="2">考核内容与分数分配</th><th rowspan="2">操作环节与要求</th><th colspan="2">评分标准</th><th rowspan="2">考核方法</th><th rowspan="2">熟练程度</th><th rowspan="2">时限</th></tr>
<tr><th>分值</th><th>扣分依据</th></tr>
<tr><td rowspan="4">1. 假阴道的认识
2. 假阴道的安装方法
（100 分）</td><td>认识假阴道的组成部件并了解其用途</td><td>30</td><td>每错或少一项扣 5 分</td><td rowspan="4">单人操作考核</td><td rowspan="4">熟练掌握</td><td rowspan="4">10 min</td></tr>
<tr><td>掌握假阴道的安装要点</td><td>50</td><td>每错或少一项扣 5 分</td></tr>
<tr><td>熟练程度</td><td>10</td><td>在教师指导下完成时扣 5 分</td></tr>
<tr><td>完成时间</td><td>10</td><td>每超时 1 min 扣 2 分，直至扣 10 分</td></tr>
</table>

实训 2-4　公猪采精技术

一、实训目的

掌握公猪采精的方法及要领。要求学生掌握公猪采精前的调教以及应注意的事项，掌握公猪采精的基本方法以及精液收集中应注意的事项，掌握如何最大限度地减少精液受到污染和物理损害。

二、实训材料

猪场采精室，待调教公猪，已调教的公猪，精液处理实验室等。

三、实训内容

（一）公猪的调教

（1）公猪达到 6 个月龄后，一般都会有爬跨其他公猪、小母猪和一些物体的行为，这是公猪的一种特性。从 7 月龄开始，就可以考虑调教后备公猪爬跨假母猪采精。每天将假母猪赶进采精室，并防止公猪逃跑，敲(拍)击假母猪以诱导其爬跨，每次调教时间 20 min，一旦公猪爬跨上假母猪，采精人员应随时进行正确的采精，因此，调教公猪的人员必须采精技术十分熟练。如果公猪没有爬跨假母猪，应将公猪赶回，第 2 天再进行调教。

(2) 如果想尽快调教成功，可将发情母猪尿或分泌物涂在假母猪的后部，然后让公猪与假母猪接触、熟悉，待其爬跨后从后侧上前采精。

(3) 有些公猪胆小或不爱活动，可用发情母猪尿涂在布上，当将公猪赶入采精室时，让公猪嗅闻，并逐步诱导其爬上假母猪。

(4) 对采用以上方法调教不成功的公猪，可采用下面的方法：先将一头体格中等，发情旺盛的母猪赶入采精室，并在其背部搭上麻袋；然后将待调教的公猪赶入采精室，公猪会很快爬跨发情母猪，由两人将其抓耳拉下，公猪会再次爬跨，待其达到性高潮时，表现为急躁、呼吸急促，这时将公猪拉下后，马上用麻袋遮住公猪眼睛，赶走发情母猪，将麻袋搭在假母猪上，诱导公猪爬跨假母猪。

(5) 对性欲较差的小公猪可先让其与发情旺盛的经产母猪进行 2～3 次本交，以激发其性欲，然后再调教其爬跨假母猪。

(二) 采精前的准备

(1) 采精室的温度控制　采精室的温度应控制在 10～28 ℃。采精室最好是一个安装有空调的房间，以使公猪的性欲表现和精液不受影响。

(2) 集精杯及其他采精用品的准备　用保温杯作为集精杯时，不能直接将精液采入杯中。将两层食品袋装入保温杯内，并用洁净的玻璃棒使其贴靠在保温杯壁上，袋口翻向保温杯外，上盖一层专用过滤网，用橡皮筋固定，并使过滤网中部下陷 3 cm，以避免公猪射精过快或精液过滤慢时，精液外溢。安装好后，将其放恒温箱在 38 ℃下预温 10 min。

(3) 公猪的准备　采精员将待采精的公猪赶至采精室，关上采精区的栅栏门，并用毛刷刷拭假母猪的台面和后躯下；然后再清洗公猪两侧肋腹部及下腹部，必要时，可将公猪的阴毛剪短(留 3 cm)。

(4) 采精员的准备　采精员应穿上工作服，将公猪赶入采精室后，清扫猪体后，应尽快右手戴上双层无毒的一次性手套，带上纸巾、集精杯、小凳准备采精。

(三) 采精过程

(1) 诱导公猪爬跨假母猪　采精员可模仿发情母猪的叫声，并敲击假母猪诱导公猪爬跨。

(2) 排出包皮液　公猪爬跨上假母猪后，采精员可坐公猪左后侧的小凳上，用右手按摩公猪包皮腔，尽可能将包皮腔中的包皮液(尿液)排净，并用纸巾拭干。

(3) 锁定公猪阴茎并将其拉出　公猪阴茎勃起后，开始有试图插入母猪阴道的动作，但有些公猪伸出阴茎较慢，需要按摩包皮以帮助阴茎伸出。公猪阴茎伸出后，采精员应脱去外层手套，右手呈锥形的空拳，即拇指一侧较松，小指一侧较紧，拳心向上，使龟头(螺旋部分)进入空拳中，只让公猪的龟头伸出空拳 1 cm 左右，或不让其伸出拳外，用中指、无名指和小指锁定龟头，注意不要抓握阴茎体部(非螺旋部分)，以防造成公猪不适而从假母猪上退下，然后顺其向前冲力，将阴茎的“S”状弯曲尽可能地拉直，握紧阴茎龟头防止其旋转，公猪即可安静下来并开始射精；如果假母猪的结构合理，可将其阴茎向左前上拉，并使龟头向下弯，这样有利于防止包皮腔中的残存包皮液顺着阴茎流至集精杯。

(4) 打开集精杯盖　左手打开集精杯盖，取下上面的纸巾。

(5) 精液收集　公猪开始射精后，不要立即收集，待公猪射出部分清亮的液体后，再开始收集含精多的部分，如果手中的胶状物较多，可隔着纸巾将胶状物擦除。

(6) 在精液收集过程中，应尽可能根据公猪的射精特点，只收集含精丰富的部分，不要收集清亮的液体和胶状物。

(7) 采精过程中，如果仍有包皮中的尿液顺阴茎流出，可先将龟头抬高，然后在射精间隙或只射出清亮液体时，放下集精杯，左手拿纸巾将其吸附，避免流入集精杯中。

(8) 当公猪开始环顾四周时，说明公猪射精即将结束。可略松开龟头，以观察公猪反应，如果阴茎又开始转动，说明射精没有结束，应立即锁定龟头；如果阴茎软缩，说明射精结束，可结束采精。

四、实训作业

(1) 总结公猪调教常用的方法，分析个别公猪调教失败的原因。

(2) 分析采精过程中精液受到污染的主要原因，制订一套切实可行的防止精液受到污染的措施。

五、技能考核标准

考核内容及分数分配	操作环节与要求	评分标准		考核方法	熟练程度	时限
		分值	扣分依据			
1. 采精的准备 2. 采精操作 (100 分)	器械准备	20	每少一项扣 3 分	单人操作考核	熟悉掌握	10 min
	台畜准备	20	每错一步扣 3 分			
	采精操作	40	每错一步扣 5 分			
	熟练程度	10	在教师指导下完成时扣 5 分			
	完成时间	10	每超时 1 min 扣 3 分			

任务 2-5　精液品质检查

一、精液品质检查的目的和原则

精液品质检查的目的是鉴定精液质量的优劣，作为精液处理的依据。同时也是评价雄性动物饲养管理水平和种用价值的依据。为客观、准确地评价精液品质，检查时应避光、恒温、动作迅速、取样有代表性。

为了保证检查结果客观、准确，在进行精液品质检查时，应注意以下基本操作原则。

1. 避光、恒温

采得的精液要迅速置于 30 ℃左右(30～37 ℃)的恒温水浴中或保温瓶中，以防温度突然下降，对精子造成低温打击。按照规定要求，注意保持工作室(20～30 ℃)和显微镜周围或其载物台(37～38 ℃)适当温度。同时，尽量避免光线照射，减小光线对精子的影响。

2. 迅速检查

事先应做好各项检查准备工作，在采得精液后立即进行品质检查，要求动作迅速，尽可能缩短检查时间，防止检查过程中精液品质下降。

3. 检查过程和环境不得损害精液品质

如蘸取精液的玻璃棒等用具，既要消毒灭菌，又不能残留有消毒药品及其气味。

4. 取样有代表性

应从采得的全部并经轻轻摇动或搅拌均匀的精液中取样，力求结果客观准确。

5. 常规重点检查和定期全面检查相结合

精液品质检查项目很多，通常采用逐次常规重点检查和定期全面检查相结合的办法，既省时，又能全面掌握精液品质变化动态。

6. 全面综合分析，准确评定精液质量等级

对精液质量的评定，一般不能由一两项指标就得出结论。有些项目必要时要重复 2～3 次，取其平均值作为结果；对一头种公畜精液品质及其种用价值的评价，更不能只根据少数几次检查结果，而应以某个阶段多次评定记录作为综合分析结论的依据。

二、精液的外观检查

1. 采精量

采精后将集精瓶中的精液在等温的环境下盛装在有刻度的试管或精液瓶中，可测量出雄性动物的采精量。猪和马(驴)精液应用 4～6 层消毒纱布过滤或离心处理，除去胶状物质，然后按照上述方法测出采精量。几种动物的射精量和精子密度见表 2-2。

表 2-2　几种动物的射精量和精子密度

畜别	一次射精量/mL	精子密度/(亿/mL)
牛	4(2～10)	10(2.5～20)
绵(山)羊	1(0.7～2)	30(20～50)
马	70(30～100)	1.2(0.3～8)
猪	250(150～500)	2.5(1～3)
家兔	1(0.4～6)	7(1～20)
鸡	0.8(0.2～1.5)	35(0.5～60)

2. 色泽

家畜的精液一般为不透明的乳白色，有时出现淡黄色，与公畜饲料中 β-胡萝卜素含量较高有关。牛、羊精液在刚采出时可见云雾翻腾状，猪、兔和马的精液中含有胶状物，它们是精囊腺的分泌物，在自然交配时形成子宫栓，有防止精液倒流和抑制细菌生长的作用。

3. 气味

正常精液无臭味，略带有腥味。检查时用手轻轻煽动精液容器上方的空气，同时用鼻子嗅出精液的气味。

4. 云雾状

牛、羊的精液密度大，故在玻璃容器中观察，精液呈上下翻滚状态，像云雾一样，称为云雾状。这是精子运动活跃的表现。云雾状明显可用"＋＋＋"表示；较明显用"＋＋"表示；不明显用"＋"表示。

5. pH

将 pH 试纸浸在精液中片刻，然后取出与标准色谱进行对照，确定精液的 pH。

三、显微镜检查

（一）活力评定

精子活力是指精液中做直线前进运动的精子占总精子数的百分比。一般以 0～1.0 的十级评分法评定，如精液中有 80%的精子呈直线运动，精子活力计为 0.8，精液中有 70%的精子呈直线运动，精子活力计为 0.7，以此类推。检查时要多观察几个视野，取其平均值。一般精液处理的每个阶段都要检查精子活力，以便及时了解精液处理效果。

牛、羊的原精液及猪的浓份精液密度大，为观察方便，可先用生理盐水稀释后检查。温度对精子活力影响较大，做精子活力检查时，应把显微镜置于保温箱内（图 2-27），在 38～40 ℃温度下评定精子活力。

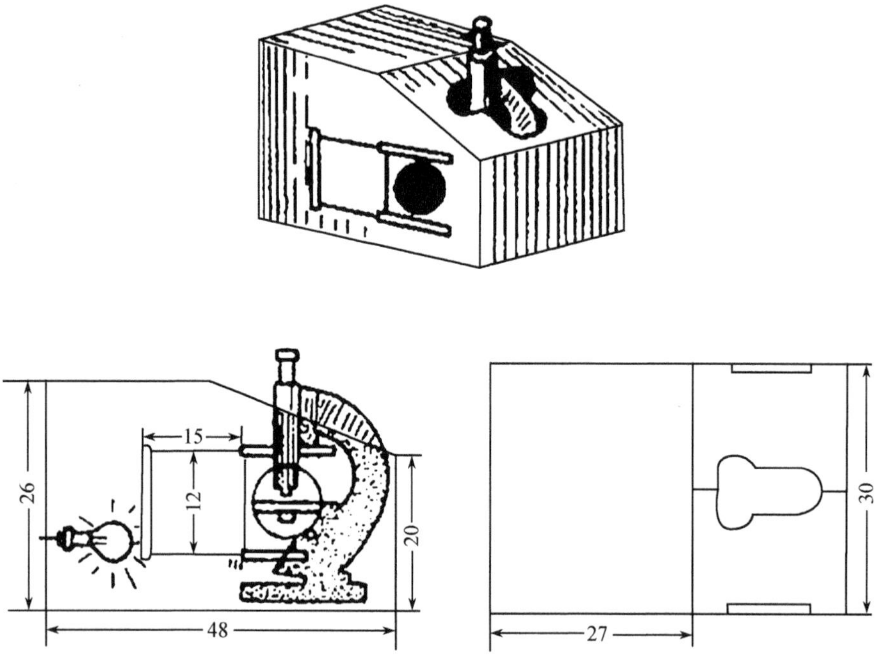

图 2-27　显微镜保温箱（单位：cm）

精子活力的评定方法有平板压片法、死活染色法等。

1. 平板压片法

取一滴精液于载玻片上，盖上盖玻片，置于 38～40 ℃显微镜恒温载物台上，放大 200～400 倍，对精液样品进行主观观测。如果采用电视显微镜从屏幕上反映精子运动图像，几个人可同时观察评定，有利于提高结果的准确性。

2. 死活染色法

这是利用活精子不被某些染料(如伊红、刚果红)着色,而死精子因表面膜渗透性增加而易被着色这一特性,来区分死、活精子并计算死、活精子比例。

方法:用生理盐水将伊红、苯胺黑分别配制成5%和1%的溶液;在载玻片上分别滴一滴伊红和苯胺黑;将一滴精液滴入伊红溶液中并混匀,再与苯胺黑溶液混匀并制成抹片镜检;死精子着粉红色,活精子不着色;计数500个精子中活精子的比例即为精子活力。整个染色过程温度应保持37 ℃左右。

一般新鲜精液活力应在0.7以上;液态保存后精液应在0.5以上;冷冻精液解冻后应在0.3以上才能用于人工输精。

(二) 精子密度测定

精子密度是指单位体积(1 mL)精液内所含有精子的数目。检查方法有估测法、计数法、光电比色法等。

1. 估测法

估测法通常结合精子活力检查进行。将原精液放在低倍(10×10)显微镜下观察,根据视野中精子的稠密程度,大致把精液密度分为稀、中、密3个等级(图2-28),评定结果主观性强、误差大,但方法简便,在基层人工授精站常用。

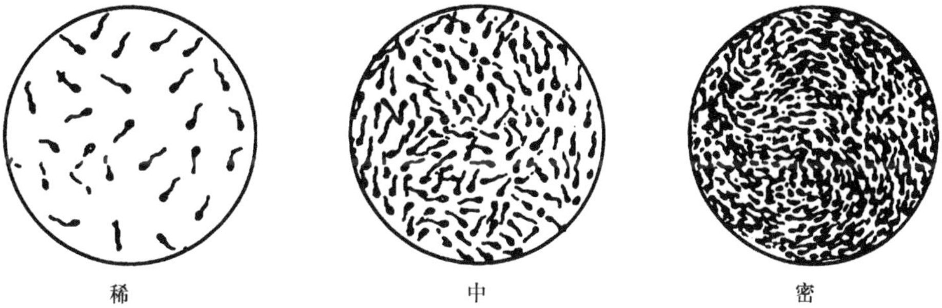

图2-28 精子密度示意图

2. 计数法

用血细胞计数法定期对公畜的精液进行检查,可较准确地测定精子密度,但较费时。操作步骤如下。

(1) 在显微镜下先用低倍镜找到血细胞计数器的计数室(图2-29),再用高倍镜找到计数室的中方格。

(2) 用3%NaCl溶液对精液进行稀释,可杀死精子。牛、羊原精液用红细胞吸管或微量取液器进行100~200倍稀释,猪、马原精液用白细胞吸管或微量取液器进行10~20倍稀释(图2-30)。充分混匀后弃去稀释管前面几滴,再把一小滴精液充入计数室(图2-31)。

(3) 在放大400倍镜下选取有代表性的5个中方格对精子进行计数。按下列公式计算精子密度:5个中方格精子数×5×10×1 000×稀释倍数=每毫升精液的精子数。

3. 光电比色法

光电比色法是根据精子的透光性而测定精子数的方法。其原理如图2-32所示。透光性越高,则精子数越少;透光性越差,则精子数越多。用分光光度计(图2-33)测定标准精液样品

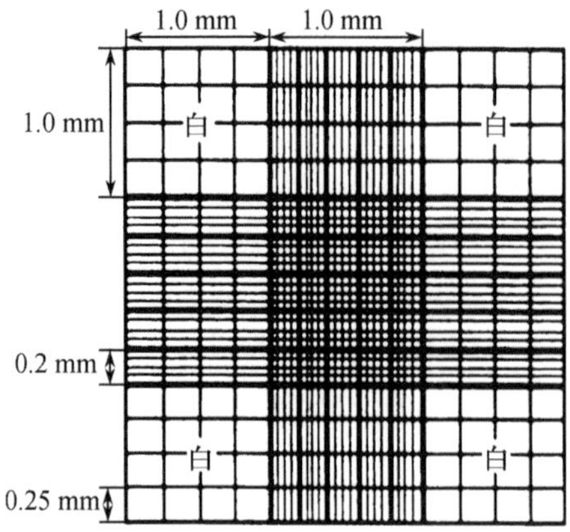

图 2-29　血细胞计数器的计数室

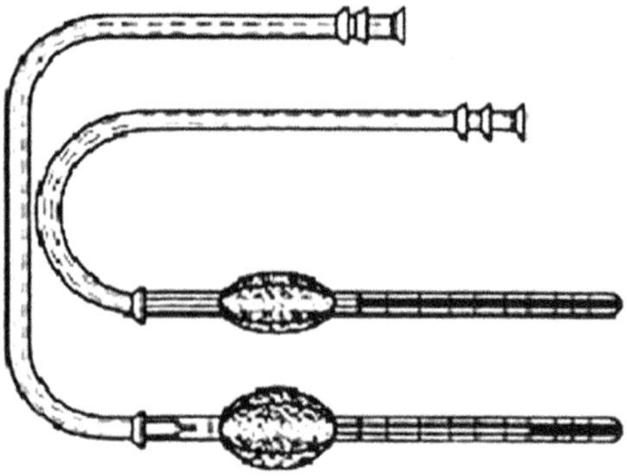

图 2-30　白细胞吸管(里)和红细胞吸管(外)

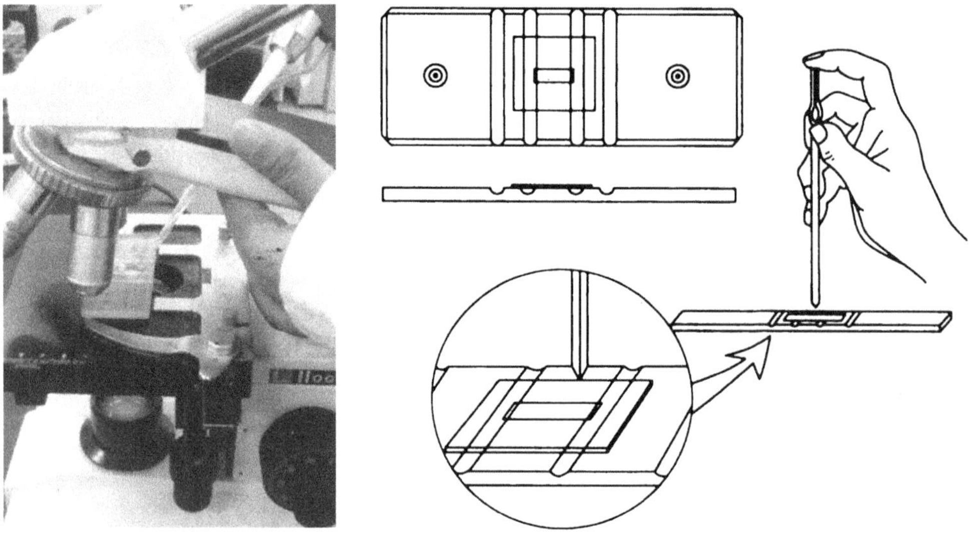

图 2-31　精液注入计数室

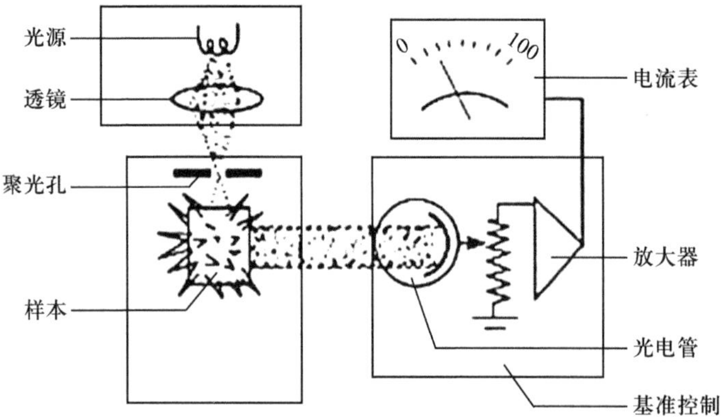

图 2-32　光电比色法测定精液密度原理

图 2-33　测定精子密度的分光光度计

透光率，并建立标准曲线，再对被测样品用每升含 5 mL 10% 甲醛的 2.9% 柠檬酸钠液进行 1∶(80～100)倍稀释，用 550 nm 波长分光光度计测定样品的透光度，再与标准进行比较或查对精子密度表，确定样品的精子密度。

这种方法测定结果准确、快速。目前多采用精子密度测定仪自动测定并读取数据。测定马、猪精液时，应先滤去精液中的胶状物，以免影响透光率。

正常原精液的精子密度：羊 20 亿～30 亿个/mL，牛 10 亿～15 亿个/mL，猪、马 2 亿～3 亿个/mL。

（三）精子形态检查

1. 畸形率检查

凡形态和结构不正常的精子都属畸形精子(图 2-34)。精子畸形率是精液中畸形精子数占精子总数的百分率。优良品质精液的精子畸形率，牛、猪不超过 18%、羊 14%、马 12%、犬 20%。如果畸形精子超过 20%，则可视为精液品质不良，不能用于输精。

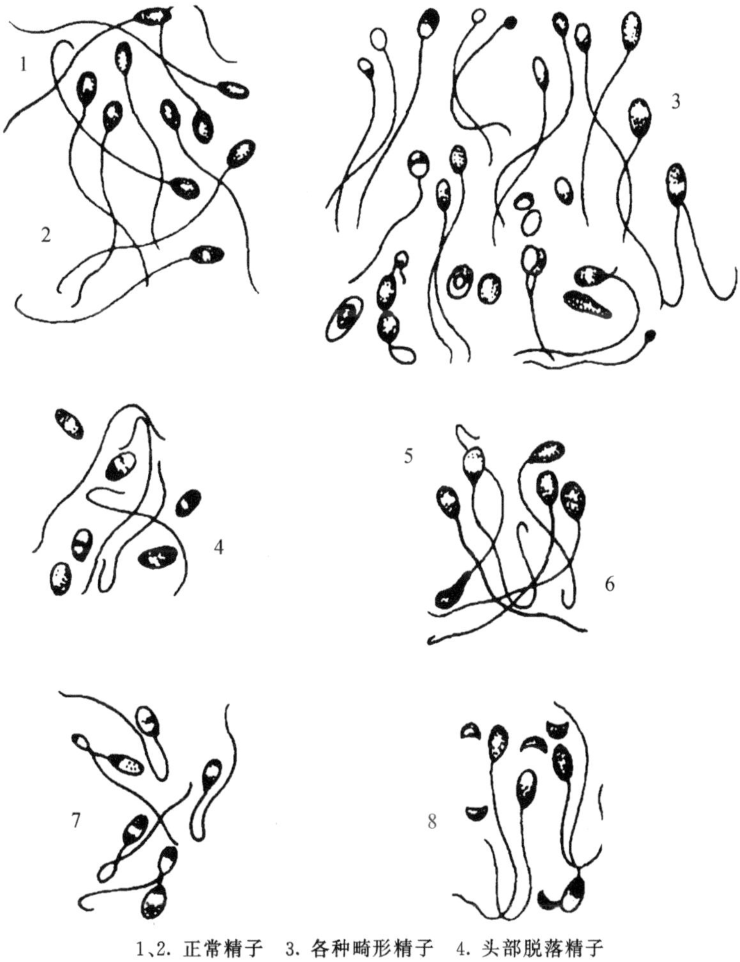

1、2. 正常精子　3. 各种畸形精子　4. 头部脱落精子

5、6. 附有原生质滴精子　7. 尾部弯曲精子　8. 顶体脱落精子

图 2-34　畸形精子类型

精子畸形根据发生的部位，可分为以下 4 类。

(1) 头部畸形　如头部巨大、瘦小、细长、缺损、双头等。

(2) 颈部畸形　如颈部断裂、双颈、曲折、膨大等。

(3) 中段畸形　如带有原生质滴、膨大、弯曲等。

(4) 主段畸形　如弯曲、回旋、曲折、双尾等。

精子畸形率检查可在计算死活精子比例的染色玻片上同时进行，也可用少许精液做成抹片，用普通染色液(如亚甲蓝)或蓝黑墨水染色 3 min，水洗干燥后，在 400 倍显微镜下观察计数 200～500 个精子，计算畸形精子的百分率。

2. 精子顶体异常率

精子顶体异常有膨大、缺陷、部分脱落、全部脱落等数种(图 2-35)。精子顶体异常率是指精液中顶体异常精子数占精子总数的百分率。在正常情况下，牛精子顶体异常率平均为 5.9%，猪为 2.3%。如果牛精子顶体异常率超过 14%以上，猪超过 4.3%以上会直接影响受精率。顶体异常的出现可能与精子生产过程和副性腺分泌物异常有关。同时，精液在体外保存时间过长，遭受冷休克，特别是冷冻方法不当也可造成。

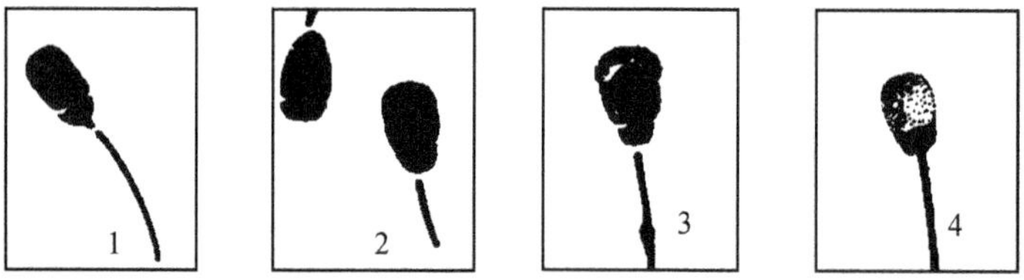

1. 正常顶体　2. 顶体膨胀　3. 顶体部分脱落　4. 顶体全部脱落

图 2-35　精子顶体的异常

常用检查方法是：将精液制成抹片，在固定液中固定片刻；水洗后用吉姆萨缓冲液染色 1.5～2.0 h，水洗、干燥后用树脂封装，置于 1 000 倍以上显微镜或相差显微镜下观察 200 个以上精子，算出顶体异常率。

(四) 精子存活时间和存活指数测定

精子存活时间是指精子在一定外界环境条件下的总生存时间，而存活指数是指精子的平均存活时间，表示精子活力下降的速度。精子存活时间和存活指数与受胎率密切相关，两项指标的测定也是鉴定精液稀释液处理效果的方法之一。

方法：将稀释并经活力检查后的精液(可分成若干等份)置于一定温度条件下保存，每隔一定时间取样检查活力，直至无活动精子为止。开始稀释检查至倒数第二次检查之间的间隔时间加上最后一次与倒数第二次检查间隔时间的一半，为精子总存活时间。每相邻前后两次检查的精子平均活力与其时间的乘积相加的总和即为存活指数。精子存活时间越长，存活指数越大，说明精子活力越强，精液品质越好。

【实训操作】

实训 2-5　精液品质检查及评定

一、实训目的和要求

了解精液品质检查的项目和方法，鉴定精液品质优劣，评定精液的质量。

二、实训材料和仪器

1. 精液

牛、羊、猪或兔等任一种动物的精液。

2. 器械

显微镜、显微镜保温箱(或显微镜恒温台)、红细胞和白细胞吸管、血细胞计数器、载玻片、盖玻片、搪瓷盘、温度计、滴管、擦镜纸、纱布、有刻度试管、计数器、1 mL 移液枪及枪头。

3. 药品

5％伊红、1％苯胺黑、3％氯化钠、乙醚、95％乙醇、去离子水、0.5％龙胆紫酒精溶液。

三、实训方法和步骤

(一) 精液的肉眼检查

1. 射精量

将采得的精液倒入有刻度试管或集精杯中，测其容量。各种家畜的射精量请参考表 2-2。如果精液量过多或过少时，分析其原因。

2. 色泽和气味

家畜的精液通常乳白色或灰白色，因畜种的不同而有浓淡的区别。马、猪的精液稀薄，呈灰白色；牛、羊的精液浓密，呈乳白色。家畜精液无味或略有腥味。

3. 云雾状的观察

取原精液一滴于在载玻片上不加盖玻片，用低倍镜观察精液滴的边缘部分。可见牛、羊的精液呈翻腾滚动的云雾状态；猪、马的精液无此现象。

(二) 评定精子的活力

采精后立刻在 25 ℃左右的实验室内评定精子的活力，最好在 37 ℃保温箱内或加热的载物台上进行。在评定精子活力的同时，也可以测定精子的密度。

1. 平板压片法

用玻璃棒蘸取一滴精液于载玻片上，轻轻压上盖玻片，放在 400 倍的显微镜下观察。按“十级一分制”的方法来评定精子活力。即在显微镜视野中，直线前进运动的精子所占整个视野精子数的百分比。若视野中有 30％的精子做直线运动，其精子的活力就评定为 0.3。

2. 悬滴法

取一小滴精液于盖玻片上，迅速翻转盖玻片盖在有凹槽的凹玻片上，制成悬滴片，放在 400 倍的显微镜下观察几个层面，取其平均值，同样按照“十级一分制”的方法来评定精子活力。

精子活动有3种类型：直线前进运动、旋转运动和原地摆动。评价精子活力是根据直线前进运动精子数的多少而定。

目前评定精子活力等级的方法有以下两种：

(1) 十级制　在显微镜视野中估算直线前进运动精子所占全部精子的百分数。直线前进运动的精子为100%者评为1.0级，90%者为0.9级，以此类推。

(2) 五级制　全部精子都呈直线前进运动，属于“5”级；绝大多数呈直线前进运动(约80%)为“4”级；前进运动精子略多于半数者(约60%)为“3”级；不及半数者为“2”级；呈直线前进运动的精子数目极少者属“1”级。

精子活力是精液品质评定的重要指标。受精能力与直线前进运动精子数的多少密切相关。新鲜精液的活力大于0.7、冷冻精液解冻后的活力大于0.3时，方可用于人工授精。

(三) 精子密度测定

精子密度也称为精子浓度，指每毫升精液中所含的精子数。精子密度的大小直接关系到精液稀释倍数和输精量的有效精子数，也是评定精液品质的重要指标之一。评定方法一般有目测法和血细胞计数器计数法。

1. 目测法

与检查活率的方法相同，往往与观察活率同时进行，只是精液不进行稀释。具体操作是取一小滴原精液在清洁载玻片上，加上盖玻片，使精液分散成均匀一薄层，无气泡存留，精液也不外流或不溢于盖玻片上，置于400～600倍显微镜下观察。根据精子密度的大小粗略分为密、中、稀三个等级。各种公畜精子密度三级标准见表2-3。

“密”指整个视野内充满精子，几乎看不到精子间的空隙和单个精子的运动。

“中”指视野内精子之间相当于一个精子长度的明显空隙，可见到单个精子的活动。

“稀”指视野内精子之间的空隙很大，能容纳2个或2个以上精子。

表2-3　各种公畜精子密度三级标准　亿/mL

畜种	密	中	稀
牛	10～20	8～10	8以下
羊	25以上	20～25	20以下
猪、马	2以上	1～2	1以下

这种评定方法带有一定的主观性，误差较大。另外，由于各种家畜精子密度相差较大，很难统一制定一个标准。此法只在基层人工授精站常用。

2. 血细胞计数器计数法

血细胞计数器由血细胞计数板、红(白)细胞吸管和盖玻片三部分组成。操作步骤如下。

(1) 在显微镜下找到计数室　血细胞计数板上的计数室为一正方形，其高度为0.1 mm，边长1 mm，由25个中方格组成，每个中方格又由16个小方格组成。寻找方格时，先用低倍镜看到整个计数室的全貌，然后再用高倍镜进行计数。

(2) 稀释精液　用3%的NaCl溶液对精液进行稀释，同时杀死精子，便于精子数目的观察。牛、羊精液一般用红细胞吸管，可稀释100倍或200倍；马、猪的精液一般用白细胞吸管，可稀释10倍或20倍。

(3) 精液渗入计数室　抽吸后将精液和稀释液充分混合均匀，弃去管尖端的 2～3 滴。然后将一小滴精液滴在盖玻片边缘，使精液自动渗入计数室。

(4) 镜检　把计数室置于 400～600 倍显微镜下对精子进行计数。在 25 个中方格中选取有代表性的 5 个(4 角各 1 个和中央 1 个)进行计数。统计时，对头部压线的精子应按照数上不数下、数左不数右的原则，避免重复计数或漏掉。

(5) 计算　计算公式为：1 mL 原精液内精子数＝5 个中方格内的精子数×5(等于整个计数室 25 个中方格内的精子数)×10(等于 1 mm^3 内精子数)×1 000(等于 1 mL 稀释后精液样品内的精子数)×稀释倍数。

为了减少误差，每次应连续检查样品 2 次，求其平均数。如果 2 次所得数字相差较大，应再做第 3 次检查。然后取较接近的 2 次检查的结果，求其平均值。

(四) 精子畸形率检查

(1) 涂片　以细玻璃棒蘸取精液一滴，滴于载玻片一端，如牛、羊精液，应再加 1～2 滴 0.9%氯化钠溶液进行稀释。以另一载玻片的顶端呈 35° 角，抵于精液滴上，向另一端拉去，将精液均匀涂抹于载玻片上。

(2) 干燥　抹片于空气中自然干燥。

(3) 固定　将干燥好的涂片置于 95%的乙醇固定液中固定 3～5 min。

(4) 染色　经阴干后，用 0.5%的龙胆紫或用蓝(红)墨水染色，时间 3～5 min(图 2-36)。

(5) 水洗　在缓慢流水的自来水笼头下将染料冲洗干净。

(6) 镜检　经阴干或烘干后，在 400～600 倍显微镜下检查(图 2-37)，数出不同视野的 300～500 个精子，记录其中畸形精子数量。

(7) 计算　精子畸形率$=\dfrac{\text{畸形精子数}}{\text{检查精子总数}}\times 100\%$。

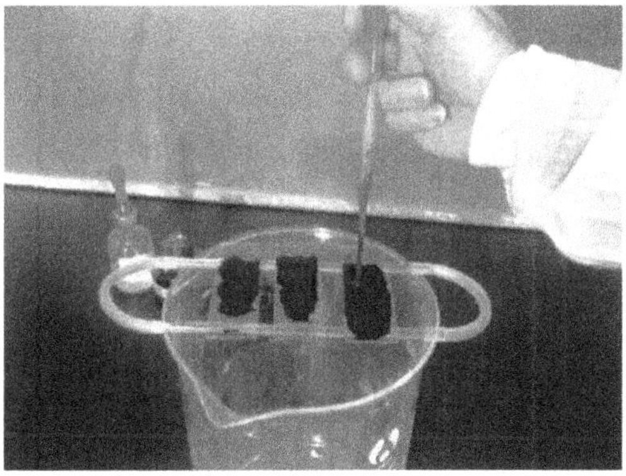

图 2-36　精子染色

(引自张长兴，2010)

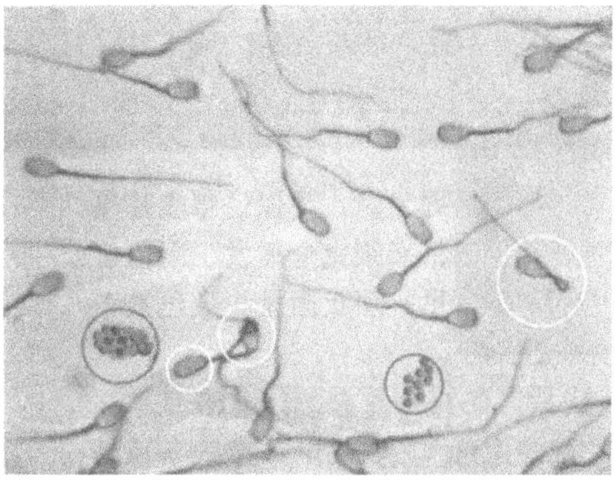

图 2-37　精子染色后的形态

(引自张长兴，2010)

(五) 死活精子百分率测定

活精子头部是不易着色的，镜检时，精子头部是透明、无色的。而死精子则因伊红渗入细胞质，使整个精子头部呈红色。苯胺黑为背景染色，使着色的精子头部可见。

(1) 将 5%的伊红和 1%的苯胺黑按 1∶1 混匀，分装于 1～2 mL 容量的试管中(加入试管容量的 1/2)，并在 37 ℃水浴中加温，随后加入原精液 1～3 滴，摇匀后再放回水浴中，3 min

后立即取出待用。也可将染液预热后，将伊红、精液及苯胺黑按照 1∶1∶(1～2)的比例及顺序滴入预热的凹玻片中混匀染色。

(2) 从以上混合液中用火柴棍蘸上一小滴于载玻片的一端，用另一载玻片进行推动制成抹片，待干燥后，高倍镜镜检(400 倍)。抹片时，最好在 35～40 ℃的条件下制作，而且制作过程要快。也可将制好的抹片放在 37～38 ℃保温箱内干燥 30～60 s。

(3) 在高倍镜下数 200 或 500 个精子，其中分别数出死、活精子各占的百分率。活精子百分率总是要比精子活力高。

四、实训报告

将实训结果填入下表中。

处理前	活率评分	处理后	活率评分
37～38 ℃		40～45 ℃	
降温前		降温后	
加入溶液前		加入 1%NaCl 溶液后	
		加入 3%NaCl 溶液后	
		加入蒸馏水后	
振荡前		经剧烈振动	
阳光照射前		阳光照射后	
加入药液前		加 2%煤酚皂液	
		加入 1/1 000 新洁尔灭溶液	
		加入 75%酒精后	

五、技能考核

考核内容及分数分配	操作环节与要求	评分标准		考核方法	熟练程度	时限
		分值	扣分依据			
1. 外观检查 2. 平板压片法检查 3. 悬滴法检查 (100 分)	外观检查	30	每少观察一项扣 5 分	单人操作考核	熟悉掌握	10 min
	平板压片法检查操作	30	每错一步扣 5 分			
	悬滴法检查操作	20	每错一步扣 5 分			
	熟练程度	10	在教师指导下完成时扣 5 分			
	完成时间	10	每超时 1 min 扣 3 分			

【项目小结】

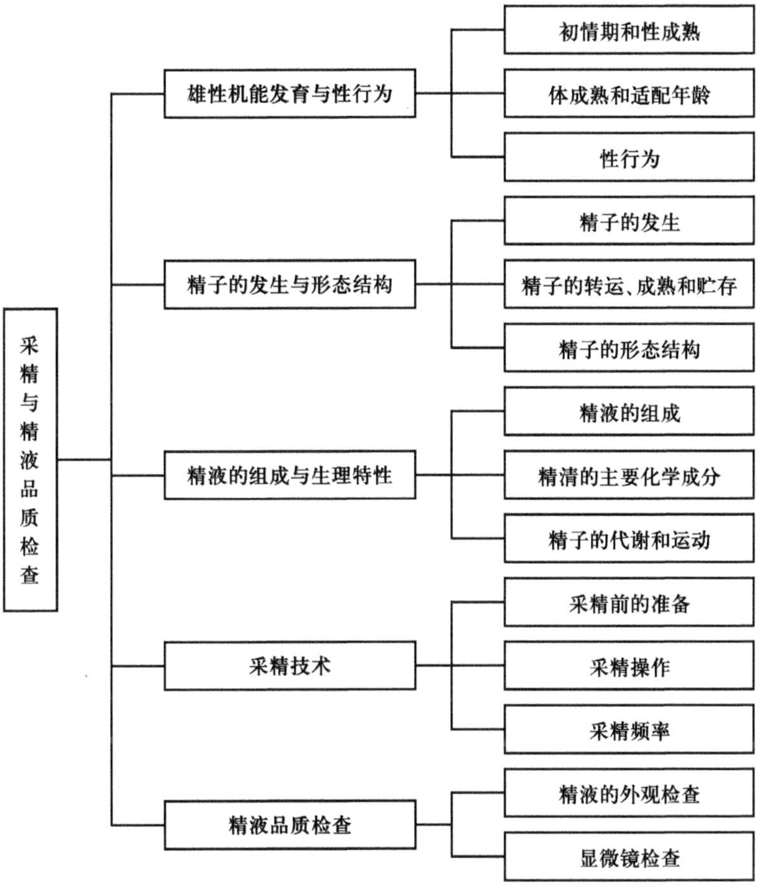

【自测训练】

一、名词解释

性成熟　　适配年龄　　性行为序列　　精子活力　　精子密度

二、单项选择题

1. 附睾头由 10～30 条（　　）构成。
   A. 精细管　　B. 曲精细管　　C. 睾丸输出管　　D. 直精细管
2. 精细管中的（　　）是直接形成精子的细胞。
   A. 支持细胞　　B. 生精细胞　　C. 间质细胞　　D. 足细胞
3. 睾丸分泌雄激素的细胞是（　　）。
   A. 支持细胞　　B. 生精细胞　　C. 间质细胞　　D. 足细胞
4. 一个初级精母细胞可以形成（　　）个精子。
   A. 16　　B. 64　　C. 1　　D. 4
5. 精子的最后成熟是在（　　）内完成的。
   A. 曲精细管　　B. 直精细管　　C. 睾丸　　D. 附睾

6. 精液中含有的单糖主要是来自精囊腺的(　　)。

A. 果糖　　B. 葡萄糖　　C. 甘露糖　　D. 岩藻糖

7. 家畜精子中的蛋白质主要是(　　)。

A. 组蛋白　　B. 核蛋白　　C. 脂蛋白　　D. 角质蛋白

8. 一次射精量最大的家畜是(　　)。

A. 猪　　B. 马　　C. 牛　　D. 羊

9. 精子密度最大的家畜是(　　)。

A. 猪　　B. 马　　C. 牛　　D. 羊

10. 在(　　)性环境下,精子的代谢和活力都增强。

A. 弱酸　　B. 弱碱　　C. 中　　D. 强酸　　E. 强碱

三、问答题

1. 公牛的生殖器官由哪几部分组成?分别有何生理功能?

2. 怎样正确安装假阴道?调试好的假阴道具有哪几个条件?

3. 利用假台畜采精,如何调教公畜?

4. 生产中怎样合理安排牛、羊、猪采精频率?

5. 如何检查和评定精子的活力?

6. 假阴道采精的原理是什么?假阴道有哪些基本部件组成?哪些动物适合于假阴道采精?

7. 如何评定精子活力和密度?

8. 采精前需要做什么准备?

项目 3

精液的稀释与保存技术

我国畜禽遗传资源普查和保护成效显著，
家畜基因库资源保存量居世界首位

截至 2021 年年底，全国行政村普查完成率达 99.7%，鉴定优质特色新资源 18 个，初步摸清我国畜禽品种分布状况，填补了青藏高原区域调查的空白，实现区域全覆盖、应查尽查。各地边普查、边收集、边保护，国家家畜基因库抢救性收集保存六大畜种遗传材料 5 万份，资源保存总量达到 120 万份，跃居世界首位。159 个国家级畜禽遗传资源保护品种已有 147 个建立保种场或保护区，有效明确了保护主体。同时，国家畜禽种质资源库建设也将加快推进开工建设。

【知识目标】

（1）了解精液稀释的目的及要求。
（2）了解稀释液的成分和作用。
（3）掌握配制稀释液的基本程序。
（4）了解精液保存方法的原理。

【能力目标】

（1）掌握稀释液的配制方法及注意事项。
（2）掌握稀释精液的方法。
（3）掌握精液低温保存、常温保存及冷冻保存的方法。

【学习任务】

任务 3-1　精液的稀释

精液的稀释是指在精液中加入适宜于精子存活并能保持其受精能力的稀释液。精液稀释的目的是通过降低精液的能量消耗，补充适量营养和保护物质，抑制精液中有害微生物的活动以延长精子寿命;扩大精液的容量,提高一次射精量的可配母畜头数;同时便于精液的保存和运输。因此,精液的稀释处理是充分体现和发挥人工授精优越性的重要技术环节。

一、精液稀释液的主要成分和作用

稀释液的成分必须能提供精子存活所需的能源物质,增加精液量,维持适宜的 pH、渗透压和电解质的平衡,增强精子对低温的抵抗能力,防止细菌的滋生。

1. 稀释剂

稀释剂的作用是扩大精液容量,一般是与精清等渗的溶液,常用的有 0.9%氯化钠、5%葡萄糖和 2.9%柠檬酸钠(最常用)。

2. 营养剂

营养剂的作用是为精子运动和生存提供能量。能被精子利用的能源物质主要是单糖,常用的有葡萄糖、果糖、乳糖、丙酮酸钠、谷氨酰胺、奶类、卵黄等。

3. 保护剂

保护剂的作用是保护精子在体外的生存。

(1) 缓冲物质　维持稀释液中 pH、离子浓度和渗透压的稳定性。常用的有磷酸盐缓冲液(PBS)、三羟甲基氨基甲烷(Tris)、柠檬酸钠、碳酸氢钠($NaHCO_3$)等。

(2) 非电解质　防止稀释液中离子浓度过高,导致精子凝聚反应和剧烈运动引起的衰老。常用的有单糖、蔗糖等。

(3) 抗生素　主要是抑制细菌生长。精液在采集和处理过程中不可避免地混入细菌,精清是一种良好的培养基,所以细菌可在精清中大量繁殖。尽管有的细菌不是病原体,但其代谢产物对精子生存有害,病原体能导致母畜生殖道感染,使母畜流产。常用的抗生素有青霉素、链霉素、庆大霉素、磺胺类和卡那霉素。

4. 防冷刺激素物质

防冷刺激素物质作用是防止精子的冷休克。常用的物质有卵黄、牛奶。

冷休克是指家畜精子急剧降温到 10 ℃以下时,发生突然死亡或活力明显下降的现象。

冷休克发生的原因:精子内的缩醛磷脂熔点高,低温下易发生凝固,使精子造成不可逆变性死亡。

防冷休克的机理:卵黄和牛奶含有卵磷脂,卵磷脂熔点低,可进入精子内部取代缩醛磷脂而保护精子。另外,脂蛋白或磷脂蛋白也具有类似作用。

5. 抗冻剂

抗冻剂的作用是防止精子在超低温环境下的冷冻损害作用。精子在冷冻过程中,其内部的游离水会形成冰晶,对精子结构产生有害影响,抗冻剂可置换精子内的水分,阻止精子内冰晶的形成,从而保护精子。常用的抗冻剂有甘油、乙二醇、二甲基亚砜(DMSO)、丙二醇等。

6. 其他添加剂

促进精子活力的物质有超氧化物歧化酶(SOD)、β-淀粉酶、催产素(OXT)、前列腺素 E(PGE)、B 族维生素、咖啡因、肾上腺素等。

保护精子物质有植物提取液(如中草药等)、乙二胺四乙酸(EDTA,去除重金属离子)等。

二、稀释液的基本要求

可以补充精子的营养与能量,渗透压与精液相近,pH 与原精液相似,有抑制细菌的作用,成本低廉、制备简单。

三、稀释液的分类

根据稀释液的性质和用途不同，分为以下4类。

1. 现配现用稀释液

适用于采精后立即稀释输精，以单纯扩大精液容量，增加输精母畜头数为目的。此类稀释液配方简单，通常以糖类或奶类为主体，不宜进行保存。

2. 常温保存稀释液

适用于精液在常温下短期保存，以糖类和弱酸盐为主体，pH偏低(弱酸性)。

3. 低温保存稀释液

适用于精液低温保存，以奶类或卵黄为主体，具有抗冷休克的特点。

4. 冷冻保存稀释液

适用于精液冷冻保存，以卵黄、甘油为主体，具有抗冻的特点，同时还有配套的解冻液。

四、稀释液的配制原则及注意事项

各种家畜精液稀释液的种类繁多，采用何种稀释液应根据畜种的不同、稀释液的效果、保存方法和成分是否容易得到而定。配制时应注意以下原则。

(1) 配制稀释液所用的药品，成分要纯净，称量要准确，充分溶解、过滤、密封进行消毒后方能使用。

(2) 卵黄应取自新鲜鸡蛋，外壳洗净消毒后破壳抽取，尽量避免混入蛋清，待稀释液消毒冷却后加入，充分混匀后使用。

(3) 配制稀释液所用的蒸馏水或离子水要求新鲜，pH呈中性，最好现用现制。

(4) 配制稀释液所使用的一切用具必须严格洗净消毒，经稀释液冲洗后才能使用。

(5) 稀释液应现用现配，保持新鲜。若条件许可，经过消毒、密封后，可在冰箱中存放1周，但卵黄、抗生素、酶类、激素类等成分必须在用时添加。

(6) 使用奶类要求新鲜(奶粉以脱脂奶粉为宜)，尤其是鲜奶，必须经过滤，然后在水浴中灭菌10 min，抑制对精子有杀害作用的乳烃素，并除去奶皮后方可使用。

(7) 抗生素、奶类、激素类、维生素等添加剂，必须在稀释液冷却至室温时按剂量准确加入。

五、精液的稀释方法

精液稀释应在采精后尽快进行(一般要求最多不超过30 min)，并尽量减少与空气和其他器皿的接触。所以，采精前就应将精液品质检查、稀释以及保存的各项准备工作做好。

稀释前应防止精液温度发生突然变化，特别是防止遭受低于10 ℃以下的低温刺激。新采集的精液应迅速放入30 ℃保温瓶中，然后在30 ℃的水浴锅内将精液和稀释液调至同温，在同温条件下进行稀释。

稀释时，将稀释液沿杯(瓶)壁缓缓加入精液中，切忌将精液迅速倒入稀释液内；然后轻轻摇动或用灭菌玻璃棒搅拌，使之混合均匀，切忌剧烈震荡。若进行高倍稀释，应分次进行，先进行3～5倍稀释，然后再高倍，防止精子所处的环境突然改变，造成稀释打击。

精液稀释后，应立即进行镜检，如果活率下降，说明稀释或操作不当。

六、精液稀释倍数的确定

精液的稀释倍数过大，对精子存活不利且严重影响受胎率，稀释倍数过小，不能充分发挥精液的利用率，所以，应准确计算精液的稀释倍数。精液的稀释倍数应根据母畜每次受精所需的有效精子数、稀释液的种类、受配母畜数量等确定（表 3-1）。

表 3-1 几种动物精液稀释倍数和输精剂量

家畜种类	稀释比例	输精剂量/mL	有效精子数/亿
猪	1∶(1～3)	30～50	10～20
牛	1∶(10～40)	1～1.5	0.1～0.15
马	1∶(1～3)	20～30	2.5～5
羊	1∶(1～3)	1～2	0.2～0.5

根据下列公式可计算出精液的稀释倍数和应加入的稀释液量：

稀释倍数/头份＝[采精量(mL)×(精子数/mL)×活率]/(有效精子/头份)

＝总有效精子数/(有效精子/头份)

应加入的稀释液量＝采精量(mL)×(稀释倍数/头份)

【实训操作】

实训 3-1 稀释液配制及精液稀释

一、实训目的和要求

掌握稀释液配制的基本程序和操作方法以及稀释精液的方法。

二、实训材料和器械

1. 材料

鸡蛋、原精液。

2. 药品

葡萄糖、柠檬酸钠、青霉素、链霉素。

3. 器械

250 mL 三角瓶、250 mL 烧杯、100 mL 量筒、感量为 0.1 g 的天平、玻璃漏斗、电炉、石棉网、玻璃棒、定性滤纸、消毒纸巾、硫酸纸、灭菌牛皮纸、橡皮筋、10 mL 一次性注射器、1 mL 注射器、5 mL 注射器、75%酒精棉球。

三、实训内容和步骤

1. 玻璃用品的清洗与消毒

将所有玻璃用品用洗涤剂洗净，用稀盐酸浸泡并用自来水冲洗干净后，用蒸馏水冲洗

4遍，控干水分，用锡纸将瓶口包好，放入120 ℃干燥箱中干燥1 h，放凉备用。

2. 天平的标准

用两张圆形硫酸纸放在天平的左右托盘上，校准天平。

3. 称量药品

按配方需要的量准确称取药品，并放入大烧杯中。

4. 溶液配制

（1）用量筒量取双蒸水100 mL，加入烧杯中，用磁力搅拌器或玻璃棒搅拌使其溶解。

（2）用一层定性滤纸过滤溶液至三角瓶中。

（3）在三角瓶上加牛皮纸盖并用橡皮筋固定，放在盖有石棉网的电炉上加热至沸腾，迅速将其取下，放凉，制成基础液。基础液如果不立即使用可放入在2～5 ℃冰箱中备用，保存时间不宜超过12 h。

（4）新鲜鸡蛋用75%的酒精棉球消毒外壳，待其完全挥发后，将鸡蛋磕开，分离蛋清、蛋黄和系带，将蛋黄盛于鸡蛋壳小头的半个蛋壳内，并小心地将蛋黄倒在用4层对折(8层)的消毒纸巾上。小心地使蛋黄在纸巾上滚动，使其表面的稀蛋清被纸巾吸附。先用针头小心将卵黄膜挑一个小口，再用去掉针头的10 mL一次性注射器，从小口慢慢吸取卵黄，尽量避免将气泡吸入，同时应避免吸入卵黄膜(图3-1)。吸取10 mL后，再用同样的方法吸取另一个鸡蛋的卵黄。也可将卵黄移至纸巾的边缘，用针头挑一个小口，将卵黄液缓缓倒入量筒中，注意避免将卵黄膜倒入量筒中。

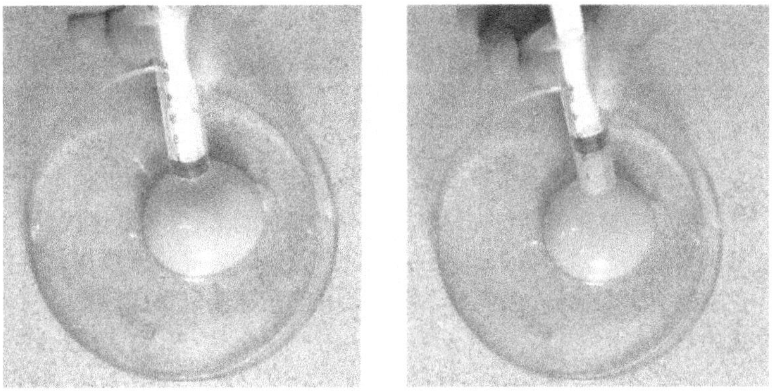

图3-1 用注射器吸取卵黄

（5）卵黄液与基础液的混合　取80 mL放凉的基础液，加入三角瓶中，然后将卵黄液注入或将卵黄液从量筒中倒入三角瓶中，将量取的80 mL基础液反复冲洗量筒中的卵黄，使其全部溶解入基础液中，然后将全部的基础液倒入三角瓶中摇匀。

（6）加入抗生素　分别用1 mL注射器吸取基础液1 mL，分别注入含80万U青霉素和100万U链霉素的瓶中，使其彻底溶解。分别从青霉素瓶中吸取0.1～0.12 mL和链霉素瓶中吸取0.1 mL，将其注入三角瓶中并摇匀。还可称取0.1 g的青霉素和0.1 g的链霉素加入三角瓶中摇匀。用基础液、卵黄液和抗生素混合制成第一液。

（7）第二液的制作　用量筒量取第一液47 mL，加入另一只三角瓶中，用注射器吸取3 mL消毒甘油，注入三角瓶中摇匀，制成羊冷冻精液的第二液。羊精液冷冻保存稀释液推荐配方见表3-2。牛精液细管冷冻精液稀释液推荐配方见表3-3。

表 3-2　羊精液冷冻保存稀释液推荐配方

成分		低温(2～5 ℃)保存液	冷冻保存液
基础液	葡萄糖(一水)	3.3 g	8.8 g
	柠檬酸钠(二水)	1.4 g	—
	双蒸馏水	100 mL	100 mL
低温保存或第一液	基础液	80 mL	80 mL
	卵黄	20 mL	20 mL
第二液	第一液		47 mL
	甘油		3 mL

表 3-3　牛精液细管冷冻精液稀释液推荐配方

成分	用量	成分	用量
11%乳糖或 12%蔗糖	73 mL	青霉素	10 万 U
卵黄	20 mL	链霉素	10 万 U
甘油	7 mL		

5. 精液的稀释方法

新采集的精液应迅速放入 30 ℃保温瓶中，然后在 30 ℃的水浴锅内将精液和稀释液调至同温。

稀释时，将稀释液沿杯(瓶)壁缓缓加入精液中，然后轻轻摇动或用灭菌玻璃棒搅拌，使之混合均匀。若进行高倍稀释，应分次进行，先进行 3～5 倍稀释，然后再高倍稀释。

四、实训报告

简述基础液、低温保存稀释液、冷冻保存稀释液的制作方法。

五、技能考核

考核内容及分数分配	操作环节与要求	评分标准		考核方法	熟练程度	时限
		分值	扣分依据			
1. 稀释液配制 2. 精液稀释方法 (100 分)	掌握稀释液配制的操作步骤	40	每错一步扣 5 分	单人操作考核	熟悉掌握	30 min
	掌握精液稀释的操作要领	40	每错一步扣 5 分			
	熟练程度	10	在教师指导下完成时扣 5 分			
	完成时间	10	每超时 1 min 扣 2 分			

任务3-2 精 液 保 存

精液保存是为了延长精子的存活时间及维持其受精能力，便于长途运输，扩大精液的使用范围，增加受配母畜头数，提高种公畜的配种效能。

现行精液保存的方法按保存的温度分为常温保存(15～25 ℃)、低温保存(0～5 ℃)和冷冻保存(－196～－79 ℃)三种。前二者的保存温度都在0 ℃以上，以液态形式进行短期保存，故又称为液态保存；后者保存温度在0 ℃以下，以冻结形式进行长期保存，故也称为固态保存。无论哪种保存形式，都是以抑制精子代谢活动、降低能量消耗、延长精子存活时间而不丧失受精能力为目的。目前用来抑制精子代谢活动的途径有：使保存精液与空气隔绝，制造精子的缺氧环境；加入适宜成分，造成精子的弱酸环境；降低温度，造成抑制精子活动的低温环境；加入适量抗生素，造成精子的抑菌环境；加入适量营养及保护物质，补充精子能量消耗，造成适宜精子的生存环境。

一、常温保存

常温保存的温度一般是15～25 ℃。由于保存温度不恒定，允许其有一定的变化幅度，春秋季可放置室内，夏季也可置于地窖或用空调控制的房间内，所以又称室温保存或变温保存。一般将稀释的精液分装后密封，用纱布或毛巾包好，置于15～25 ℃环境下避光存放即可。用此方法保存不需要特殊设备，简单易行，便于普及和推广，适用于各种家畜的短期保存，特别适用于猪的全份精液保存。

(一) 保存原理

精子的代谢活动在弱酸性环境中受到抑制，能量消耗降低，pH一旦恢复到中性，精子即可复苏。因此，在精液稀释液中加入弱酸性物质，调整精子的酸性环境，从而抑制精子的活动，达到保存精子的目的。不同酸类物质对精子产生的抑制区域和保护效果不同，一般认为有机酸较无机酸好。但常温保存精液也利于微生物的生长繁殖，因此必须加入抗生素。此外，加入必要的营养物质(如单糖)及隔绝空气等，均有利于精液的保存。

(二) 常温保存方法

常温保存比较适合猪精液的保存。猪精液的常温保存以13～18 ℃较为理想。为达到这一温度，可采用专用恒温保温箱，也可用旱井、水井、地窖保存，在运输时可用专用保温运输箱或广口保温瓶保存。

一般是将稀释后的精液装瓶密封，贴好标签后用纱布或毛巾包裹好，置于15～25 ℃温度中避光存放。保存时虽然允许温度在15～25 ℃有一定变动，但应尽量相对降低温度并维持恒定。

1. 旱井保存法

建一个室内旱井，里面不积水，应干燥。一般用空心水泥管，直径30 cm，高4 m左右，底部封死。可使温度维持在15～20 ℃，而且夏冬温度变化不大。

2. 水井保存法

将密封后的精液用绳子吊入水井4～6 m深处，温度可维持在10～18 ℃，而且变化幅度不大。

3. 地窖保存法

在地势较高处，挖一个 2～3 m 的地窖，温度可保持在 20 ℃左右。

4. 保温瓶保存法

将密封后的精液放入保温瓶中。

猪的精液常温保存有效时间可达 3～5 d，如葡蔗柠液能保存 120 h，活力达 0.6。猪精液常温保存常用稀释液见表 3-4。

表 3-4 猪精液常温保存常用稀释液

成分	葡-柠Ⅰ液	葡蔗柠液	葡-柠Ⅱ液	英国变温稀释液	葡萄糖液
柠檬酸钠/g	0.5	0.7	0.6	2.0	
葡萄糖/g	5.0	2.0	3.715	0.3	6.0
EDTA/g	0.1		0.125		
蔗糖/g		2.7			
碳酸氢钠/g			0.125	0.21	
氯化钾/g			0.075	0.04	
氨苯磺胺/g				0.03	
蒸馏水/mL	100	100	100	100	100

注：各种稀释液都应加青霉素 1 000 IU/mL 和链霉素 1 000 μg/mL。

二、低温保存

低温保存的温度是 0～5 ℃。一般将稀释好的精液置于冰箱或广口保温瓶中，在保存期间要保持温度恒定，不可过高过低。操作时注意严格遵守逐步降温的操作规程，原则上精液稀释后，要逐渐降温到 0～5 ℃，避免精子发生冷休克。所以一般要用平均每 30 min 降低 5 ℃的速度降温，即每分钟下降 0.2 ℃左右。但在实践中，为了提高工作效率，都采用直接降温法，即将分装有稀释精液的试管（或小瓶），包以数层纱布或棉花，再装入塑料袋内，而后直接放入冰箱（0～5 ℃）或装有冰块的广口保温瓶中，也可将其放入 30 ℃温水（室温）杯中，再一起直接放入 0～5 ℃的环境中，经 1～2 h，精液温度降至 0～5 ℃。

低温保存的精液在输精前一定要进行升温处理，一般将存放精液的试管或小瓶直接浸入 30 ℃温水中即可。其保存原理是当温度缓慢降至 0～5 ℃时，则精子呈现休眠状态，精子代谢机能和活动力减弱。因此，利用低温来抑制精子活动，降低代谢和运动的能量消耗。当温度回升后，精子又逐渐恢复正常的代谢机能而不丧失其受精能力。

精液低温保存的关键是控制降温速度。当降温速度过快时，会造成精子不可逆的冷休克现象。

造成精子冷休克死亡的原因是精子细胞膜上的缩醛磷脂熔点较高，低温下容易凝结，易造成细胞膜的破坏，使细胞内的 K^+ 和蛋白质渗出，严重地损害了细胞的结构；还能使细胞内 ATP 迅速破坏，而且不能再使它合成，以至严重影响糖酵解和呼吸。为避免精子发生冷休克，可在低温保存稀释液中添加低温保护剂如卵黄、奶类等抗冷物质，并采取缓慢降温的方法，避免精子遭受冷休克。卵黄、奶类中含有亲水且在低温下不易同化的卵磷脂，能取代部分精子细胞膜上的缩醛磷脂，而减轻降温过程中的冷休克现象。牛、羊精液常用低温保存稀释液见表 3-5。

表 3-5　牛、羊精液常用低温保存稀释液

项目	牛精液低温保存				羊精液低温保存			
	精液葡萄糖柠檬酸钠EDTA液	葡萄糖柠檬酸钠卵黄液	葡萄糖氨基己酸卵黄液	牛奶液	葡萄糖柠檬酸钠卵黄Ⅰ液	葡萄糖柠檬酸钠卵黄Ⅱ液	葡萄糖氨基己酸液	牛奶液
基础液								
柠檬酸钠/g	0.3	1.4			1.4	2.8		
葡萄糖/g	5.0	3.0	5.0		3.0	0.8	2.7	
EDTA/g	0.1							
氨基己酸/g			4.0			0.36		
牛奶/mL				100				100
氨苯磺胺/g				0.3				0.3
蒸馏水/mL	100	100		100	100	100	100	
稀释液								
基础液(体积分数)/%	80	80	80	70	80	80	80	70
卵黄(体积分数)/%	20	20	20	30	20	20	20	30

注：各种稀释液都应加青霉素和链霉素各 1 000 U/mL。

三、冷冻保存

1950 年，英国科学家 Polge 和 Smith 采用卵黄和甘油作为保护剂，用干冰作为冷源进行精液的冷冻，解冻后授精成功，开创了世界人工授精的新时代。到 20 世纪 90 年代，发达国家的全部奶牛和绝大多数肉牛采用冻精输精。

精液冷冻保存是用液氮(－196 ℃)或干冰(－79 ℃)作为冷源，将精液稀释后冷冻起来，达到长期保存的目的，是目前精液保存最有效的方法。

(一) 冷冻保存的原理

1. 降温过程中物质的变化

物质的存在形式有气态、液态和固态。其中固态根据其分子排列不同，又分为结晶态(冰晶分子有规则地排列)和玻璃态(冰晶分子无规则地排列)。在不同的温度条件下，这两种形式可以相互转化。

经试验证明，－60～0 ℃是冰晶形成的温度区域，尤其是－25～－15 ℃，在逐渐降温通过这一温区时就形成结晶态；如果溶液快速降温通过这一温区时，溶液即形成玻璃态冷冻。

2. 精液冷冻过程中的变化

精液的冷冻保存就是通过添加抗冻剂，并控制降温速度，避免冷冻过程中结晶的形成。超低温保存使精子处于零代谢状态，升温后能使精子复苏并不失去受精能力。但精子冷冻过程会形成冰晶使精子受到损害，这些损害包括如下：

（1）精子外的水分先形成冰晶，从而形成精子内外的渗透压差，导致精子水分外渗，精子内渗透压增高，电解质浓度提高，酸碱失去平衡，导致精子化学伤害。

（2）冰晶的形成产生机械压力，导致精子细胞膜的破坏；冰晶渗透入精子内部，破坏精子结构，导致精子物理伤害。

如果在精液溶液中添加抗冻剂如甘油，则抗冻剂渗入精子细胞内，可降低电解质浓度；甘油的亲水性，可阻止精子内水分外渗，避免形成精子细胞内高渗，并干扰晶格的排列形成“过冷溶液”；同时控制降温速度，达到快速降温，使水分子来不及移动和排列就失去能量，形成更“过冷溶液”；快速降温使液体只能形成极微小的“微晶”，即玻璃化状态，则精子就不容易受到损伤，解冻后能恢复活力。这就是玻璃化冷冻学说。

3. 保存和解冻过程的变化

精液冷冻时形成的冰晶很微小，所以表面能很高。微晶总是力图合并成大冰晶，一旦吸收一定的能量（如升温），微晶就会合并成大冰晶，从而使精子受到破坏。因此在保存过程中，即使冰精温度只升高到−60 ℃，也可能使精子死亡。

冻精解冻是冷冻的逆过程，在解冻时也需要快速升温，才能保证防止微晶合并成大冰晶，使精子复苏并且不失去受精能力。

精液冷冻保护剂虽然能增强精子抗冻能力，避免冰晶形成，但浓度过高时，会对精子产生危害，如伤害精子的顶体和颈部，使尾部弯曲，破坏某些酶类等，影响受胎。猪的精子对甘油尤其敏感，因此要掌握甘油用量。除甘油外，还有多羟基化合物如二甲亚砜（DMSO）、三羟甲基氨基甲烷（Tris）、糖类等都具有抗冻作用。公牛精液常用冷冻稀释液见表 3-6。

表 3-6　公牛精液常用冷冻稀释液

成分	稀释液种类					
	乳糖、卵黄、甘油液	蔗糖、卵黄、甘油液	葡萄糖、卵黄、甘油液	葡萄糖、柠檬酸钠、卵黄、甘油液		解冻液
				Ⅰ液	Ⅱ液	
基础液						
蔗糖/g	—	12	—	—	—	—
乳糖/g	11	—	—	—	—	—
葡萄糖/g	—	—	7.5	3.0	—	—
二水柠檬酸钠/g	—	—	—	1.4	—	2.9
蒸馏水/mL	100	100	100	100	—	100
稀释液						
基础液（体积分数）/%	75	75	75	80	86*	—
卵黄（体积分数）/%	20	20	20	20	—	—
甘油（体积分数）/%	5	5	5	—	14	—
青霉素/（U/mL）	1 000	1 000	1 000	1 000	—	—
双氢链霉素/（μg/mL）	1 000	1 000	1 000	1 000	—	—
适用剂型	颗粒	颗粒	颗粒	细管	颗粒	

* 取Ⅰ液 86 mL，加入甘油 14 mL，即为Ⅱ液。

（二）冷冻精液生产过程

冷冻精液生产过程包括采精与品质检查、精液稀释、平衡降温、精液的剂型与分装、冷冻（滴冻）和冻精解冻等几个步骤。

1. 采精与品质检查

精液冷冻效果与精液品质密切相关，必须做采精的准备和操作，争取获得高质量的精液。一般情况下，牛、羊采用假阴道法采精，猪采用手握法采精，要求原精液镜检活力达0.6以上，密度中等以上才能生产冻精。

2. 精液稀释

根据冻精种类、分装剂型及稀释倍数的不同，精液的稀释方法也不尽相同。目前生产中多采用一次或两次稀释法。

（1）一次稀释法　将含有甘油、卵黄的稀释液按一定比例加入精液中，适合于低倍稀释。

（2）二次稀释法　为避免甘油与精子因接触时间过长而造成对精子的危害，可先用不含甘油的稀释液（Ⅰ液）在室温下对精液进行最后稀释倍数的一半稀释，然后精液连同Ⅱ液一起置于冰箱降至0～5 ℃（猪精液应降至5～8 ℃，全程约1 h），再在此温度下进行第二次稀释。

3. 平衡降温

在一次稀释时，为避免降温过快产生冷休克现象，应在精液容器外包裹棉花或纱布控制降温速度。

平衡是降温后把稀释后的精液放置在0～5 ℃的环境中停留2～4 h，使甘油充分渗入精子内部，起到抗冻作用。

4. 精液的剂型与分装

冷冻精液有安瓿、颗粒、袋装、细管几种剂型，现应用最多的是颗料和细管2种剂型。

（1）颗粒冻精　颗粒冻精的分装是在冷冻前直接按0.1 mL/颗滴在经液氮预冷的氟板或铜纱网上。目前主要用于马、羊及野生动物的精液冷冻。

颗粒冻精具有成本低、制作方便等优点，但不易标记、解冻麻烦、易受污染。

（2）细管冻精　细管冷冻精液有0.25 mL和0.5 mL两种剂型，当前多采用0.25 mL剂型。细管冻精在冷冻前要先细管标记，再在低温下进行分装、封口。由于猪输精要求较大的有效精子数，最近又在开发专门用于猪精液冷冻的5 mL剂型大管冻精。

细管冻精的优点是封闭包装，保存、输精时不与外界接触，卫生安全；便于标记；可直接用镊子夹取，直接投入温水浴中解冰。解冻后用输精枪输精，解冻、输精都方便，适于机械化生产，是理想的剂型。

5. 冷冻

精液冷冻的冷源现都采用液氮。在冷冻时，为控制降温速速应注意冷冻面离液氮面的距离，并控制平衡时间。

（1）颗粒冻精　先将聚四氟冷冻板或铜纱网浸入液氮预冷，再悬挂于液氮面上方1～2 cm（铜纱网）或3～4 cm（聚四氟冷冻板）处，将精液均匀地滴在聚四氟冷冻板或铜纱网上（图3-2），平衡3～5 min，待精液颗粒充分冻结、变白时，浸入液氮中，再用小铲轻轻铲下冻精，每50～100粒装入纱布袋中标记后保存。

（2）细管冻精　先将分装好的细管精液平铺在细管架上，不要太多，再于液氮面上方1～2 cm处进行降温，平衡3～5 min，待精液充分冻结、变白时，分装后浸入液氮中分装保存。在大批量生产细管冷冻精液时，目前多将细管架放入特制的装有液氮的冷冻柜中，进行程序控制降温冷冻。

6. 冻精解冻

冻精解冻是检验精液冷冻效果的必要环节，也是输精前必需的准备工作。冻精解冻后必须进行活力检查，达到 0.35 以上方可进行输精。

(1) 颗粒冻精解冻　颗粒冻精解冻(图 3-3)有干解冻和湿解冻两种方法。猪的冻精因剂量较大，多采用干解冻，即先将导热性能好的铝盒水浴升温到 65 ℃，再倒入一个剂量的冻精解冻，待 2/3 以上冻精融化时取出，倒入适量的 38 ℃稀释液。

图 3-2　在聚四氟冷冻板上的颗粒精液

图 3-3　颗粒冻精解冻

牛的颗粒冻精多采用湿解冻，解冻时取一小试管，加入 1 mL 解冻液，放入温水中水浴，再取一滴冻精于小试管中，轻轻摇晃，使 2/3 冻精融化时取出，再摇晃至完全融化。试验表明，颗粒冻精湿解冻以 45 ℃或 65 ℃水浴解冻效果较好，但技术要求高，一般生产中以 38～40 ℃水浴解冻较实用、易推广和效果好。

(2) 细管冻精解冻　细管冻精可直接投入 38～40 ℃温水中解冻，待细管由乳白色变透明时即可取出(图 3-4)。

39~40 ℃解冻20 s　　剪掉封口

图 3-4　细管冻精解冻

(3) 解冻后的保存　理论上冷冻精液解冻后应在 15 min 内输精，但在农村散养条件下很难做到，也就存在解冻后保存的问题。冻精解冻后保存的效果主要取决于解冻液和保存温度。据试验，牛颗粒冻精解冻后以柠檬酸钠 0.3 g、葡萄糖 5.0 g、EDTA 0.1 g、H_2O 100 mL 为解冻液，解冻后于 7～8 ℃或 13～15 ℃保存效果较好，绝对存活时间达 130 h 左右，极显著地优于传统的2.9%柠檬酸钠液解冻液。

细管冻精由于含有高浓度的抗冻剂甘油，据试验解冻后于0～4 ℃保存较好，绝对存活时间达161 h，而且解冻后于0～4 ℃保存10 h以内不影响受胎率。而解冻后室温(24～27 ℃)保存，仅能存活12 h左右。

(三) 精液的贮存与运输

目前，冷冻精液普遍采用液氮作为冷源，液氮罐作为容器贮存和运输。

1. 液氮及其特性

液氮是空气中的氮气经分离、压缩形成的一种无色、无味、无毒的液体，比重为0.8，沸点温度为－196 ℃。液氮具有很强的挥发性，当温度升至18 ℃时，其体积可膨胀680倍。此外，液氮又是不活泼的液体，渗透性差，无杀菌能力。

基于液氮的上述特性，在使用时要注意防止冻伤、喷溅、窒息等，用氮量大时要保持空气流通。

2. 液氮罐

液氮罐由罐壁、罐颈、罐塞、提筒组成(图3-5)，是利用绝热材料制成的高真空保温容器，真空度为133.3×10^{-6} Pa，保温原理类似保温瓶。使用时要小心轻放，避免撞击、倾倒，特别注意保护罐颈和真空嘴，存放时不可密闭，要定期检查液氮的消耗情况，当液氮减少1/2时，要及时补充。

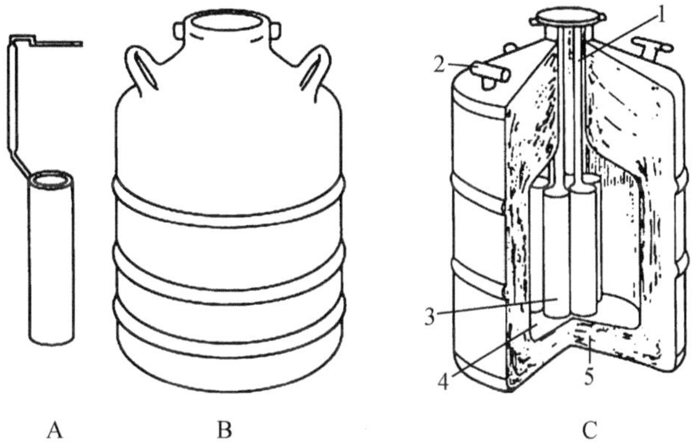

A. 提筒 B. 外观 C. 内部结构

1. 颈管 2. 把手 3. 提筒 4. 罐内空间 5. 夹层(或真空层)

图3-5 液氮罐及结构

取用冻精时，冻精不可离开液氮面太长时间，避免温度回升，为此可采用不漏液氮的提筒或小塑料管。

3. 液氮罐的使用

(1) 液氮的补充 初次添加液氮时，要少量且动作要慢，使整个罐部温度均匀地下降，然后再充满，即要有个预冷的阶段；当液氮消耗掉1/2时，即应立即补充液氮。罐内剩余的液氮量可用称量法来估算，也可用带刻度的木尺或细木条等插至罐底，经10 s后取出，通过测量结霜的长度来估算。

(2) 贮存及取用精液 贮存精液时必须迅速放入经预冷的提筒内，浸入罐内液氮面以下。取用冻精或将冻精向另一容器转移时，操作要敏捷迅速，提筒提至颈管基部，不得提出液氮罐口外，注意不要摩擦颈管内壁，不可过分地弯曲提筒的手柄，取完后要迅速将冻精再次浸入液氮内。

(3) 液氮罐的保养　液氮罐应放置在凉爽、干燥、通风良好的室内，使用和搬运过程中防止碰撞、倾倒。注意保护盖塞和罐的颈管部，此部分质地脆弱易于损坏。每年应清洗一次罐内杂物，将空罐放置 2 d 后，用 40～50 ℃中性洗涤剂擦洗，再用清水多遍冲洗，干燥后方可使用。使用过程中，如发现罐的外壁结霜，说明罐的真空失灵，要尽快取出精液放于其他贮存罐中。

【实训操作】

实训 3-2　牛颗粒冻精的制作、保存和解冻

一、实训目的和要求

了解家畜精液冷冻保存的基本操作和流程，初步掌握牛精液冷冻和解冻的基本方法。

二、实训材料和器械

1. 材料

新鲜的牛精液。

2. 药品

蒸馏水、柠檬酸钠、卵黄、果糖、甘油、脱脂奶、青霉素、链霉素等。

3. 器械

液氮罐、保温瓶、温度计、镊子、聚四氟乙烯板（简称氟板）、铜纱网、尼龙网或铝板、滴管、细管、瓷盆、纱布、棉花、玻璃珠等。

三、实训方法和步骤

（一）采精

用于制作冻精的种公牛的新鲜精液，应符合下列质量标准。不具备其中任何一项的，不得用于制作冻精。

(1) 新鲜精液的色泽应呈乳白稍带黄色。

(2) 直线前进运动精子（下限）60%。

(3) 精子密度每毫升（下限）6.0 亿。

(4) 精子畸形率（上限）15%。

（二）精液的稀释

1. 稀释保护剂的配制

配制冻精用的稀释保护剂，必须用新鲜的双重蒸馏水和卵黄，分析纯及以上的化学试剂。

2. 器具

所用器具，必须达到牛冷冻精液人工授精技术操作规程的标准，保证清洁、无菌。

3. 配方和配制方法

基础液：葡萄糖 7.5 g、蒸馏水 100 mL。

稀释液：基础液 75 mL、卵黄 20 mL、甘油 5 mL、青霉素 1 000 IU/mL、链霉素 1 000 μg/mL。

配制方法：首先配制葡萄糖溶液，过滤后在水浴锅内消毒 10～20 min，冷却后加入卵黄、甘油和抗生素，充分混合均匀。

稀释保护剂要现配现用，也可配后放入 4～5 ℃冰箱中备用，但不应超过 1 周。

4. 稀释

取新鲜精液，用等温的稀释液进行 5～6 倍稀释，保证每个输精量中有效精子数不少于 1 500 万。

（三）降温和平衡（预冷）

稀释后的精液，采用逐渐降温法。把稀释后的精液放入 1～5 ℃的冰箱或保温瓶中，停留 2～4 h，使甘油充分渗入精子内部，起到抗冻作用。

（四）冷冻

1. 滴冻设备

用液氮桶或广口瓶盛上 4/5 左右液氮，在距液氮面 1～3 cm 处放置铜纱网或在液氮面上放一个氟板，待降温后备用。初冻温度－120～－80 ℃。

2. 冻精滴冻

用滴管将平衡后的精液滴在铜纱网或氟板上，1 mL 精液均匀地滴成 10 粒，每个颗粒的体积为 0.1 mL。

3. 冻结过渡

当颗粒冻精的颜色由黄变白时，用木铲铲下颗粒冻精，按每袋 50～100 粒装入纱巾袋或塑料圆筒内，然后抽样解冻后进行活力检查，用白胶布进行标签（标签上注明粒数、生产日期、精子的活力、公畜的品种等），并沉入液氮进行保存前过渡。

（五）保存

将过渡好的颗粒冻精快速从过渡液氮中转入提筒内，置于液氮罐中进行保存。

（六）颗粒冻精的解冻

解冻液的配制：柠檬酸钠 2.9 g，蒸馏水 100 mL，配制后煮沸消毒备用。

1. 湿解法解冻

在烧杯中盛满 38～40 ℃的温水或将水浴锅的温度调节到 38～40 ℃，用 1 mL 解冻液（2.9%柠檬酸钠）将小试管进行冲洗后，再把 1 mL 解冻液放入试管内，置于烧杯中或水浴锅中，当解冻液与水温相近时，用镊子夹一粒冻精放在小试管中，轻轻摇荡，当冻精即将融化完全时取出进行检查或装枪待用。

2. 干解法解冻

解冻时取一小试管，用 1 mL 解冻液进行冲洗，然后放在盛有 38～40 ℃温水的烧杯中（或水浴锅中），当与水温相同时，用镊子取一粒冻精于小试管内，当冻精即将完全融化时，加入 1 mL 解冻液，待冻精完全融化后，取出进行品质检查或装枪待用。

（七）注意事项

（1）用于制作冻精的鲜精液，其活力应在 0.8 以上。

（2）如对精子密度较小的精液进行冷冻保存，制作冻精时应取其浓份。

（3）冻精解冻后其精子活力在 0.3 以上为合格。

四、实训作业

（1）简述冷冻精液的生产过程和注意事项。

（2）评定本次冻精制作的质量，分析存在的问题。

五、技能考核标准

考核内容与分数分配	操作环节与要求	评分标准		考核方法	熟练程度	时限
		分值	扣分依据			
1. 牛颗粒冻精的制作 2. 牛精液冷冻和解冻的方法 (100分)	牛颗粒冻精的制作要领	40	每错或少一步扣5分	单人操作考核	熟练掌握	30 min
	牛精液冷冻和解冻的操作步骤	40	每错或少一步扣5分			
	熟练程度	10	在教师指导下完成时扣5分			
	完成时间	10	每超时1 min扣2分，直至扣10分			

【项目小结】

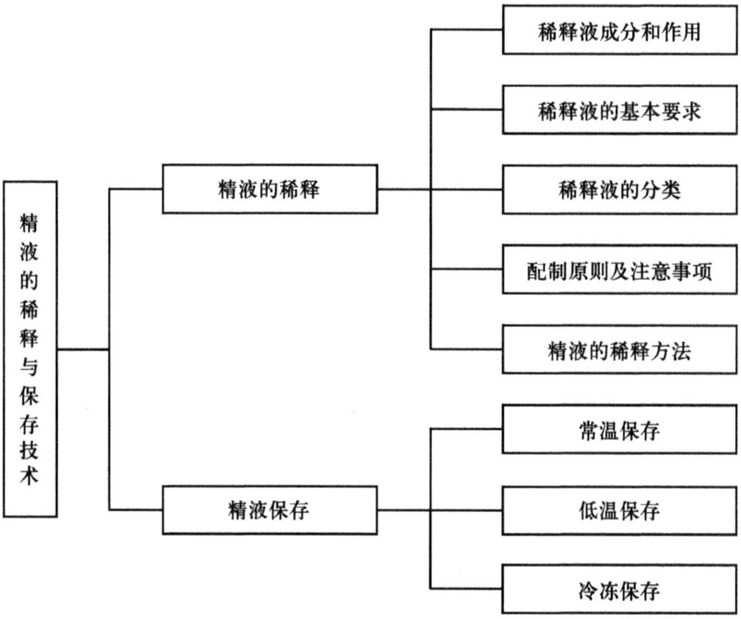

【自测训练】

一、填空题

1. 冷冻精液解冻宜采用(　　)法。
2. 公猪的精液一般稀释(　　)倍。
3. 精子冰晶化的温度区域是(　　)。
4. 用于制作冻精的精液，经稀释后精子的活率应(　　)于原精液。
5. 制作颗粒精液时，初冻温度是(　　)。

6. 精液冷冻时，平衡的温度是(　　)，平衡的时间是(　　)。
7. 精液稀释前，稀释液和精液应在(　　)℃同温处理。
8. 目前，牛的冷冻精液多采用(　　)方法分装。
9. 精液冷冻技术最成熟的畜种是(　　)。
10. (　　　　　　　　　　　　)是精子抗冷冻剂。
11. 精子发生冷休克的敏感温度是(　　)℃。
12. 精子玻璃化的温度区域是(　　)℃。

二、问答题

1. 为什么要对精液进行稀释？
2. 常温保存稀释液、低温保存稀释液、超低温保存稀释液有什么区别？
3. 配制稀释液及稀释精液时要注意哪些问题？
4. 简述精液低温保存的原理。

项目 4

发情与发情鉴定技术

中国科学家在雌性动物生殖生理领域的重大发现

上海交通大学生命科学技术学院吴际教授及其研究团队在成年哺乳动物卵巢中发现了雌性生殖干细胞，撼动了生殖与发育研究领域 80 多年的定论——出生后动物卵巢无生殖干细胞存在。该成果于 2009 年发表于国际著名期刊 *Nature Cell Biology*。

【知识目标】

（1）了解雌性动物生殖器官的位置、形态特点及生理机能。
（2）掌握卵泡发育和卵子发生过程。
（3）了解排卵和黄体形成过程。
（4）掌握发情的变化和发情周期各阶段的特点。
（5）掌握诱发发情、同期发情和超数排卵的原理。

【能力目标】

（1）能根据母畜的外部表现和精神状态判断发情状况。
（2）能用阴道检查法和直肠检查法确定母畜发情。
（3）能判定母畜发情开始和结束时间。
（4）掌握诱发发情、同期发情和超数排卵的方法。

【学习任务】

任务 4-1　雌性动物性机能发育

雌性动物性机能发育过程是一个从发生至衰老的过程，一般分为初情期、性成熟期、体成熟期及繁殖机能停止期。此外，为了指导生产实践，根据不同家畜性成熟和体成熟时期，人为地规定了适配年龄。各期的确切年龄因动物种类、品种、饲养、管理及自然环境条件而有不同，即使同一品种，也因个体生长发育及健康情况不同而有差异（表 4-1）。

表 4-1 各种雌性动物的生理成熟时期

动物种类	初情期	性成熟期	适配年龄	体成熟期	繁殖能力停止期/岁
黄牛	8～12月龄	10～14月龄	1.5～2.0年	2～3年	13～15
水牛	10～15月龄	15～20月龄	2.5～3.0年	3～4年	13～15
马	12月龄	15～18月龄	2.5～3.0年	3～4年	18～20
驴	8～12月龄	18～30月龄	24～30月龄	3～4年	
骆驼	24～36月龄	30～40月龄	3.5～4年	5～6年	20
猪	3～6月龄	5～8月龄	8～12月龄	9～12月龄	6～8
绵羊	4～5月龄	6～10月龄	12～18月龄	12～15月龄	8～11
山羊	4～6月龄	6～10月龄	12～18月龄	12～15月龄	7～8
兔	4月龄	5～6月龄	6～7月龄	6～8月龄	3～4
犬	6～8月龄	8～14月龄	12～18月龄		
猫	6～8月龄	8～10月龄	12月龄		8
大鼠	50～60 d	60～70 d	80 d		1～2
小鼠	30～40 d	36～42 d	65～80 d		1～2
豚鼠		55～70 d	90 d		2
鸡		5～6月龄			
鸭		6～7月龄			
海狸鼠	5月龄	10～12月龄			

一、初情期

雌性动物第一次出现发情表现并排卵的时期，称为初情期。此时的生殖器官仍在继续发育。初情期年龄越小，表明性发育越早。

1. 初情期发情特点

初情期是雌性动物的第一次发情，往往呈现安静发情，即只排卵而发情症状不明显。其原因是初情期前，卵巢中没有黄体存在，因此没有孕酮分泌，只有在发情前有少量的孕酮存在，才能引起雌激素对中枢神经的刺激，促进雌性动物发情。所以初情期的雌性动物只排卵不表现发情。

2. 影响初情期到来早晚的因素

(1) 气候　南方比北方早，热带比寒带早。

(2) 营养　营养水平高比营养水平低早(猪的饲料量达到自由采食量的2/3时，并不影响初情期，过肥反而使初情期延迟)。

(3) 品种　个体小的品种比大的早；乳牛比肉牛早；本地猪比长白猪及其他进口的大体型猪早。

(4) 出生季节　绵羊羔羊若早春出生，秋季发情季节时，便可开始第一次发情，若晚春或早夏出生，则必须等到第二年秋季发情季节时才能发情。

二、性成熟

初情期后，随着年龄的增长，生殖器官发育完全，发情周期和排卵已趋正常，具备了正常繁殖后代的能力，此时称为性成熟。到达性成熟期的雌性动物，由于此时身体的生长发育尚未完成，一般不宜配种，过早怀孕，一方面会妨碍雌性动物本身的发育，另一方面也会影响胎儿的生长发育，导致后代体重减轻、体质衰弱或发育不良。

三、体成熟

性成熟后，雌性动物再经过一定时期发育，当机体各器官组织发育完成并具有动物固有的外貌特征，此时称为体成熟。

四、适配年龄

在生产实践中，考虑家畜机体的发育成熟情况和经济价值，一般选择在性成熟之后接近体成熟之时用于繁殖，这个适于开始繁殖的年龄称为适配年龄。家畜开始配种时的体重一般应达到成年体重的70%以上。

五、繁殖能力停止期

雌性动物到达一定年龄后，卵巢生理机能逐渐停止，不再出现发情和排卵，繁殖能力自然消失的时期，称为繁殖能力停止期、终生繁殖期或繁殖终止期。该期的长短与动物的种类及其终生寿命有关。此外，同种动物的品种、饲养管理水平以及动物本身的健康状况等因素，均可影响繁殖能力停止期。雌性动物在繁殖能力停止期后，便无饲养价值，应及时淘汰。各种动物的初情期、性成熟期、体成熟期、适配年龄和繁殖能力停止期列于表4-1。

【实训操作】

实训4-1 雌性动物生殖器官解剖构造的观察

一、实训目的和要求

通过观察各种家畜生殖器官的标本、模型及挂图，掌握生殖器官的位置、形态、解剖结构、特点、生理功能及各组成部分之间的相互关系，为更好地掌握和应用动物繁殖技术奠定解剖学基础。

二、实训仪器和材料

(1) 各种雌性生殖器官浸制或新鲜标本、模型及挂图(或投影)。
(2) 大搪瓷盘、解剖刀、剪刀、镊子、卷尺、电脑和投影仪。

三、实训方法

生殖器官图片投影与标本、模型观察相结合，比较各种家畜生殖器官的异同。

四、实训内容和观察要点

(一) 雌性动物生殖器官的组成及其自然位置

雌性动物生殖器官由内生殖器和外生殖器组成，内生殖器包括卵巢、输卵管、子宫和阴道；外生殖器也称外阴部，包括尿生殖前庭、阴唇和阴蒂。几种主要母畜的生殖器官见图 4-1。

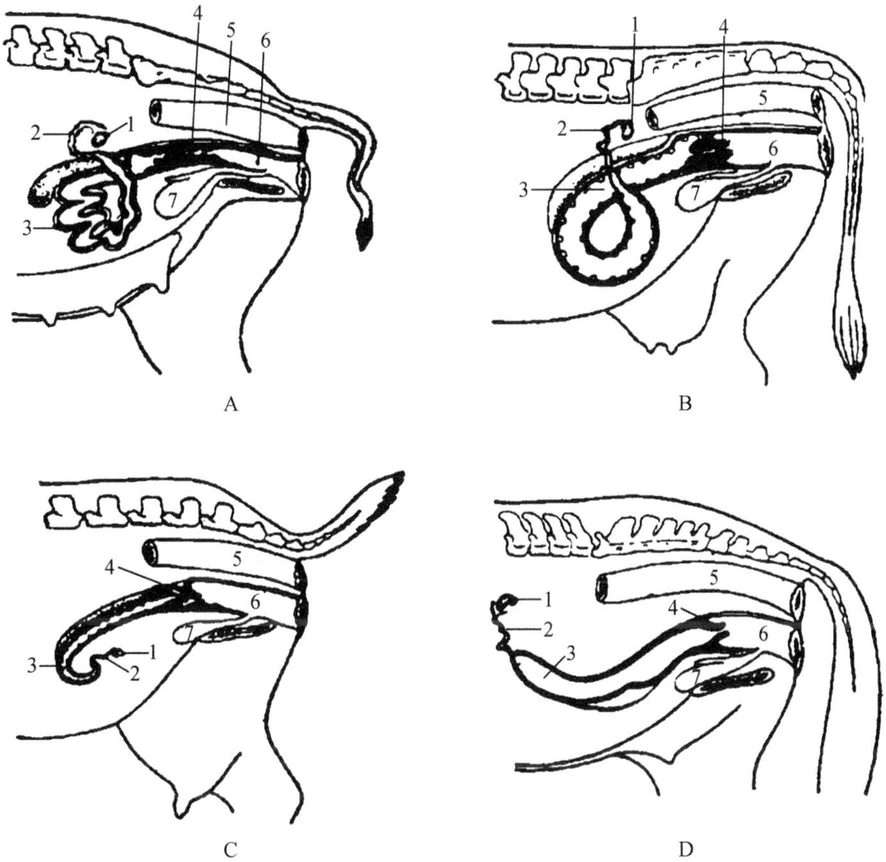

A. 母猪的生殖器官　B. 母牛的生殖器官　C. 母羊的生殖器官　D. 母马的生殖器官

1. 卵巢　2. 输卵管　3. 子宫角　4. 子宫颈　5. 直肠　6. 阴道　7. 膀胱

图 4-1　几种主要母畜的生殖器官

雌性动物的整个生殖器官均位于骨盆腔和腹腔内，上为直肠和小结肠，下为膀胱，前下方为小结肠和大结肠。牛的左前侧为瘤胃，马的右前侧为盲肠。所以在直肠检查时，手臂伸入直肠除了可以触摸到上述器官外，还可以清楚地触摸到大部分的生殖器官。子宫颈以前的内生殖器官靠子宫韧带悬于腹腔背侧。子宫颈以后的各部分，靠结缔组织及脂肪固定在骨盆腔侧壁上。

(二) 雌性动物生殖器官的观察

1. 卵巢

卵巢是产生卵子和分泌雌激素的实质性器官。家畜的卵巢由卵巢系膜悬吊在腹腔的腰部、肾的后方。

(1) 牛的卵巢　牛的卵巢为卵圆形。中等大的母牛的卵巢平均长 2～3 cm，宽 1.5～2 cm，厚 1～1.5 cm。排卵后多不形成红体，黄体往往突出于卵巢表面。卵巢位于两侧子宫角尖端的外侧下方，耻骨前缘附近。

(2) 羊的卵巢　羊的卵巢比牛的圆，体积也小些，其他特点同牛。

(3) 猪的卵巢　猪有发达的卵巢囊，卵巢和输卵管有时包在卵巢囊内。卵巢体积和形状随着母体的成熟程度而有不同。初生仔猪卵巢形似肾脏，在接近性成熟时，由于卵巢上有许多的小卵泡，体积增大，形状好似桑葚。达到性成熟时，卵巢上有许多大卵泡及黄体和红体，很像一串葡萄，在此期间卵巢体积最大。

(4) 马的卵巢　马的卵巢似豆形或肾形，附着缘宽大，游离缘内陷形成排卵窝。根据发情周期的不同时期，卵巢的直径大小为 3～7 cm。由于卵泡发育，卵巢的外形也随之改变，带有黄体的卵巢体积虽然增大，但外形变化不明显。卵泡排卵后，首先形成红体(血凝块)，在黄体组织初形成时，呈皱襞状包着红体；然后在黄体的形成过程中，红体逐渐被吸收，老黄体的体积缩小，一端指向排卵窝。

卵巢的生理功能：卵泡发育和排卵、分泌雌激素和孕激素。

2. 输卵管

输卵管为成对的弯曲管道，从卵巢附近开始延伸到子宫角尖端。输卵管的前 1/3 段较粗，称输卵管壶腹，是精子和卵子结合受精的部位；后 2/3 段变细，称为输卵管峡部，两者的连接部称为壶峡连接部。输卵管的子宫端是与子宫角尖端相连接，称为宫管结合部。

(1) 牛、羊的输卵管　牛和羊的输卵管弯曲较少，输卵管伞部发达。

(2) 猪的输卵管　猪的输卵管有许多小弯曲，输卵管伞比较大，其开口接近卵巢囊的底部。输卵管和子宫角之间界限明显。

(3) 马的输卵管　马的输卵管有许多弯曲，输卵管的壶腹部扩大呈漏斗状，其边缘不整齐，形成许多皱襞，称为输卵管伞。输卵管伞附着在卵巢的排卵窝旁边。卵巢囊比较发达，宫管结合部界限明显。

输卵管的生理功能：输送卵子和精子；精子获能、卵子受精和受精卵卵裂的场所；具有分泌功能。

3. 子宫

动物的子宫大部分位于腹腔，少部分位于骨盆腔，前接输卵管，后接阴道，借助于子宫阔韧带悬于腰下，分为子宫角、子宫体、子宫颈三部分。几种母畜的子宫颈见图 4-2。

(1) 牛、羊　牛和羊的子宫形状似弯曲的绵羊角。子宫角向前下方弯曲再向后上方。子宫角的大弯在上，小弯在下。两个子宫角在靠近子宫体的一段外表彼此粘连，在内部有纵隔将其分开，在粘连部分的上缘有一明显的纵沟(称为角间沟)。这类子宫为双角子宫，每个子宫角都是从基部开始向前逐渐变细。子宫黏膜上有突起的子宫阜(成为怀孕牛、羊母体胎盘)。牛和羊的子宫阜不同点在于羊的子宫阜的中央有一凹陷。牛、羊的子宫体均比较短。牛、羊的子宫颈肌肉层发达，在牛的直肠检查时很容易摸到。牛的子宫颈管道内不仅有纵形皱襞，而且还有大而横行的皱襞，使子宫颈管关闭很紧。羊的这种皱襞更明显。子宫颈外口突出于阴道中，经产牛肥大，呈菜花状。

(2) 猪　猪的子宫角在靠近子宫体 5～10 cm 的部分也是彼此相连的，分开的两个子宫角形成许多弯曲，似小肠。成熟母猪的子宫角长 100～150 cm。猪的子宫体不明显。猪的子宫

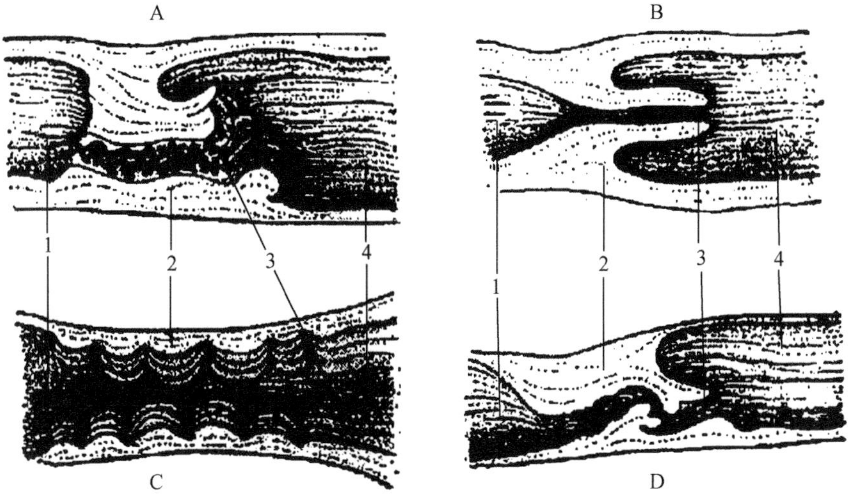

A. 牛子宫颈　B. 马子宫颈　C. 猪子宫颈　D. 羊子宫颈

1. 子宫体　2. 子宫颈　3. 子宫颈外口　4. 阴道

图 4-2　几种母畜的子宫颈(正中矢状剖面)

颈长 10～18 cm,子宫颈管内黏膜有两排交错的半圆形突起,呈连续性的放射状,中间的较大,两端的较小。子宫颈的前方与子宫体、后方与阴道均没有明显的界限,而是逐渐地过渡,因此没有子宫颈阴道部,人工输精时输精管很容易插入。

(3) 马　马的整个子宫呈"Y"形,为双子宫。两个子宫角不如双角子宫那样长、那样明显。子宫角为扁带状,稍弯曲呈弓形,似香蕉。子宫角小弯在上,大弯在下,小弯上的浆膜和子宫阔韧带相连接。妊娠时,胎儿占据两个子宫角。子宫黏膜上有大量纵行皱褶。马的子宫体接于两个子宫角联合处,子宫体的下部称为子宫底。马的子宫体较其他家畜的发达。马的子宫颈前接子宫体,子宫颈外口突出于阴道腔 2～4 cm,构成明显的子宫颈阴道部。子宫颈管的黏膜形成许多高低不等的纵行皱襞。子宫颈通常是自然关闭的,但在发情或分娩以及发生某些疾病时松弛而张开。

子宫的生理功能:筛选、贮存和运送精子,有助于精子获能;有利于孕体的附植,胚胎发育,促进分娩;调节卵巢黄体功能,导致发情。

4. 阴道

阴道呈管状,壁薄,具有弹性,为母畜的交配器官,位于骨盆腔内,上为直肠,下为膀胱和尿道,前接子宫,后接尿生殖前庭。马、牛的阴道长 25～30 cm,猪、羊长 10～15 cm。黏膜层为复层扁平上皮细胞,发情时发生角质化,无腺体。子宫颈阴道部周围的腔称为阴道穹隆,猪无阴道穹隆。交配时,牛、羊精液射到阴道穹隆附近,马、猪精液则射到子宫颈或子宫内。

5. 外生殖器官

外生殖器官包括尿生殖前庭、阴唇和阴蒂。

(1) 尿生殖前庭　尿生殖前庭是指生殖系统和泌尿系统公共的雌性管道部分,即尿道外口至阴门裂的部分。马、牛的尿生殖前庭较长,猪、羊的较短。尿生殖前庭位于阴道交界处腹侧。

马的前庭小腺和前庭大腺分别开口于前庭底部和顶部的数个乳头上。

牛尿道腔侧有一黏膜形成的盲囊。前庭大腺开口于侧壁一小盲囊上。

羊的前庭大腺似一小豆，开口于前庭侧壁，有时没有。

猪的前庭大腺开口于前庭中线两旁的两条黏膜皱褶之间。前庭小腺开口于前庭底中部凹陷两旁的一对皱褶之间。

(2) 阴唇、阴蒂　阴唇分左右两片而构成阴门，两片阴唇的上端及下端联合起来形成阴门上角和下角。牛、羊及猪的阴门相反，下角较尖，呈锐角，且垂至坐骨弓的下面；马的阴门上角较尖，阴门下角较圆。

在阴门下角内包含的球形突起物即阴蒂，由勃起组织(海绵体)构成，有丰富的感觉神经分布。阴蒂与雄性龟头同源。

(三) 母禽生殖器官观察

母禽的生殖器官由卵巢和输卵管构成。母禽只有左侧生殖器官发育完全，右侧生殖器官在孵化的7～9 d就停止发育并逐渐退化，到孵出时仅留残迹。母鸡的生殖器官见图 4-3。

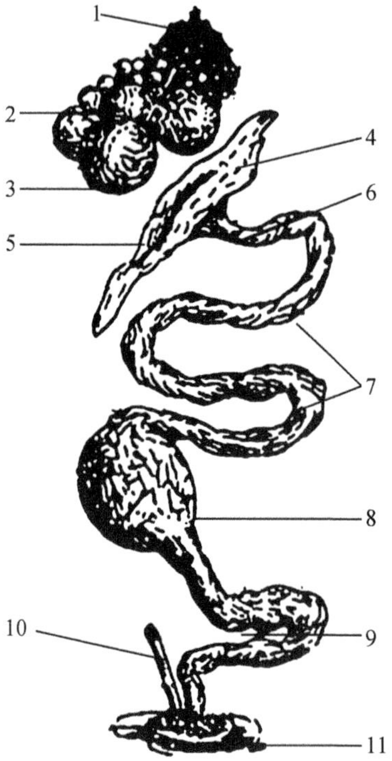

1. 卵巢基　2. 发育中的卵泡　3. 成熟的卵泡　4. 喇叭部　5. 喇叭部入口　6. 喇叭部的颈部　7. 蛋白分泌部　8. 峡部　9. 子宫部　10. 退化的右侧输卵管　11. 泄殖腔

图 4-3　母鸡的生殖器官

1. 卵巢

(1) 卵巢的形态、位置　卵巢位于左肾的前下方，以短的系膜悬挂在左肾前叶的腹侧。卵巢的体积和外形随年龄的增长和机能状态而有较大变化。幼禽的卵巢较小，呈扁平的椭圆形，灰白色或白色，表面略呈颗粒状。随着雌禽年龄的增长和性活动期的出现，卵泡逐渐成熟，并贮积大量卵黄，突出卵巢表面。母禽临近性成熟时，卵巢活动剧烈，卵细胞由于营养物质积累的增加，形成大小不同的卵泡，排卵前 7～9 d，仅以细的卵泡蒂与卵巢相连，状似一串葡萄。产蛋期卵巢有肉眼可见的卵泡 1 000～2 500 个，用显微镜观察，大约有 12 000 个卵泡，其中仅有少数达到成熟排卵。每一个卵泡含有一个卵子或生殖细胞，最初生殖细胞在中央，随着卵黄的累积，生殖细胞即渐渐升到卵黄的表面，恰好在卵黄膜的下面。

未受精的蛋，生殖细胞在蛋形成过程中一般不再分裂，剖视蛋黄表面有一点，称为胚珠。受精后的蛋，生殖细胞在输卵管内形成蛋的过程中，经过分裂形成中央透明、周围暗的盘状原肠胚，称为胚盘。卵泡与卵巢相连处称卵泡柄，卵泡上有许多血管，自卵巢上通过柄运来营养物质供卵子生长发育。

禽的卵泡没有卵泡腔和卵泡液，排出后不形成黄体，卵泡膜在 2 周内退化消失。成熟母鸡产蛋时的卵巢重 40～69 g，休产期卵巢回缩，卵巢仅重 4～6 g，到下一个产蛋期又开始生长。在非繁殖季节、孵化季节及换羽期，卵泡停止排卵和成熟，卵巢萎缩。卵巢、卵泡生长发育受脑垂体前叶分泌的促卵泡素的影响。

(2) 卵巢的生理机能　卵巢是形成卵子的器官,能分泌雌激素,促进输卵管的生长、耻骨及肛门开张,以利于产蛋;还能够累积卵黄营养物质,以供给胚胎体外发育时的营养需要。因此,禽类的卵细胞要比其他家畜的卵细胞大得多。

2. 输卵管

输卵管为一条弯曲的富有弹性的长管,管壁有许多血管。前端开口于卵巢,后端开口于泄殖腔。家禽左侧输卵管发达,是一条长而弯曲的管道,以输卵管背侧韧带悬挂在腹腔背侧偏左。幼禽时期输卵管是一条细而直的小管,到产蛋期管壁增厚、长而弯曲,输卵管长达 60~70 cm,为躯体长的1倍。在孵卵期缩至 30 cm,在换羽期只有 18 cm。根据输卵管的构造和机能的不同,可将输卵管分为漏斗部、膨大部、峡部、子宫部和阴道部五部分。

(1) 漏斗部　也称喇叭部,呈漏斗状,是输卵管的起始部,位于卵巢的后方,由输卵管的前端扩展而成,周围薄而不整齐,边缘有游离的黏膜褶,称为输卵管伞,产蛋期间长 3~9 cm,中央有输卵管的腹腔口。漏斗部有摄取卵子的作用,是受精的场所。如母禽经过交配,精子即在此部与卵子结合而受精。

(2) 膨大部　也称蛋白分泌部,是输卵管最长部分,长 30~50 cm。长而弯曲,管腔大,管壁厚,黏膜形成螺旋形的纵褶,前端接漏斗部,界限不明显,后端以明显的窄环与峡部区分。膨大部密生管状腺和单细胞腺,在繁殖期呈乳白色,有分泌蛋白的作用。管状腺分泌稀蛋白,单细胞腺分泌浓蛋白,并形成卵黄系带。

(3) 峡部　位于膨大部与子宫部之间,为输卵管较短和较窄段,长约 10 cm。管壁薄,内部纵褶不明显。黏膜内有腺体,能分泌角质蛋白,形成蛋白内外壳膜。

(4) 子宫部　也称壳腺部,是输卵管峡部后的膨大部分,长 10~12 cm,灰色或灰红色,呈袋状。管壁较厚,肌层发达,分布有螺旋状的平滑肌纤维。黏膜形成纵横的深褶,黏膜内有壳腺,能分泌钙质、角质和色素,形成蛋壳和壳上膜(也称胶护膜)。

(5) 阴道部　是输卵管的末端,形状呈S形,长 10~12 cm,开口于泄殖道的左侧,是雌禽的交配器官。鸡的精子在母鸡生殖道内可存活很长时间,7 d后精子的受精率可保持在 90%,生产中通常 5 d左右输精一次,仍能保持较高的受精率。蛋产出时,阴道自泄殖腔翻出,因此蛋不经过泄殖腔。交配时,阴道也同样翻出接受公禽射出的精液。

五、实训作业

(1) 说出牛、羊、猪子宫的结构特点。

(2) 说明牛卵巢的形态特点。

六、技能考核标准

考核内容与分数分配	操作环节与要求	评分标准		考核方法	熟练程度	时限
		分值	扣分依据			
1. 母牛、母羊生殖器官观察 2. 母猪生殖器官观察 (100 分)	识别母牛、母羊生殖器官的形态、结构与位置	50	每错或少一项扣 5 分	单人操作考核	熟练掌握	10 min
	识别母猪生殖器官的形态、结构与位置	30	每错或少一项扣 5 分			
	熟练程度	10	在教师指导下完成时扣 5 分			
	完成时间	10	每超时 1 min 扣 2 分，直至扣 10 分			

任务 4-2　卵子发生与卵泡发育

一、卵泡发育

卵泡(图 4-4)是位于卵巢上皮、包裹卵母细胞或卵子的特殊结构。动物在出生前，卵巢上存在大量原始卵泡，出生后随着年龄的增长而数量不断减少，多数卵泡中途闭锁而退化、死亡，只有少数卵泡发育成熟而破裂排卵。卵泡发育是指卵泡由原始卵泡发育成为成熟卵泡的生理过程。

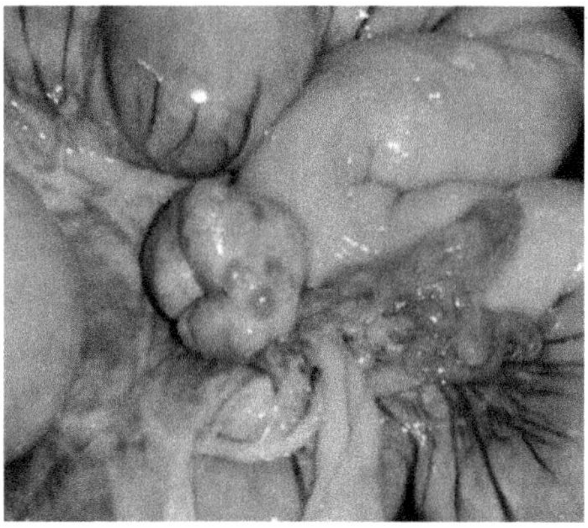

图 4-4　卵巢上发育的卵泡

(一) 卵泡发育过程及形态特点

卵泡发育从形态上可分为 5 个阶段，依次为原始卵泡、初级卵泡、次级卵泡、三级卵泡和成熟卵泡。有时将初级卵泡、次级卵泡和三级卵泡，统称为生长卵泡。根据卵泡出现泡腔与否，分为无腔卵泡(或腔前卵泡)和有腔卵泡(或囊状卵泡)。三级卵泡以前的卵泡尚未出现泡腔，统称为无腔卵泡。三级卵泡和成熟卵泡因为存在卵泡腔，所以又称为有腔卵泡。

1. 原始卵泡

排列在卵巢皮质外周，其核心为一卵原细胞，周围为一层扁平状卵泡上皮细胞，没有卵泡膜，也没有卵泡腔。原始卵泡除少数发育成熟外，其他均在储备或发育过程中退化。

2. 初级卵泡

排列在卵巢皮质外围，由卵母细胞和周围的一层立方形卵泡细胞组成，卵泡膜尚未形成，也无卵泡腔。有不少初级卵泡在发育过程中退化消失。

3. *次级卵泡*

位于卵巢皮质较深层，这时卵泡上皮细胞增殖，使卵泡上皮形成多层圆柱状细胞，细胞体积变小，称颗粒细胞。开始时这些卵泡细胞与卵母细胞的卵泡膜紧紧相连，随着卵泡的生长，卵泡细胞分泌的液体积聚在卵黄膜与卵泡细胞(或放射冠细胞)之间形成透明带。放射冠细胞的突起可以保持它与卵黄膜之间的接触，同时，卵黄膜的微绒毛部分伸延到透明带，这些细胞的伸延可供卵黄营养。但此时尚未形成卵泡腔。

4. *三级卵泡*

随着卵泡的发育，颗粒细胞层进一步增加，并出现分离，形成许多不规则的腔隙，充满由卵泡细胞分泌的卵泡液，各小腔隙逐渐合并形成新月形的卵泡腔。由于卵泡液的增多，卵泡腔也逐渐扩大，卵母细胞被挤向一边，并被包裹在一团颗粒细胞中，形成半岛突出在卵泡腔中，称为卵丘。其余的颗粒细胞紧贴于卵泡腔的周围，形成颗粒层。在颗粒层外周形成卵泡膜，卵泡膜有两层，其中内膜为上皮细胞，并分布有许多血管，内膜细胞具有分泌类固醇激素的能力；外膜由纤维细胞构成。

5. *成熟卵泡*

又称葛拉夫氏卵泡。三级卵泡继续生长，卵泡液增多，卵泡腔增大，卵泡扩展到整个卵巢的皮质部而突出于卵巢的表面。

发育成熟的卵泡结构，由外向内分别是卵泡外膜、卵泡内膜、颗粒细胞层、卵丘、透明带、卵细胞。

从初级卵泡开始，经各阶段发育至排卵，这一时期大鼠为 21 d，绵羊为 6 个月。绵羊从初级卵泡至出现卵泡腔，需要 130 d，出现卵泡腔至排卵需 45 d。

各种动物在发情时，能够发育成熟的卵泡数，牛和马一般只有 1 个，猪 10～25 个，绵羊 1～3 个，兔 5 个，大鼠 10 个，小鼠 8 个，仓鼠 6 个。

牛、羊、猪的卵泡排卵前(马在排卵后)初级卵母细胞完成第 1 次减数分裂，形成大小不等的 2 个细胞，大的称为次级卵母细胞，小的称第一极体。透明带变厚。极体呈卵圆形，位于卵周隙内，主要由核质构成，以后逐渐退化。所形成的次级卵母细胞随即开始第 2 次成熟分裂，但至中期时休止，其成熟分裂的恢复并完成是在受精过程中，产生合子(受精卵)和第二极体。

(二) 卵泡的闭锁和退化

动物出生时，卵巢上就有很多原始卵泡，但只有少数卵泡能够发育成熟和排卵，绝大多数卵泡发生闭锁和退化。退化的卵泡数出生前较出生后多，出生后又是初情期前较初情期后多，因此卵泡的绝对数随着年龄的增长而减少。

卵泡的闭锁和退化包括颗粒细胞和卵母细胞的一系列形态学的变化，其主要特征是染色体浓缩，核膜起皱，颗粒细胞发生固缩，颗粒细胞离开颗粒层悬浮于卵泡液中，卵丘细胞发生分解，卵母细胞发生异常分裂或碎裂，透明带玻璃化并增厚，细胞质碎裂等变化。闭锁的卵泡被卵巢中纤维细胞所包围，通过吞噬作用最后消失而变成疤痕。

闭锁卵泡之所以发生闭锁，可能是因为垂体分泌促卵泡素数量不够，或者是卵泡细胞对于 FSH 的反应性差。促卵泡素浓度不够，颗粒细胞通过芳香化酶的活性将雄激素转化为雌激素的作用就减弱，因而雌激素浓度低，加之雄激素对雌激素的拮抗作用，所以卵泡对促性腺激素的反应性差，卵泡就不能充分发育，而在发育到一定阶段时便发生闭锁。由此可见，发动卵泡产生雌二醇以及增加颗粒细胞对雄二醇的反应性，这是防止卵泡闭锁的关键。

二、卵子的发生和形态结构

(一) 卵子的发生

雌性生殖细胞分化和成熟的过程称为卵子发生。卵子的发生过程包括卵原细胞的增殖、卵母细胞的生长和卵母细胞的成熟三个阶段(图 4-5)。

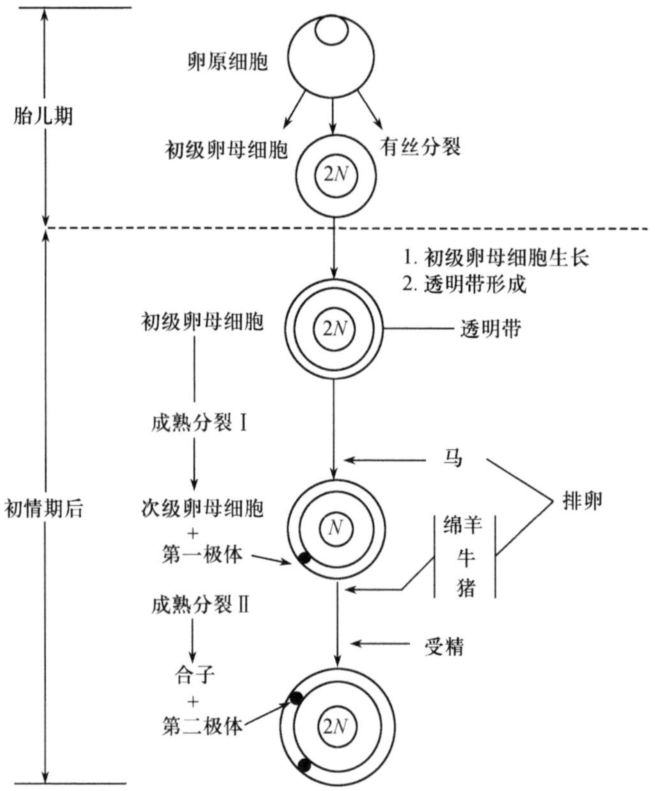

图 4-5 卵子发生的主要成熟阶段

1. *卵原细胞的增殖*

动物在胚胎期性别分化后,雌性胎儿的原始生殖细胞便分化为卵原细胞。卵原细胞通过有丝分裂,一分为二,二分为四,形成许多卵原细胞,这个时期称为增强期,或称有丝分裂期。卵原细胞经过最后一次有丝分裂之后,即发育为初级卵母细胞并进入成熟分裂前期,经短时间后,便被卵泡细胞所包围而形成原始卵泡。

2. *卵母细胞的生长*

卵原细胞经最后一次分裂而发育成为初级卵母细胞并形成卵泡。这个时期的主要特点是卵黄颗粒增多,使卵母细胞的体积增大,透明带出现,卵泡细胞通过有丝分裂而增殖,由单层变为多层。卵泡细胞作为营养细胞为卵母细胞提供营养物质,为以后的发育提供能量来源。

3. *卵母细胞的成熟*

卵母细胞的成熟是经过两次成熟分裂。卵泡中的卵母细胞是一个初级卵母细胞,在排卵前不久完成第一次成熟分裂称为次级卵母细胞。受精时才完成第二次成熟分裂。

(二) 卵子的形态结构

哺乳家畜的卵子为圆球形,凡是椭圆、扁圆、有大型极体或卵黄内有大空泡的,特别是特大或特小的卵子都属于畸形卵子。

卵子的主要结构包括放射冠、卵黄膜、透明带及卵黄等部分(图 4-6)。

1. 放射冠

紧贴卵母细胞透明带的一层卵丘细胞呈放射状排列,称为放射冠。

2. 卵黄膜

卵黄膜是卵母细胞的皮质分化物,它具有与体细胞的原生质膜基本相同的结构和性质。卵黄膜上有微绒毛,它在排卵后减少或消失。

3. 透明带

透明带是一均质而明显的半透膜,一般认为它是由卵泡细胞和卵母细胞形成的细胞间质。透明带和卵黄膜具有保护卵子完成正常的受精过程,使卵子有选择性地吸收无机离子和代谢产物,对精子具有选择作用。

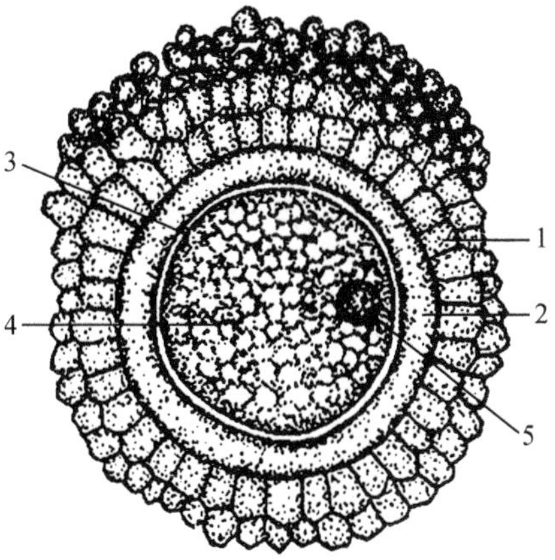

1. 放射冠　2. 透明带
3. 卵黄膜　4. 卵黄　5. 胞核

图 4-6　卵子结构图

4. 卵黄

卵黄占据透明带内大部分容积,内含有核,是重要的遗传物质。

三、排卵和黄体形成

成熟的卵泡突出卵巢表面,突出的部分卵泡破裂,卵母细胞和卵泡液及部分卵丘细胞排出,称为排卵。

(一) 排卵类型

大多数哺乳动物排卵都是周期性的,根据卵巢排卵特点和黄体的功能,哺乳动物的排卵可分为自发性排卵和诱发性排卵两种类型。

1. 自发性排卵

卵泡发育成熟后自行破裂排卵并自动形成黄体。这种排卵类型所形成的黄体尚有功能性及无功能性之分。一是在发情周期中黄体的功能可以维持一定时间,如家畜;二是除非交配(交配刺激),否则所形成的黄体是没有功能的,即不具有分泌孕酮的功能,如鼠类,未交配时发情期很短,约 5 d,若交配未孕发情周期可维持 12～14 d。

2. 诱发性排卵

又称为刺激性排卵,通过交配或人为刺激子宫颈,或注射排卵诱导激素(LH、HCG)后才能引起排卵,并形成功能性黄体。骆驼、兔、猫等属于诱发排卵动物。

(二) 排卵的过程

随着卵泡发育和成熟,卵泡液不断增加,卵泡容积增大并突出于卵巢表面,但卵泡内压并没有提高。突出的卵泡壁扩张,细胞质分解,卵泡膜血管分布增加、充血,毛细血管通透性增强,血液成分向卵泡腔渗出。随着卵泡液的增加,卵泡外膜的胶原纤维分解,卵泡壁变柔软,富有弹性。突出卵巢表面的卵泡壁中心呈透明的无血管区，排卵前卵泡外膜分离，内膜通过裂口而突出，形成一个乳头状的小突起，称为排卵点。排卵点膨胀并破裂，卵泡把卵母细胞及其周围的放射冠细胞随卵泡液一同排出，卵子被输卵管伞接纳。由于输卵管的纤毛上皮的摆动，将卵母细胞送入输卵管壶腹部。

（三）排卵时间和排卵数

排卵是成熟卵泡在促黄体素排卵峰作用下产生的，从促黄体素排卵峰至排卵的时间和每次发情的排卵数，因家畜种类不同而有差异，但在同种家畜几乎是一定的（表 4-2）。

表 4-2 几种家畜排卵时间和排卵数

家畜种类	从促黄体素排卵峰至排卵的时间/h	排卵数/个
牛	28～32	1
猪	40～42	10～25
羊	24～26	1～3
兔	9～11	5～13

（四）排卵部位

一般家畜的排卵部位除卵巢门外，在卵巢表面的任何部位都可发生排卵，唯马属家畜的排卵仅限于卵巢中央排卵窝处排卵。从柱头排出成熟的卵母细胞-卵丘复合体的显微照片见图 4-7。

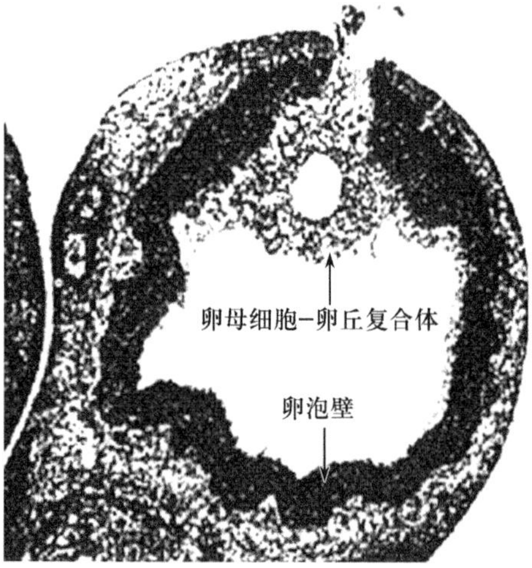

图 4-7 从柱头排出成熟的卵母细胞-卵丘复合体的显微照片

（五）黄体形成与退化

成熟卵泡排卵后形成黄体，黄体分泌孕酮作用于生殖道，使之向妊娠的方向变化，如未受精，一段时间后黄体退化，开始下一次的卵泡发育与排卵。

1. 黄体的形成

成熟卵泡破裂排卵后，由于卵泡液排出，卵泡壁塌陷皱缩，从破裂的卵泡壁血管流出血液和淋巴液，并累积于卵泡腔内形成血凝块，称为红体。此后颗粒细胞在促黄体素作用下增生肥大，并吸收类脂质——黄素而变成黄体细胞，构成黄体主体部分。同时卵泡内膜分生出血管，布满于发育中的黄体，随着这些血管的分布，卵泡内膜细胞也移入黄体细胞之间，参与黄体的形成，此为卵泡内膜细胞来源的黄体细胞（图 4-8）。

2. 黄体类型

在发情周期中，雌性动物如果没有妊娠，所形成的黄体在黄体期末退化，这种黄体称为周期性黄体。周期性黄体通常在排卵后维持一定时间才退化，退化时间：牛为第 14～15 天，羊为第 12～14 天，猪为第 13 天，马为第 17 天。如果雌性动物妊娠，则转化为妊娠黄体，此时黄体的体积稍大，妊娠黄体一直维持到妊娠结束才退化。

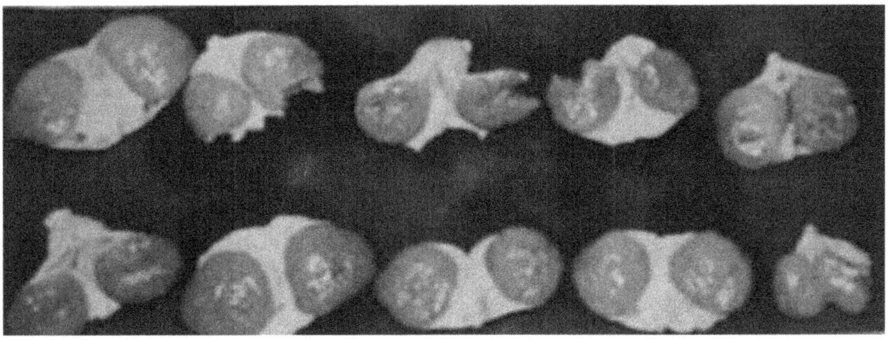

图 4-8　妊娠母畜卵巢上的黄体

3. 黄体退化

如果雌性动物未妊娠，所形成的黄体则会退化，表现在细胞质空泡化及核萎缩，随着微血管退化，供血减少，黄体体积逐渐变小，黄体细胞的数量也显著减少，颗粒层细胞逐渐被纤维细胞所代替，黄体细胞间结缔组织侵入、增殖，最后整个黄体被结缔组织所代替，形成一个斑痂，颜色变白称为白体，残留在卵巢上。

【实训操作】

实训 4-2　卵巢的组织学切片

一、实训目的和要求

通过对雌性动物卵巢、子宫、输卵管组织切片的观察，了解卵巢、子宫、输卵管的组织结构及其形态。了解卵子发生和卵泡发育的过程及其形态。

二、实训材料和仪器

(1) 动物卵巢、子宫、输卵管的组织切片。

(2) 动物卵巢、子宫、输卵管的组织图片(幻灯片)。

(3) 显微镜、幻灯机或投影仪。

三、实训内容与观察要点

(一) 卵巢组织学观察

卵巢组织结构模式图如图 4-9 所示。

1. 低倍镜观察

(1) 生殖上皮　位于卵巢皮质的最外层，由单层立方上皮细胞所组成。马卵巢表面上皮仅分布于排卵窝。其余部分被浆膜覆盖。

(2) 白膜　位于生殖上皮下面的一薄层致密结缔组织。

(3) 皮质部　位于白膜下面，是卵巢的外周部分(马的皮质部位于卵巢中央靠近排卵窝处)。皮质部由许多大小不等的发育卵泡、闭锁卵泡、少量黄体以及致密的结缔组织所构成，占

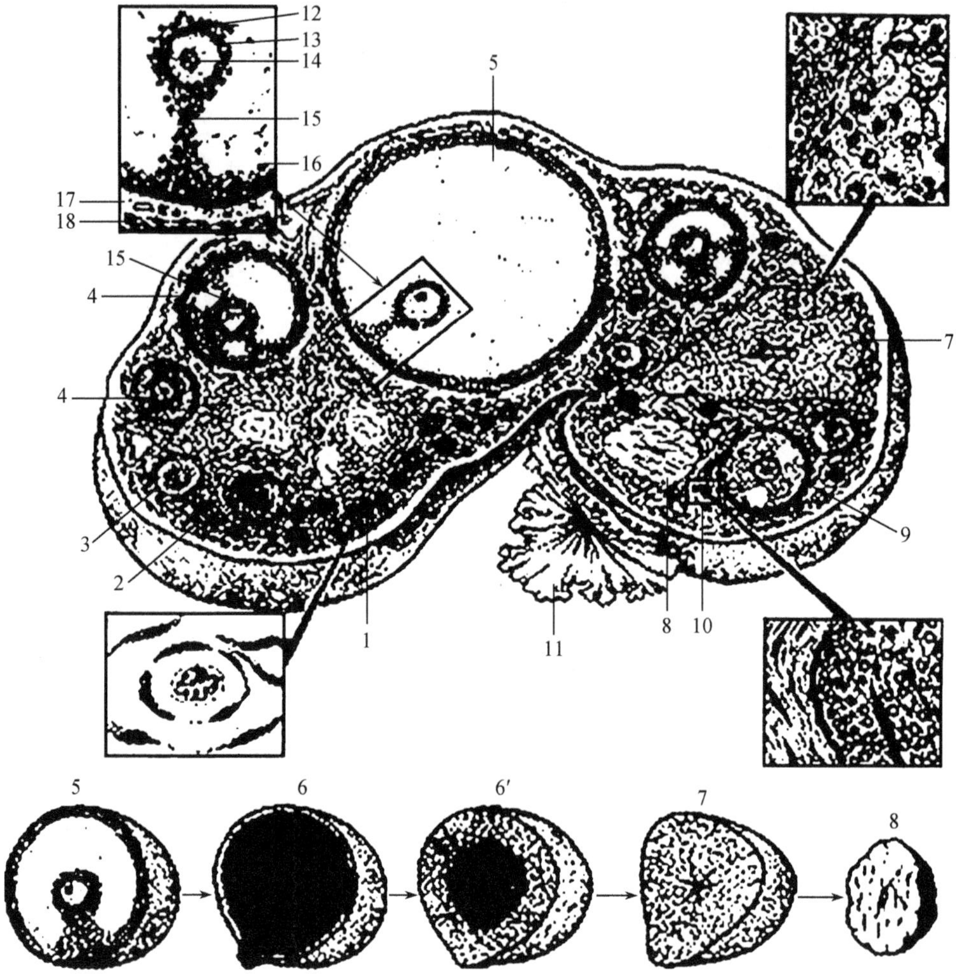

1. 原始卵泡 2. 初级卵泡 3. 次级卵泡 4. 三级卵泡 5. 成熟卵泡 6. 红体
6′. 黄体正在形成 7. 黄体 8. 白体 9. 闭锁卵泡 10. 间质细胞 11. 输卵管伞
12. 放射冠细胞 13. 卵子 14. 细胞核 15. 卵丘 16. 颗粒细胞 17. 内鞘膜 18. 外鞘膜

图 4-9 卵巢组织结构模式图

卵巢的大部分,与髓质无明显界限。皮质部含有卵泡和产生卵巢激素的细胞,故称"功能层"。

(4) 髓质部　位于卵巢中央(马的髓质部在卵巢周围),内含有许多细小的血管、神经和富有弹性纤维的疏松结缔组织。

在低倍镜下找出卵巢表面上皮和白膜,区分卵巢的皮质部和髓质部,挑选较清楚的各种卵泡部位,移至高倍镜下观察。

2. 高倍镜观察

主要观察卵巢皮质部不同发育阶段的卵泡,卵泡是由位于中央的卵母细胞和围绕在卵母细胞周围的卵泡细胞所组成的。有的卵泡在发育过程中可能退化而形成闭锁卵泡。根据发育程度不同,卵泡可分成原始卵泡、初级卵泡、次级卵泡、三级卵泡、成熟卵泡和闭锁卵泡(图 4-10)。

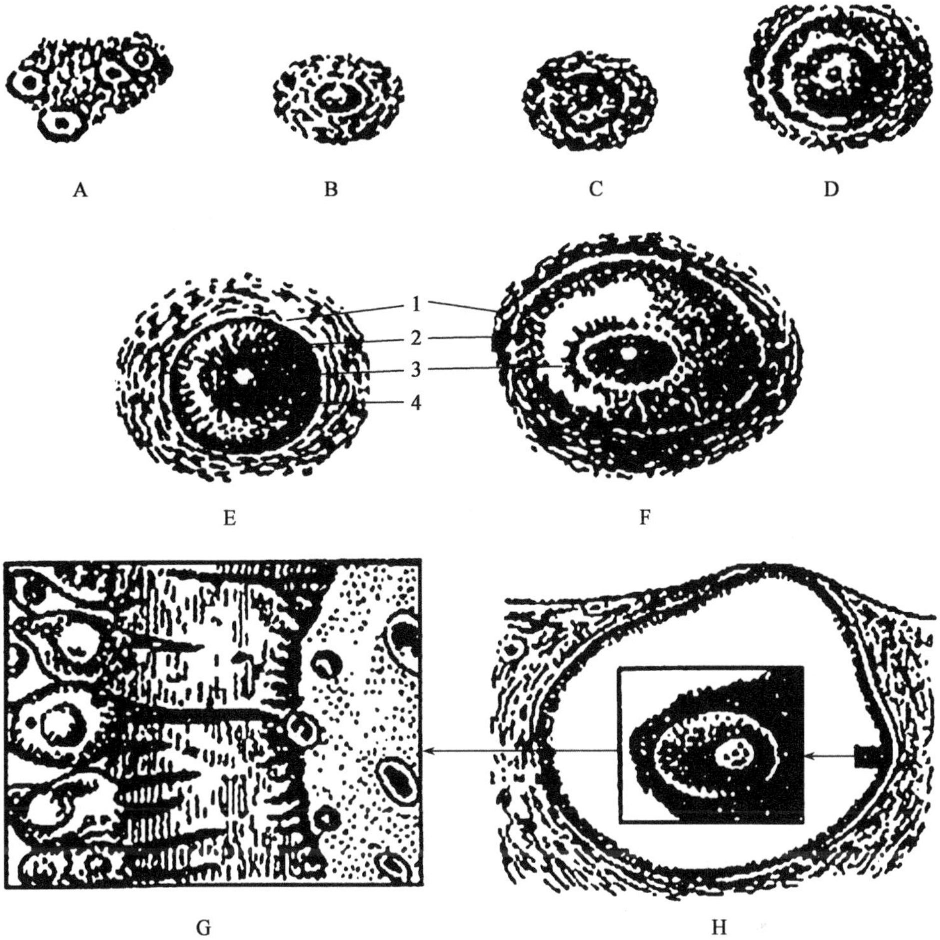

A. 原始卵泡 B. 初级卵泡 C. 次级卵泡 D. 三级卵泡 E. 三级卵泡(出现新月形腔隙)
F. 三级卵泡(出现卵丘) G. 卵黄膜的微绒毛部分伸延到透明带 H. 成熟卵泡
1. 卵泡外膜 2. 颗粒层 3. 透明带 4. 卵丘

图 4-10 哺乳动物卵泡及卵子发育过程示意图

(二) 输卵管与子宫组织学观察

1. 输卵管组织学观察

输卵管从内向外由黏膜、肌层和浆膜三层不同细胞层构成(图 4-11)。

(1) 黏膜　由上皮和固有膜构成。黏膜形成若干初级纵襞，在壶腹部又分出许多次级纵襞。

(2) 肌层　肌层可分为内层环状(或螺旋状)肌束和外层纵行肌束，其中混有斜行纤维，使整个管壁能协调性地收缩。靠近子宫端的肌层较厚，伞部的外纵肌消失，仅含有分散的肌细胞。

(3) 浆膜　为输卵管壁最外层，主要由结缔组织构成。在肌层和浆膜之间有很宽的一层疏松结缔组织，称浆膜下层，其中含有卵巢和子宫血管的分支、淋巴管、神经和纵行平滑肌。

2. 子宫组织学观察

子宫壁的组织构造从外向内为浆膜、肌层和黏膜。

(1) 黏膜　由上皮和固有膜构成。

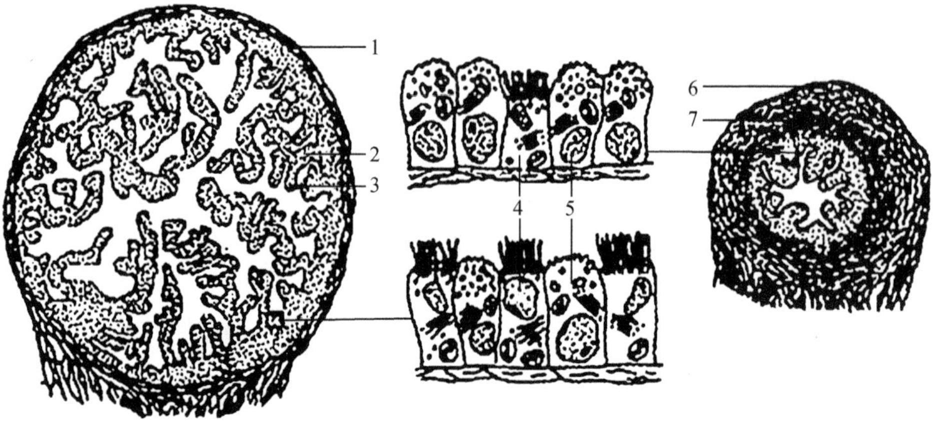

1. 浆膜　2. 初级纵襞　3. 次级纵襞　4. 纤毛细胞　5. 分泌细胞　6. 纵行肌层　7. 环行肌层

图 4-11　输卵管横切面示意图

（2）肌层　肌肉层的外层薄，为纵行的肌纤维；内层厚，为螺旋形的环状肌纤维。子宫颈肌可看作子宫肌的附着点，同时也是子宫的括约肌，其内层特别厚，且有致密的胶原纤维和弹性纤维，是子宫颈皱襞的主要构成部分，内外两层交界处有交错的肌束和血管网。

（3）外膜　为浆膜，由疏松结缔组织和间皮组成。

四、技能考核标准

考核内容与分数分配	操作环节与要求	评分标准		考核方法	熟练程度	时限
		分值	扣分依据			
1. 卵巢组织学观察 2. 输卵管与子宫组织学观察（100 分）	观察卵巢的组织结构及其形态和卵子发生和卵泡发育的过程及其形态	50	每错或少一项扣 5 分	单人操作考核	熟练掌握	10 min
	观察子宫、输卵管的组织结构及其形态	30	每错或少一项扣 5 分			
	熟练程度	10	在教师指导下完成时扣 5 分			
	完成时间	10	每超时 1 min 扣 2 分，直至扣 10 分			

任务 4-3　发情与发情周期

一、发情

母畜生长发育到一定年龄后，在垂体促性腺激素的作用下，卵巢上的卵泡发育并分泌雌激素，引起生殖器官和性行为的一系列变化，并产生性欲，母畜所表现出的这种生理状态称为发情。正常的发情主要有三方面的症状，即卵巢、行为和生殖道发生变化。

1. 卵巢变化

雌性动物一般在发情开始前 3～4 d，卵巢上的卵泡开始生长，至发情前 2～3 d 卵泡迅速发育，卵泡内膜增生，卵泡液分泌增多，卵泡体积增大，卵泡壁变薄而突出于卵巢表面。至发情症状消失时卵泡已发育成熟，卵泡体积达到最大。在激素的作用下，卵泡壁破裂，卵子从卵泡内排出，即排卵。

2. 行为变化

发情时由于发育的卵泡分泌雌激素，并在少量孕激素作用下，刺激神经中枢，引起性兴奋，使雌性动物表现兴奋不安，对外界的变化刺激十分敏感，常鸣叫，举尾拱背，频频排尿，食欲减退，泌乳量减少，放牧时常离群独自行走。

3. 生殖道变化

发情时随着卵泡的发育、成熟，雌激素分泌增加，孕激素分泌减少。排卵后开始形成黄体，孕激素分泌增加。由于雌激素和孕激素的交替作用，引起生殖道的显著变化。这些变化主要表现在血管系统、黏膜、肌肉以及黏液的性状等方面。

二、发情周期

雌性动物自第一次发情后，如果没有配种或配种后没有受胎，则每间隔一定时期均会出现一次发情，如此周而复始地进行，直到性机能停止活动年龄为止。这种周期性的活动，称为发情周期性。从发情开始至发情结束、然后开始再次发情的间隔时期，称为发情周期。计算发情周期的另一种方法，是这次发情结束至下次发情结束所间隔的时间。发情周期长短因动物种类不同而异，牛、水牛、猪、山羊、马、驴平均为 21 d，绵羊为 16～17 d，豚鼠 16～19 d，兔 8～15 d，鹿 6～20 d，海狸鼠 5～27 d，虎 20 d，大鼠、小鼠和仓鼠未交配时发情周期约为 5 d，若交配未孕发情周期可维持 12～14 d。

(一) 发情周期类型

雌性动物发情周期主要受神经内分泌所控制，也受外界环境条件的影响。由于各种动物所受的影响程度不同，表现也各异。各种动物的发情周期基本上可以分为以下两种类型。

1. 季节性发情周期

某些动物如骆驼、马、驴、绵羊(湖羊例外)、犬、猫以及所有野生动物的发情发生在某一特定季节，称为季节性发情，这一类型的动物，只有在发情季节才能发情排卵。在非发情季节，卵巢机能处于静止状态，不会发情排卵，称为乏情。在发情季节，有些动物有多个发情周期，称为季节性多次发情，如马、驴和绵羊等；有些动物在发情季节只有一个发情周期，称为季节性单次发情，如犬，其发情季节有两个，即春、秋两季，每季只有一个发情周期。特种动物如水貂每年 2～3 月发情配种，貉每年立春至春分期间发情配种。

2. 无季节性发情周期

猪、牛、湖羊、山羊以及地中海品种的绵羊等动物在全年均可发情，称为无季节性发情。这一类型的动物，无发情季节之分，全年均可发情、配种并受胎。

(二) 发情周期划分方法

在动物发情周期中，根据机体所发生的一系列生理变化，可分为几个阶段，一般多采用四期分法和二期分法来划分发情周期的阶段。四期分法是根据动物的性欲表现及生殖器官变化，将发情周期分为发情前期、发情期、发情后期和间情期四个阶段，比较适合于发情周期较短的动物，如小鼠和大鼠；二期分法是根据卵巢上组织学变化以及有无卵泡发育和黄体存在为依据，将发情周期分为卵泡期和黄体期，比较适合于家畜，如马、牛、羊、猪等。

1. **四期分法**

主要根据发情征象将发情周期分为如下四个时期。

（1）发情前期　卵泡发育的准备时期，特征是：上一个发情周期所形成的黄体进一步退化萎缩，卵巢上开始有新的卵泡生长发育；雌激素也开始分泌，使整个生殖道血液供应量开始增加，引起毛细血管扩张伸展，渗透性逐渐增强，阴道和阴门黏膜轻度充血、肿胀；子宫颈略为松弛，子宫腺体略有生长，腺体分泌活动逐渐增加，分泌少量稀薄黏液，阴道黏膜上皮细胞增生，但尚无性欲表现。

（2）发情期　性欲达到高潮的时期，特征是：愿意接收雄性动物交配，卵巢上的卵泡迅速发育，雌激素分泌增多，强烈刺激生殖道，使阴道及阴门黏膜充血肿胀明显，子宫黏膜显著增生，子宫颈充血，子宫颈口开张，子宫肌层蠕动加强，腺体分泌增多，有大量透明稀薄黏液排出（图 4-12）。多数动物是在发情期的末期排卵。

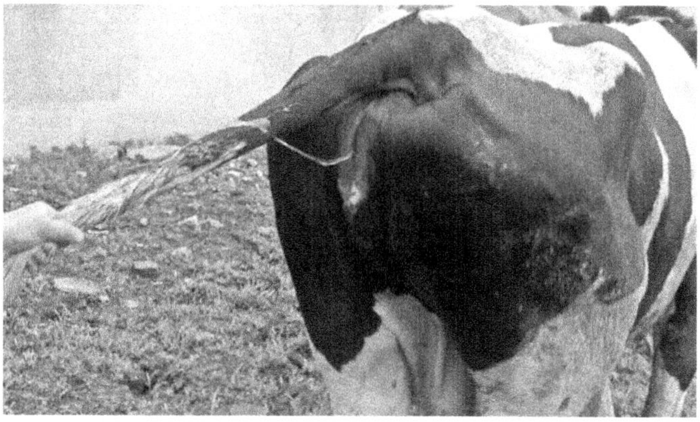

图 4-12　发情母牛阴道流出黏液

（3）发情后期　又称后情期，是排卵后黄体开始形成的时期。该期的特征是：动物由性欲兴奋逐渐转入安静状态，卵泡破裂排卵后雌激素分泌显著减少，黄体开始形成并分泌孕酮作用于生殖道，使充血肿胀逐渐消退；子宫肌层蠕动逐渐减弱，腺体活动减少，黏液量少而稠；子宫颈口逐渐封闭，子宫内膜逐渐增厚；阴道黏膜增生的上皮细胞脱落。

（4）间情期　又称休情期或发情间期，是黄体活动时期。该期的特征是：性欲已完全停止，精神状态恢复正常。间情期的前期，黄体继续发育增大，分泌大量孕酮作用于子宫，使黏膜增厚，表层上皮增高呈柱状，腺体高度发育增生，呈大而弯曲的分支，分泌作用增强，产生子宫乳，维持胚胎发育需要。如果卵子受精，这一阶段将延续下去，动物不再发情。如未孕，增厚的子宫内膜回缩，呈矮柱状，腺体缩小，分泌活动停止，周期黄体开始退化萎缩，卵巢有新的卵泡开始发育，又进入到下一次发情周期的前期。

2. **二期分法**

主要根据卵泡发育和黄体形成情况将发情周期分为如下两个时期。

（1）卵泡期　是指黄体进一步退化，卵泡开始发育直到排卵为止的时期，相当于四期分法中的发情前期和发情期两个阶段。

(2) 黄体期 是指从卵泡破裂排卵后形成黄体，直到黄体萎缩退化为止的时期，相当于四期分法中的发情后期和间情期两个阶段。

三、异常发情

雌性动物异常发情多见于发情初期后、性成熟前性机能尚未发育完全的一段时间内；性成熟以后由于环境、生理等异常也会导致异常发情，如劳役过重、营养不良、内分泌失调、泌乳过多、饲养管理不当和温度等气候条件的突变以及繁殖季节的开始阶段。常见的异常发情主要有以下5种。

1. 断续发情

雌性动物发情表现时断时续，整个过程延续很长，多见于早春或营养不良的母马。其原因是卵泡交替发育，先发育的卵泡中途发生退化，新的卵泡又再发育，因此产生断续发情的现象，当其转入正常发情时，就有可能发生排卵，配种也可能受胎。

2. 短促发情

短促发情指雌性动物发情持续时间短，如不注意观察，往往错过配种时机。短促发情多发生于青年家畜，家畜中奶牛发生率较高。其原因可能是神经-内分泌系统的功能失调，发育的卵泡很快成熟破裂排卵，缩短了发情期，也可能是由卵泡突然停止发育或发育受阻而引起的。

3. 安静发情

安静发情也称安静排卵，即母畜无发情症状，但卵泡能发育成熟而排卵，但不包括初情期的安静发情。安静发情常见于产后带仔母牛或母马，产后第一次发情，每天挤奶次数过多或体质衰弱的母牛以及青年家畜或营养不良的家畜。引起安静发情的原因是体内相关激素内分泌失调，如雌激素分泌不足，发情外表症状就不明显；促乳素分泌不足或缺乏，促使黄体早期萎缩退化，于是孕酮分泌不足，降低了下丘脑中枢对雌激素的敏感性，使母畜缺少发情的外部表现和交配欲。

4. 持续发情

慕雄狂的症状之一，常见于牛和马。其表现为持续强烈的发情行为，发情周期不正常，发情期长短不一，经常从阴道流出透明黏液，外阴浮肿，荐坐韧带松弛，同时尾根举起，配种不受胎。

慕雄狂主要发生在奶牛、马，猪也偶有发生。

马慕雄狂：表现高度兴奋，性烈难以驾驭，不让其他马接近，发情可持续10～14 d而不排卵。

牛慕雄狂：表现持续而强烈的发情行为，爬跨其他母牛，长短不规则，周期不正常，常从阴门流出透明黏液，阴门浮肿，尾根举起，高度兴奋，鸣叫，配种不能受胎。

慕雄狂的原因：下丘脑-垂体轴的机能失调，导致促黄体素释放过早或不足等；与卵泡囊肿有关，但卵泡囊肿不一定发生慕雄狂，卵泡囊肿造成卵泡内没有颗粒细胞或被膜细胞，也就不产生促卵泡素和促黄体素受体，所以不排卵；囊肿的卵泡液中雌激素的含量较正常少；肾上腺皮质的机能亢进。

5. 孕后发情

孕后发情是指家畜在妊娠期仍有发情表现。马在妊娠早期血液中含有大量的孕马血清促性腺激素，同时也具有一些类似促黄体素作用的物质，可促进卵泡成熟，导致发情、排卵，形成副黄体；母牛在妊娠最初 3 个月内，常有 10%的母牛发情；绵羊孕后发情可达 30%，发情时间不固定，一般即使表现发情也不排卵。孕后发情发生的主要原因是激素分泌失调，即妊娠黄体分泌孕酮不足，而胎盘分泌雌激素过多所致。母牛有时也因在怀孕初期，卵巢上仍有卵泡发育，致使雌激素含量过高而引起发情，并常造成怀孕早期流产，有人称为“激素性流产”。

四、产后发情

产后发情是指雌性家畜分娩后的第一次发情。各种母畜产后发情的时间很不一致。母猪一般在分娩后 3～6 d 出现发情，但不排卵。一般在仔猪断乳后 1 周之内出现第一次正常发情。如因仔猪死亡致使母猪提前结束哺乳期，则也在断奶后数天发情。哺乳期也有发情的，但为数甚少；母马往往在产驹后 6～12 d 便发情，一般发情表现不太明显，甚至无发情表现，但和母猪不同的是母马产后第一次发情有卵泡发育且可排卵，因此可配种，俗称“配血驹”；母牛一般可在产后 40～50 d 发情，但本地耕牛特别是水牛一般产后发情比较晚，往往经数月甚至 1 年以上，主要是饲养管理不善或使役过度引起的；母羊大多在产后 2～3 个月发情，不哺乳的可在产后 20 d 左右发情；母兔在产后 1～2 d 就有发情，卵巢上有卵泡发育成熟并排卵。

任务 4-4　发情鉴定技术

一、发情鉴定的目的

发情鉴定是动物繁殖工作的重要环节。通过发情鉴定，可以判断动物的发情阶段，预测排卵时间，以确定适宜配种期，及时进行配种或人工授精，从而达到提高受胎率的目的。还可以发现动物发情是否正常，以便发现问题，予以及时解决。

二、发情鉴定常用方法

发情鉴定的方法有多种，在实际应用时，要根据各种动物的特点，采用重点与一般相结合的原则。但无论采用何种方法，在发情鉴定前，均应了解动物繁殖历史和发情过程。

1. 外部观察法

此法是各种动物发情鉴定最常用的方法，主要观察动物的外部表现和精神状态，从而判断其是否发情或发情进程。发情动物常表现为精神不安，鸣叫，食欲减退，泌乳量下降，外阴部充血肿胀、湿润、有黏液流出，对周围环境和雄性动物的反应敏感。不同的动物往往还有特殊的表现，如母牛爬跨，母猪闹圈，母马扬头嘶叫、阴唇不断外翻露阴蒂，母驴“叭叭嘴”等。上述特征表现随发情进程由弱到强，再由强到弱，发情结束后消失。

2. 试情法

此法是根据雌性动物在性欲及性行为上对雄性动物的反应判断其是否发情或发情处在哪个阶段。发情时，通常表现为愿意接近雄性，弓腰举尾，后肢开张，频频排尿，有求配种动作等。而不发情或发情结束后则表现为远离雄性，当强行牵引接近时，往往会出现躲避、甚至踢咬等抗拒行为。对母猪常用压背法，视其“静立反射”程度来判断发情程度。应用公畜对母畜试情，为防止误配，可将公畜输精管结扎或做阴茎转向术，公羊还可以带布兜。

3. 阴道检查法

将阴道开膣器或阴道扩张筒插入并扩张阴道，借用光源观察阴道黏膜颜色、充血程度，子宫颈松弛状态、外口颜色、充血肿胀程度及开口大小，分泌液的颜色、黏稠度及量的多少、有无黏液流出等来判断发情的方法。检查时，阴道开膣器(图 4-13)或扩张筒要洗净消毒，以防感染；插入时要小心谨慎，以免损伤阴道黏膜。本法适用于大动物，如牛、马、驴等。此法由于不能准确判断动物的排卵时间，目前只作为一种辅助性检查手段。

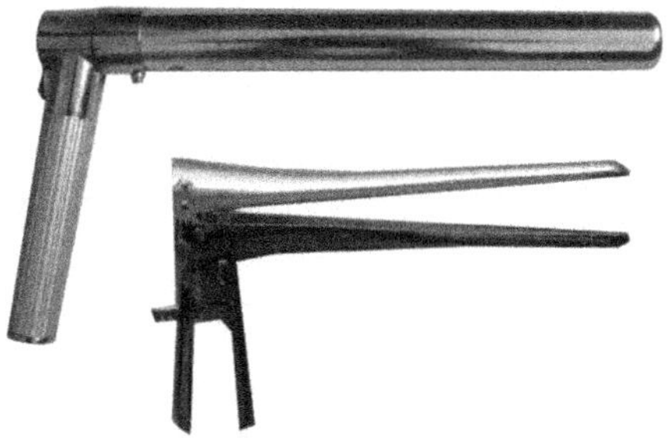

图 4-13　牛用开膣器

4. 直肠检查法

主要应用于牛、马等大家畜，因直接可靠，在生产中应用广泛。方法是将手臂伸进母畜直肠内，隔着直肠壁用手指触摸卵巢及卵泡发育情况，如卵巢的大小、形状、质地，卵泡发育的部位、大小、弹性、卵泡壁厚薄以及卵泡是否破裂、有无黄体等。通过直肠检查并结合发情外部症状，可以准确判断卵泡发育程度及排卵时间，以便准确地判定适宜配种期。此法不足之处是判断结果取决于术者的经验。

5. 生殖激素检测法

雌性动物发情时孕酮水平降低，雌激素水平升高。应用酶联免疫或放射免疫测定技术(如 EIA 和 RIA 等)，通过测定体液(血浆、血清、乳汁、尿液等)中生殖激素(雌激素、孕酮等)水平，依据发情周期中生殖激素的变化规律来判断发情的方法。目前，国外有多种激素 ELISA 检测试剂盒用于发情鉴定。

6. 仿生学法

模拟公畜的声音(放录音磁带)和气味(天然或人工合成的气雾制剂)刺激母畜的听觉和嗅觉器官，观察其受到刺激后的反应情况，判断母畜是否发情的方法。在生产实践中采用该法对猪的发情鉴定试验较多，结果表明，只用压背试验时，发情母猪中仅有 48%呈现静立反射；若同时公猪在场，则 100%出现静立反射；当公猪不在场但能听到公猪叫声和嗅到公猪气味时，发情母猪中有 90%呈现静立反射。用天然的或人工合成的公猪性外激素，在母猪群内喷雾，可刺激发情母猪出现静立反射。

7. 电测法

应用电阻表测定雌性动物阴道黏液的电阻值以确定适宜配种时间的方法。该法对于确定适配时间有一定的参考价值。该法的原理是：雌性动物发情时由于黏液分泌增多，生殖道内的离子浓度升高使电阻值降低，当电阻值降至最低时，输精最适宜。

8. 生殖道黏液 pH 测定法

生殖道黏液 pH 一般在发情盛期为中性或偏碱性，黄体期偏酸性。母牛子宫颈液 pH 在 6.0～7.8，当经产母牛 pH 在 6.7～6.8 时输精受胎率最高，处女牛的 pH 在 6.7 时输精受胎率最高。长白、大白和汉普夏三个品种猪在发情开始的当天，阴道黏液的 pH 大于 7.3，发情盛期为 7.2，妊娠期小于 7.2，在 pH 为 7.2～7.3 时输精，三个品种猪情期受胎率分别为 93.8%、96.7%和 92.3%。在 pH 为 7.2～7.3 时输精，情期受胎率最低。

9. 计步法

计步法主要适用于自动化管理水平高的大中型奶牛场母牛的辅助发情鉴定，其理论依据为母牛发情时其运动量会增大。具体方法为在母牛腿上固定一个带信号发射装置的计步器，机房中的接收器可以接收每头牛的计步器信号，然后传入计算机终端，从而测定每头母牛每天的运动量。若某头母牛运动量持续增加，则表明其可能开始发情，提示配种员应对其进行重点观察，若与直肠检查相结合则效果更佳。

10. 超声波鉴定法

利用配有一定功率探头的超声波仪，将探头通过阴道壁接触卵巢上的黄体或卵泡时，由于探头接受不同的反射波，在显示屏上显示出黄体或卵泡的结构图像。根据卵泡直径的大小确定发情阶段。用同样的原理，使用腹腔内窥镜，可在显示屏上直接观察到卵泡和黄体发育程度。此法使用仪器鉴定方法准确、可靠，但操作复杂、成本高。

11. 颌下钢球发情标志法

颌下钢球发情标志器(chin-ball marker)由一个带有钢球活塞阀的染料盒固定于一个扎实的皮革笼头上构成，染料盒内装有一种有色染料。使用时，将此装置系在试情公畜颌下，当它爬跨发情母畜时，活动阀门的钢球碰到母畜的背部，于是染料盒内的染料流出，印在母畜的背上，根据此标志，便可得知该母畜发情。

12. 卡马氏发情爬跨测定法

卡马氏发情爬跨测定器(Kamar heat mount detector)由一个装有色染料的塑料胶囊构成。使用时将此装置牢固地黏着于牛的尾根上。当母畜发情时，试情公畜便爬跨其上并施加压力于胶囊，使胶囊内的染料由白色变成红色，于是根据颜色的变化程度便可推测母畜受爬跨的安全程度。

13. 尾部蜡笔标记法

此法的应用不仅提高了发情鉴定的效率，也减少了发情鉴定的劳动强度。操作时，将牛尾根处的松散毛发用毛刷或梳子梳理整齐后，用特殊的蜡笔涂擦，即从牛背部突起处到尾根上部涂一条 2.5～5 cm 宽的标记。蜡笔应当每天重复涂擦，以保证最佳观察效果。第一次涂擦之后，每天只需重新涂擦一次即可(蜡笔涂擦不宜过重，否则将难以辨识是否被蹭掉，尤其是对于难以确定发情期、活动较少的奶牛)。尾部所涂蜡笔被蹭掉是奶牛有可能处于发情期的标记。但需要同时观察其他的发情征兆予以确定，尤其是蜡笔只被蹭掉一部分的奶牛，更应当注意以下情况：①阴门黏液变化，尾部毛发的散乱程度，牛背部和身体侧部是否有污迹；②阴门是否肿胀，牛尾部是否沾有黏液或血迹；③内阴黏膜是否红肿湿滑；④检查历史纪录，确认该奶牛是否处于正常的发情周期；⑤触诊奶牛子宫以准确判断乳牛是否发情；⑥未孕奶牛与已孕奶牛所涂擦蜡笔的颜色不同，这样可以观察已孕牛是否发生流产并重新发情。

三、常见动物的发情鉴定

(一) 牛的发情鉴定

母牛发情期较短，但发情时外部表现比较明显，因此母牛的发情鉴定主要依靠外部观察，并结合试情和阴道检查。操作熟练的技术人员，可利用直肠检查来触摸卵巢变化及卵泡发育程度，以判断发情阶段和确定适宜配种期。

1. 外部观察

根据母牛爬跨行为或接受爬跨反应来发现母牛发情是一种常用的方法。一般早晚观察，母牛发情时常有公牛或其他母牛爬跨，并且爬跨其他母牛。发情初期的母牛并不接受爬跨，后来才愿意接受爬跨，此时表现静立不动，两后肢叉开举尾。另外，发情母牛精神不安，食欲减退、鸣叫、反刍减少，产乳量下降，常弓腰举尾，频频排尿。发情盛期外阴肿胀、充血、皱襞展开、潮红、湿润(图 4-14)，阴道、子宫黏膜充血，子宫颈口开张，从阴门流出大量透明黏液，牵缕性强。发情后期黏液量少，黏性差，呈乳白色而浓稠，流出的黏液常粘在阴唇下部或臀部周围。发情母牛从阴道流出的黏液混有少量血液，因此呈淡红色。

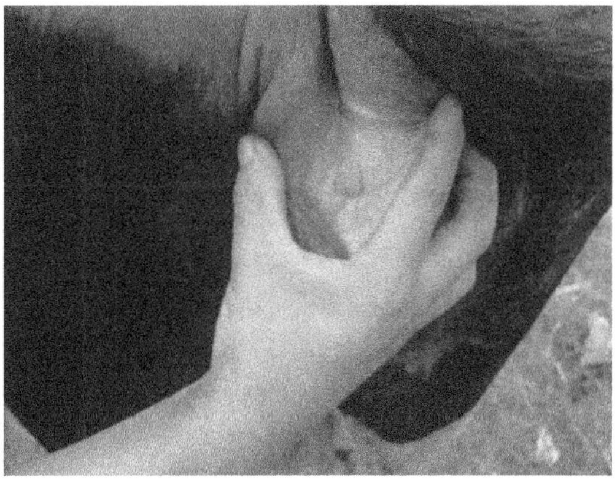

图 4-14 发情母牛外阴

2. 直肠检查

在进行母牛直肠检查时，寻找卵巢卵泡的方法是：将手掌伸进直肠狭窄部之后，手指并拢，手心向下，轻轻下压并左右抚摸，在骨盆底上方摸到子宫颈，然后沿子宫颈向前移动，便可摸到子宫体、子宫角间沟和子宫角，再向前伸至角间沟分叉处，将手移到一侧子宫角上，手指向前并向下，在子宫角弯曲处即可摸到卵巢，此时可用手指仔细触诊感觉卵巢大小、形状、质地和卵泡的发育情况(图 4-15)。触摸完一侧后，按同样的顺序触摸另一侧子宫角及卵巢。

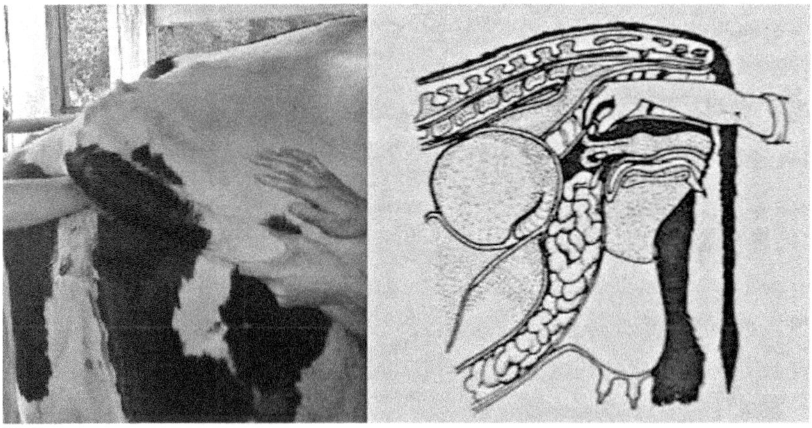

图 4-15 牛直肠检查

母牛在间情期，多数情况是一侧卵巢大些，卵巢上有大小不等的黄体突出于表面。而在发情期，卵巢上则有发育的卵泡，卵泡由小变大，由硬变软，由无弹性到有弹性。母牛卵泡发育过程可分为四期(图 4-16)。

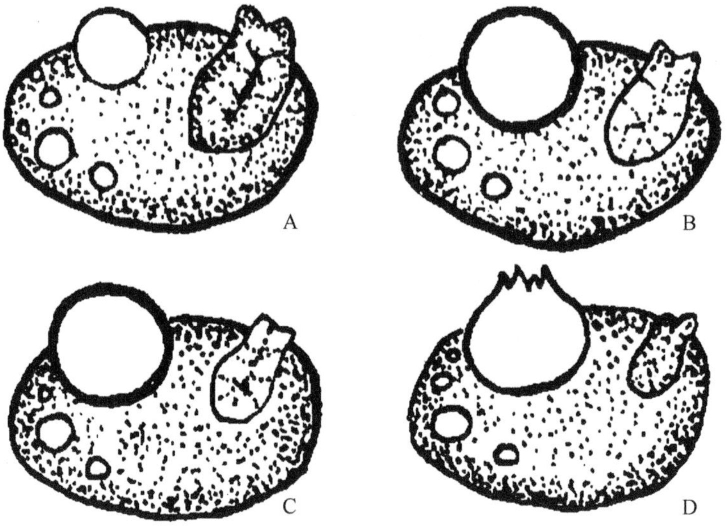

A. 卵泡出现期 B. 卵泡发育期 C. 卵泡成熟期 D. 排卵期

图 4-16 牛卵泡发育模式图

第一期(卵泡出现期)：卵巢稍增大，卵泡直径 0.50～0.75 cm，触诊时为一软化点，波动不明显，母牛一般已开始有发情表现。从发情开始算起，此期约持续 10 h。

第二期(卵泡发育期)：卵泡直径达 1.0～1.5 cm，呈小球状，波动明显，这一期持续 10～12 h。在此期后半期，发情表现已减弱，甚至消失(图 4-16)。

第三期(卵泡成熟期)：卵泡不再增大，但卵泡壁变薄，紧张性增强，触诊时有一触即破之感，这一期持续 6～8 h。

第四期(排卵期)：卵泡破裂排卵，由于卵泡液流失，卵泡壁变为松软，成为一个小凹陷。排卵后 6～8 h 开始变为黄体，原来的卵泡开始被填平，可触摸到质地柔软的新黄体。

利用直肠检查鉴定卵泡形态时，应注意卵泡与黄体的区别：①绝大多数卵泡呈圆形，少数为扁圆形，而黄体几乎都是扁圆形或不规则的三角形；②卵泡有弹性和液体波动感，接近成熟的卵泡与卵巢实质连接处四周界限不明显，而黄体有肉团感，与卵巢实质的界限明显；③卵泡表面光滑，而黄体表面粗糙；④卵泡从发育成熟至排卵有越变越软的趋势，而黄体在形成过程中越变越硬。

(二) 羊的发情鉴定

母羊的发情期短，外部表现不太明显，特别是绵羊，又无法进行直扬检查，因此母羊的发情鉴定以试情为主，结合外部观察。

试情法多数是采用带试情布或结扎输精管的公羊进行群体试情。一般将试情公羊按一定比例(1∶40)，每天 1 次或早晚各 1 次定时放入母羊群中进行试情。母羊发情时，往往被试情公羊尾随追逐，有时也主动靠近公羊。只有当接受爬跨时不动的母羊，才视为发情母羊，可将其隔离出来并打上标记，以备配种。试情公羊的腹部也可以采用标记装备或胸部涂有颜料，这样,如母羊发情时,公羊爬跨其上,便将颜料印在母羊臀部上,以便识别。

发情母羊的行为表现不明显,很少有爬跨其他母羊的行为。母羊发情时,其外阴部也发生肿胀,但不十分明显,只有少量黏液分泌,有的甚至见不到黏液而稍有湿润。此外,在母羊的发情鉴定中也可采取阴道检查,用开膣器打开阴道,可见少量黏液,子宫颈潮红,湿润但不开口,后期子宫颈口呈粉红色,颈口开张。如果用开膣器扩张阴道有干涩感觉,说明不宜配种。

(三) 猪的发情鉴定

母猪发情时,外阴部变化和行为变化表现明显,因此母猪的发情鉴定主要采用外部观察法,同时结合试情法进行。

(1) 可用公猪试情,根据接受爬跨站立程度判断其发情期的早晚。

(2) 用压背法,用手压其背部或人坐在猪背上,若静立不动,所谓"静立反射",表示母猪发情至高潮(图 4-17)。

图 4-17 猪的隔栏试情

(3) 由于母猪对公猪气味异常敏感,也可用公猪尿液或其包皮囊冲洗液(内含外激素)进行喷雾。或用墩布蘸公猪的尿液或包皮囊液或精清,放入母猪圈内,观察母猪反应。

(4) 发情母猪对叫声异常敏感,可利用公猪求偶叫声的录音来鉴定母猪的发情与否。

(四) 马的发情鉴定

母马的卵泡发育期较长,卵泡发育较大,规律性明显。因此,马的发情鉴定一般以直肠检查卵泡发育状况为主,结合外部观察、试情和阴道检查法。

1. 直肠检查

母马发情时,卵泡大小、形状、质地都发生明显变化。因此,直肠检查是母马发情鉴定和判断排卵时间最准确的方法。母马卵泡发育过程一般分为六期。

第一期(卵泡出现期):一侧卵巢内有一个及数个卵泡发育,以后其中一个获得发育优势,因此卵巢形状改变,体积增大,但初期卵泡硬小、有弹性。此期一般持续 1～3 d。

第二期(卵泡发育期):在这一阶段中,获得发育优势的卵泡体积增大,充满卵泡液,感到微弱波动,突出卵巢部分呈圆形。此期一般维持 1～3 d。

第三期(卵泡逐渐成熟期):卵巢体积增大,卵泡继续增大,呈球形,柔软有弹性,波动明显,排卵窝由深渐浅,卵泡壁厚而韧,此期维持 1～3 d。

第四期(卵泡成熟期):卵巢体积增大,形似一大圆球,卵泡内液体波动明显,弹性减弱,最后完全变软，卵泡壁变薄，将近排卵时，用手按压可改变其形状，甚至有一触即破之感。此期持续时间短，约 24 h，长的可达 2～3 d。

第五期（排卵期）：卵泡完全成熟后，便进入排卵期，此时卵泡壁变薄而软，卵泡壁破裂后卵泡液流失，需 2～3 h 完全排空。

第六期（黄体形成期）：卵泡液排出，卵泡内腔变空，卵泡壁凹陷松懈，用手捏时，可感到两层薄皮，滑动手指可感觉到摩擦音，渐渐收缩，由薄变厚。原卵泡腔内流入血液形成红体，逐渐发育成扁圆肉状突起，最后形成黄体，有肉样感或面团状。此期可持续 6～12 h。

2. 外部观察

主要根据性兴奋和性行为表现来判断母马发情的情况。

3. 阴道检查

通过观察阴道黏膜颜色，分泌物的量及黏液性状，子宫颈口开张度来判断发情阶段。

【实训操作】

实训 4-3　牛的直肠检查

一、实训目的

通过实训，掌握牛的直肠检查要点，能通过直肠检查，找到卵巢，了解卵巢的位置、形态及大小，并了解卵巢上卵泡的发育状况。

二、实训材料

（1）水盆、毛巾、保定架、保定绳、指甲剪等。

（2）75％酒精棉球、1％～2％的甲酚皂溶液适量、高锰酸钾、液体石蜡、肥皂等。

三、实训方法与步骤

（一）检查前的准备

（1）检查人员的准备　剪短、磨光指甲，对手进行消毒，检查前涂上少量的液体石蜡。

（2）被检母畜的准备　清洗、消毒阴门、肛门及周围部位，清洗及消毒时，从阴门、肛门向四周清洗消毒；保定，排出宿便。

（二）检查方法

手伸入直肠后，手掌平伸，手心向下，在骨盆底部下压可摸到一个管状结构即为牛的子宫颈，沿子宫颈向前触摸，可摸到角间沟、子宫角大弯，沿大弯稍向下或两侧，即可摸到杏核大小的结构，即为卵巢。牛的正常子宫角呈圆柱状弯曲，用手触压时蜷曲明显，角间沟清晰。牛的卵巢较小，如杏核样大小，触摸时弹性较好，呈半游离状态，发情时卵巢上有卵泡发育。找到卵巢后，仔细体会卵泡的发育情况。

四、注意事项

（1）家畜努责时，术者应停止动作，动作应轻。

（2）直肠检查时，要保定好母畜，注意人畜安全。检查者应以“丁字步”方式站在其后，防止被踢伤。故检查时要注意观察母畜的反应，以便随时进行调整。

五、技能考核标准

考核内容与分数分配	操作环节与要求	评分标准		考核方法	熟练程度	时限
		分值	扣分依据			
1. 检查前的准备 2. 牛的直肠检查（100分）	检查人员的准备、被检母畜的准备	20	每错或少一项扣5分	单人操作考核	熟练掌握	10 min
	牛直肠检查操作和检查结果	50	每错或少一项扣5分			
	熟练程度	20	在教师指导下完成时扣5分			
	完成时间	10	每超时1 min扣2分，直至扣10分			

任务4-5　发情控制技术

认识雌性动物发情表现、鉴定发情状态、掌握发情规律是进行繁殖工作的基本要求。为提高雌性动物繁殖效能，有时希望在非配种季节或哺乳乏情期发情，或使产单胎动物（如牛、绵羊）产双胎，或让一群雌性动物在特定时间内同时发情等，为此需进行发情控制。

应用某些激素或药物以及畜牧管理措施，人工控制雌性动物个体或群体发情并排卵的技术，称为发情控制技术。诱导单个乏情动物发情并排卵的技术，称为诱发发情；使一群动物在同一时期内发情并排卵的技术，称为同期发情；使单个或多个动物发情并排出超过正常数量卵子的技术，称为超数排卵。

一、诱发发情

（一）诱发发情的概念

诱发发情是对乏情状态（生理性或病理性乏情）的雌性动物，利用某些外源性生殖激素或其他手段，人工诱导雌性动物正常发情、排卵的技术。采用诱发发情技术可以使乏情状态的雌性动物发情、配种，缩短雌性动物的乏情期，使之比自然状态下提前配种，可以缩短雌性动物的繁殖周期（产仔间隔），增加胎次，提高雌性动物的繁殖率和利用率。

（二）诱发发情的原理

乏情的母畜主要有两种：一种是处于生理性乏情（季节性乏情、哺乳期乏情）的母畜，主要原因是垂体前叶FSH和LH的分泌量少，生物学活性低，不足以引起卵泡的发育和排卵，在此期间，卵巢上既无卵泡发育也无黄体存在；另一种是处于病理性乏情的母畜，有的是卵巢上有持久黄体，从而抑制卵泡的发育，造成母畜长期不发情，有的是因卵巢萎缩、硬化和静止等造成卵巢功能下降而使母畜长期不发情。

母畜的繁殖活动始终是在内分泌和神经系统的共同调控下进行的，母畜发情周期受到“下丘脑-垂体-性腺轴"的调控及环境因素的影响，下丘脑分泌的 GnRH 作用于脑垂体，促进脑垂体分泌 FSH 和 LH，FSH 和 LH 作用于卵巢，促使卵泡发育、成熟和排卵。因此，对季节性乏情、哺乳期乏情的母畜利用外源性促性腺激素或者环境条件刺激（如光照时间的改变、异性刺激、断奶等）进行诱发发情；对于持久黄体性乏情，可用溶黄体激素（$PGF_{2\alpha}$）进行诱发发情；对于卵巢萎缩、硬化和静止等卵巢功能减退的病理性乏情，可通过改善环境条件，并配合促性腺激素进行辅助性治疗的方法，诱导其发情。

（三）诱发发情的方法

诱发发情中最直接最快引起效应的方法是激素处理；在神经刺激中，异性刺激所产生的效应最明显，在生产中采用的"公畜效应"表明了该方法的特殊作用。

1. 牛的诱发发情

（1）对产后泌乳的奶牛，在产后 14 d，采用 GnRH 类似物 LRH-A_2 或 LRH-A_3 肌内注射，每次 200～400 μg，连续 2～3 d 即可引起发情和排卵。

（2）对持久黄体或黄体囊肿性乏情的母牛，每头肌内注射 $PGF_{2\alpha}$ 或氯前列腺烯醇 0.2～0.4 mg，使黄体溶解消退，即可引起发情。若采用子宫内灌注前列腺素的方法，其剂量是肌内注射的 1/2。

（3）对产后长时间不发情或者是产后提前配种的奶牛及一般的乏情母牛，用 18-甲基炔诺酮，每头 15～25 mg 皮下埋植 12 d，在结束处理的当天注射 PMSG 800～1 000 IU，即可引起发情。对于哺乳期乏情的母牛，还要结合减少哺乳次数和断奶等措施。

（4）从母牛产后 2 周起，采用孕激素进行预处理 10 d，在结束处理的当天再注射 PMSG 1 000 IU，即可诱导其发情。

2. 羊的诱发发情

（1）为达到 2 年 3 产，在母羊的乏情季节内，可连续 12～26 d 使用孕激素处理（阴道栓、皮下埋植），在停药当天一次肌内注射 PMSG 750～1 000 IU，2～4 d 即可引起发情。

（2）在发情季节到来之前的数周，在母羊群中放入公羊，通过"公羊效应"能促使雌羊提前发情，提早进入母羊的发情季节。另外，可以采用"补饲催情"的方法进行诱发发情，即在发情季节临近时，通过补饲精料，提高营养水平，加强管理来促进母羊发情。

3. 猪的诱发发情

（1）断奶后长期不发情的母猪，每头注射 PMSG 750～1 000 IU 或 HCG 500 IU，10 d 内将有 80%的母猪发情，其中有 90%可以受胎。

（2）现代化养猪生产中，提高母猪繁殖力的重要方法之一是提早断奶，这种方法可以有效地诱发母猪提前发情配种。在我国一般采用哺乳期 1 个月左右（21～35 d）断奶，断奶后 3～7 d 即可发情，如果在断奶时注射 PMSG，可达到更好的发情效果。

（3）断奶后乏情的母猪，可采用公猪进行异性刺激或用公猪尿液及人工合成的外激素喷洒于乏情母猪的鼻端，均可诱导多数母猪出现发情。

二、同期发情

（一）同期发情的概念

利用某些激素制剂人为地控制并调整一群雌性动物个体发情周期的过程，使之在预定的时间内集中发情的方法称同期发情。

（二）同期发情的意义

1. 有利于推广人工授精技术

采用同期发情技术，可以更广泛地应用冷冻精液，可以有计划地合理组织母畜的发情鉴定、配种，有利于人工授精技术的推广和应用。

2. 便于集约化、科学化地管理家畜的生产

对母畜进行同期发情处理，可使母畜群体在配种、妊娠、分娩、仔畜培育和断奶等生产环节达到同期化，便于组织集约化、科学化的家畜生产，又可合理调配人力、物力资源，节省劳动力和费用。

3. 同期发情是鲜胚移植技术的关键环节之一

在鲜胚移植时，供体和受体必须发情同期化，才能使移植后的胚胎正常发育。

（三）同期发情的原理

在母畜发情周期中，卵巢上的变化可分为卵泡期和黄体期。在卵泡期，卵巢上有卵泡的生长发育和成熟过程；而在黄体期，则有黄体的形成和退化。卵泡期结束即进入黄体期，黄体期结束即进入卵泡期。在母畜的一个发情周期中，黄体期约占整个发情周期时间的 70%，如牛的黄体期时间约为 15 d。黄体分泌的孕酮对卵泡发育成熟有很强的抑制作用，只有黄体消退后，孕酮的水平降至最低，卵泡才能发育至成熟阶段，母畜才能表现发情。因此控制母畜黄体的寿命，是控制母畜发情的关键。同期发情技术就是以体内分泌的激素在母畜发情周期中的作用为理论依据，应用外源性激素或其类似物直接或间接作用于卵巢，使卵巢的生殖功能处于相同的阶段，控制卵泡的发生和黄体的形成，使动物达到同期发情并排卵。

母畜同期发情的方法有两种：一种是延长黄体期法，对母畜使用孕激素，经过 12 d 后，同时停药，孕激素对卵泡生长发育成熟的抑制作用解除，即可引起母畜的同期发情；另一种是缩短黄体期法，利用 PGF_2 及其类似物溶解黄体，使黄体消退，人为地中断黄体期，使孕酮停止分泌，从而促使垂体促性腺激素的释放，引起卵泡的发育成熟，达到母畜同期化的目的（图 4-18）。

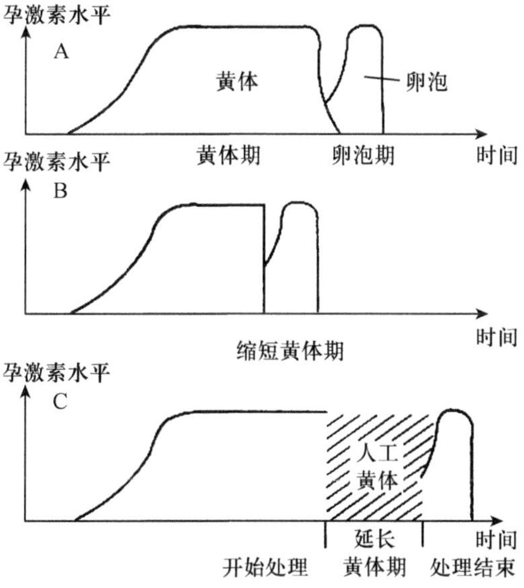

A. 自然发情　B. 缩短黄体期（前列腺素处理）　C. 延长黄体期（孕激素处理）

图 4-18　同期发情的两种方法比较

(四) 同期发情的药物及使用方法

1. 抑制卵泡发育的激素制剂

延长黄体期法最常用的是采用孕激素处理。孕激素的种类很多,常用的有孕酮、甲羟孕酮、甲地孕酮、炔诺酮、氯地孕酮、18-甲基炔诺酮、16-次甲基甲地孕酮等,这些孕激素制剂能抑制垂体 FSH 的分泌,从而间接地抑制卵泡的发育和成熟,使母畜不能发情排卵而延长黄体期。孕激素诱导母牛同期发情见图 4-19。

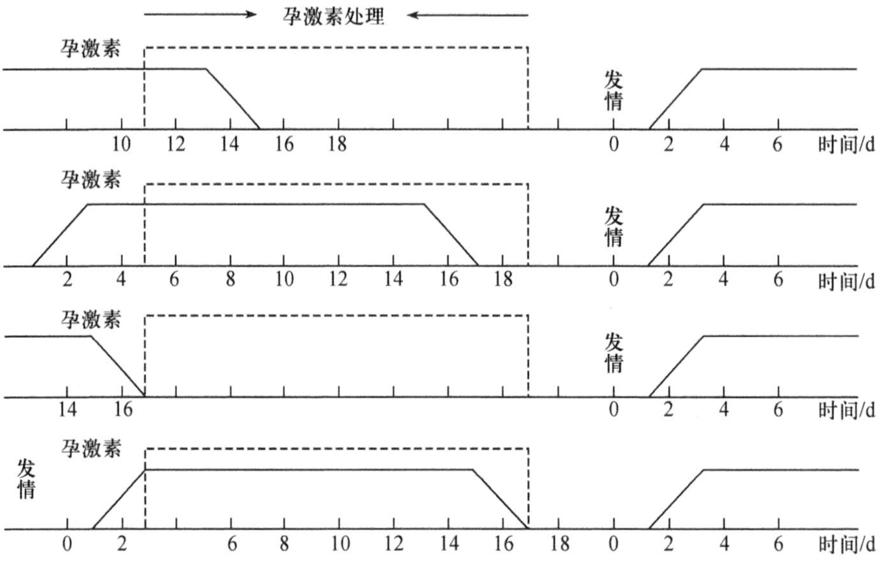

图 4-19 孕激素诱导母牛同期发情

抑制卵泡发育的孕激素制剂,其用药期通常相当于一个自然黄体期的持续时间,可分 9～12 d 的短期处理和 16～18 d 的长期处理两种方法。短期处理法的同期率较低,但受胎率接近或相当于正常水平。如在短期处理开始时,肌内注射 3～5 mg 的雌二醇(可促使黄体提前消退和抑制新黄体的形成)和 50～250 mg 的孕酮(可阻止即将发生的排卵),可提高同期发情率;长期处理的同期发情率较高,但受胎率较低,其原因是外源孕激素的作用时间较长,改变了母畜生殖道的环境,对受精和妊娠产生不利影响。

孕激素制剂的用药方式有如下 4 种。

(1) 阴道栓塞法　将泡沫海绵栓或脱脂棉团经灭菌后,浸吸一定量和植物油混合的孕激素制剂,置于子宫颈外口(为防止海绵栓刺激阴道黏膜产生的轻度炎症,可在海绵栓中添加适宜的杀菌、消炎药物),使孕激素持续不断地被子宫黏膜吸收,用药结束后取出海绵栓,此方法适合于牛、羊。此法的优点是一次用药少,省事;缺点是第一情期受胎率较低,且容易发生海绵栓脱落的现象。目前,国外生产有两种商品化的孕激素阴道栓剂,即 PRID(硅胶环螺旋栓剂)和 CIDR(T 形硅胶栓剂)。

(2) 皮下埋植法　此法多用于牛,将 18-甲基炔诺酮及少量消炎粉装入带孔的塑料细管中,利用兽用套管针埋入耳背皮下,埋植期间药物缓慢释放、吸收,经 9～12 d 取出,取管后 2～5 d 多数动物即出现发情。此法用量小,且不易丢失。

(3) 注射法　每天将一定量的孕激素进行皮下、静脉或肌内注射,连续若干天后停药。此法孕激素剂量准确，但操作麻烦，适合易被消化道分解的孕激素制剂。

（4）口服法　每天将一定量的孕激素制剂均匀混合于饲料中，以个体的形式单独饲喂，经一定时间后同时停药。此法多用于舍饲母畜，但较费工时，用药剂量大，且个体吸收剂量不够准确。

2. 溶解黄体的制剂

在同期发情处理中，$PGF_{2\alpha}$ 具有明显溶解黄体的作用。此外还有 15-甲基 $PGF_{2\alpha}$、$PGF_{1\alpha}$、13-去氢 $PGF_{2\alpha}$ 和氯前列烯醇等。但新生黄体对前列腺素不敏感，所以只限于正处于黄体期的母畜。猪在发情周期的第 10～16 天，牛、山羊和马在发情周期的第 7～16 天，黄体对前列腺素敏感。经前列腺素处理的牛、山羊和马一般在注射后 2～4 d 有 75%左右的母畜集中出现发情（在群体中总有 25%左右的母畜正处于非黄体期和新生黄体期）。如果要提高全群同期发情效果，可在第一次使用 $PGF_{2\alpha}$ 注射后的 10～12 d，再用 $PGF_{2\alpha}$ 进行第二次注射，可获得较高的同期发情率和受胎率。

3. 促进卵泡发育、排卵的制剂

在使用孕激素和前列腺激素进行同期发情的同时，如果配合使用促性腺激素，可以提高同期发情效果和发情率，并可促使卵泡更好地成熟和排卵。常用的促进卵泡发育、排卵的激素有 PMSG、HCG、FSH、LH、GnRH 等，其使用方法可采用肌内注射法。

（五）各种动物的同期发情方法

1. 牛的同期发情的方法

（1）孕激素埋植法　将 18-甲基炔诺酮 15～25 mg 及少量的消炎粉装入塑料细管（可用装精液或胚胎的细管）中，并在管壁上打一些孔，以便药物释放。使用时利用兽医套管针将细管埋植于耳背皮下，12 d 后用手将细管挤出，同时注射氯前列腺烯醇 0.2 mg 或者 PMSG 500～800 IU。取管后 2～5 d，大多数母牛出现发情表现。

（2）孕激素阴道栓塞法　用事先煮沸消毒的植物油溶解 18-甲基炔诺酮 50～100 mg，浸泡于海绵中。使用时用阴道开膣器和长柄钳将其放置于母牛的子宫颈外口处。经 9～12 d，取出海绵栓。此法的优点是一次用药，比较省事；缺点是处理后第一次发情受胎率低，且有时会发生阴道海绵栓脱落的现象。

（3）孕激素阴道栓剂　PRID（硅胶环螺旋栓剂）和 CIDR（T 形硅胶栓剂）中间为硬塑料弹簧片，弹簧片外包被发泡的硅橡胶，硅橡胶的微孔内有孕激素，孕激素阴道栓剂的前端有速溶胶囊，内含有孕激素和雌激素的混合物。此法和孕激素阴道栓塞法使用方法相同。此法的优点是不容易脱落，并且取出时也很方便。

（4）PG 一次注射法　对处于发情周期 7～18 d 的母牛，子宫内一次注入 $PGF_{2\alpha}$ 3～5 mg，也可以一次性肌内注射 $PGF_{2\alpha}$ 20～30 mg 或氯前列腺烯醇 0.2～0.4 mg。处理后 3～5 d，大多数母牛出现发情表现。

（5）PG 二次注射法　用 $PGF_{2\alpha}$ 或类似物，给牛以 9～12 d 的间隔时间进行两次处理，在第二次处理后 3～5 d 大多数母牛出现发情表现（图 4-20）。

（6）PG 结合孕激素　该方法是先用孕激素处理 7 d，结束时肌内注射 PG。该方法的原理是经过 7 d 孕激素的处理，处于排卵后 5 d 内的母牛卵巢上的黄体已经发展到对 PG 敏感的时期，处理结束后有较高的发情率和受胎率。

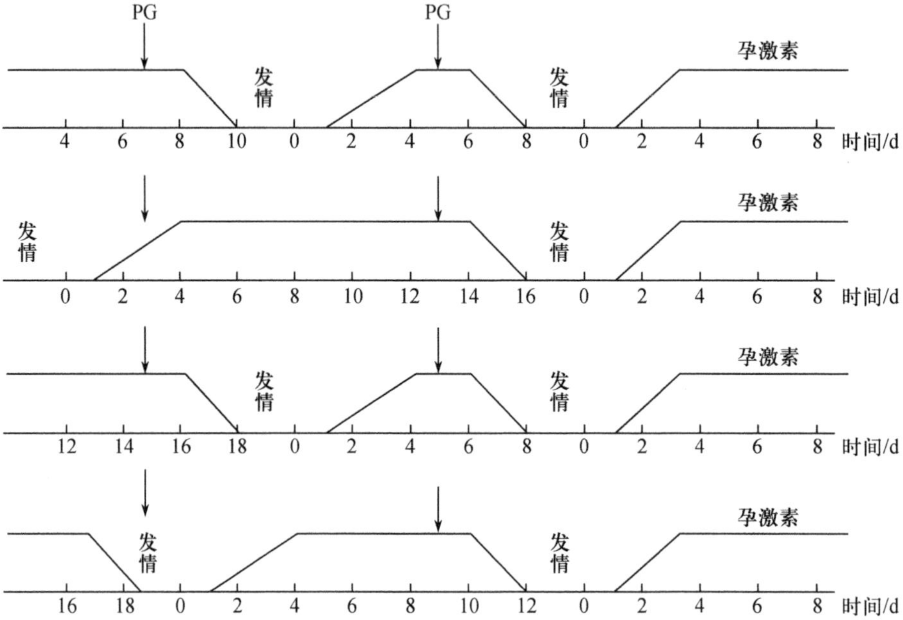

图 4-20　两次施用 PG 诱发母牛同期发情

2. 羊的同期发情方法

(1) 孕激素阴道栓塞法　与牛的处理方法大致相同，只是栓塞物较小，孕激素用量也相应减少，相当于牛的 1/3。由于母羊发情周期比母牛短，处理时间也要短，长期处理为 14～16 d，短期处理为 7～8 d，取出栓塞物的当天注射 PMSG 350～750 IU。孕激素处理结束后的 1～3 d，90%以上的母羊会有发情的表现。羊用孕酮海绵栓和硅橡胶阴道栓分别见图 4-21 和图 4-22。

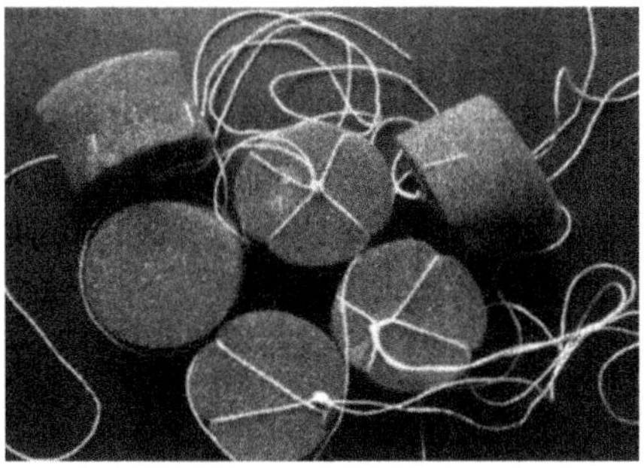

图 4-21　羊用孕酮海绵栓

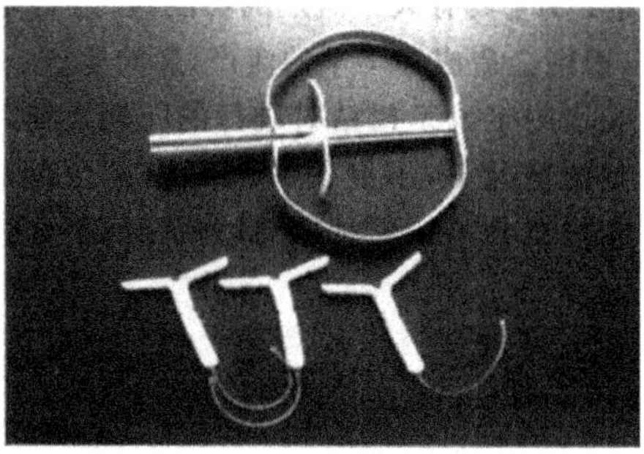

图 4-22　羊用孕酮硅橡胶阴道栓

(2) 前列腺素注射法　在母羊发情季节开始后，用 $PGF_{2\alpha}$ 2 mg 或者类似物对母羊进行子宫注入或肌内注射，在第 2 天内肌内注射 PMSG 500 IU，处理后 30～50 h 母羊会有发情的表现。也可在用 $PGF_{2\alpha}$ 或其类似物间隔 9～12 d 分两次处理的方法进行同期发情。

(3) PG 结合孕激素　先用孕激素处理 7～9 d，结束时肌内注射 $PGF_{2\alpha}$ 和 PMSG，此方法的同期发情率高，受胎率也较高，但较烦琐，费用偏高。

3. 猪的同期发情方法

对哺乳母猪，采用同期断奶诱导其同期发情是一种切实可行的方法。母猪在哺乳期间垂体促性腺激素功能受到抑制，造成泌乳性乏情，母猪断奶后，垂体很快恢复周期性的生殖活动，3～7 d出现发情并排卵。如果在断奶时配合注射PMSG 750～1 000 IU和HCG 500 IU，则可提高同期发情率和受胎率。孕激素和前列腺素不适于母猪的同期发情，因为孕激素容易引起卵巢囊肿，而前列腺素不能溶解发情周期13 d以前的黄体。

三、超数排卵

（一）超数排卵的概念

超数排卵简称超排，是指在母畜发情周期的适当阶段（黄体消退期），用外源性促性腺激素进行处理，以增进卵巢的生理活性，激发多个卵泡在一个发情周期中成熟排卵，使其比自然状态下排出更多的卵子，从而获得更多胚胎的技术。

（二）超数排卵的原理

在自然状态下，母畜卵巢上约有99%的卵泡在发育中出现闭锁、退化现象，只有少量的卵泡能发育成熟并排卵。在卵泡发育过程中，具有发育优势的卵泡加速生长，几乎吸收利用了全部的促性腺激素而使其他的有腔卵泡发生闭锁、退化。因此，在母畜黄体消退期和卵泡开始发育的时机，给其补充一定量的外源性促性腺激素，可使将要发生闭锁的有腔卵泡继续发育，从而出现比正常情况下更多的卵泡发育成熟、排卵的情况。在家畜有腔卵泡发生闭锁前注射FSH或PMSG，能使大量卵泡不发生闭锁而正常发育并排卵，若在排卵前再注射LH或HCG可弥补内源性LH的不足，可保证这些卵泡发育成熟并排卵。

（三）超数排卵的方法

1. 牛的超数排卵

(1) FSH＋前列腺素法　在母牛发情后第9～13天，每天注射FSH 2次（间隔12 h），连续4 d，在FSH开始注射后的第3天，肌内注射氯前列腺烯醇，若子宫内灌注，激素剂量可减半（图4-23，表4-3）。FSH的总剂量需按牛的体重、胎次进行适当的调整。国外进口的FSH，一般经产牛300～400 mg，育成牛200～300 mg，日递减差以20 mg为宜。国产纯化的FSH，经产牛为8～10 mg，育成牛6～8 mg，日递减差以2 mg为宜。

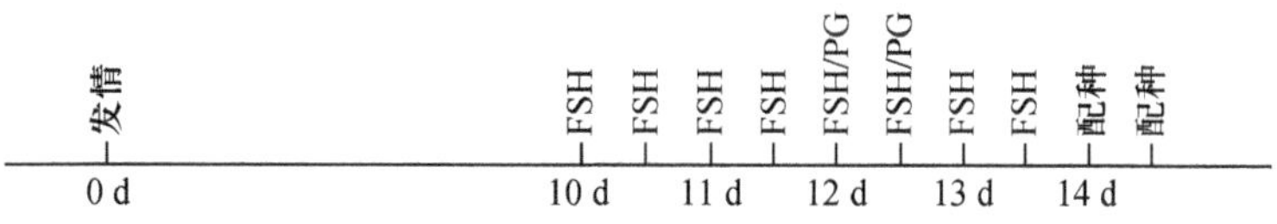

图4-23　牛的FSH法超数排卵

表4-3　母牛使用FSH每天的用量　IU

时间	第1天	第2天	第3天	第4天
上午	60	50	40	30
下午	60	50	40	30

(2) FSH＋孕激素＋PG法　在母牛发情周期的任何一天给供体牛阴道内放入阴道栓，记为0，然后在9～13 d的任何一天开始肌内注射FSH，递减法连续注射4 d共分8次，在第7次肌内注射FSH时取出阴道栓，同时肌内注射前列腺烯醇0.4～0.6 mg，供体牛一般在取出

阴道栓后的 24～48 h 发情。

(3) PMSG＋前列腺素法　在供体牛发情周期的第 11～13 天的任何一天肌内注射 PMSG，PMSG 的总剂量按每千克 5 IU 左右确定，在使用 PMSG 处理后的 48 h 和 60 h，分别肌内注射 $PGF_{2\alpha}$ 或其类似物(图 4-24)。牛的 $PGF_{2\alpha}$ 的用量为 0.4～0.6 mg，氯前列烯醇为 50 μg。使用不同剂量的 PMSG，会影响母畜的排卵数(表 4-4)。

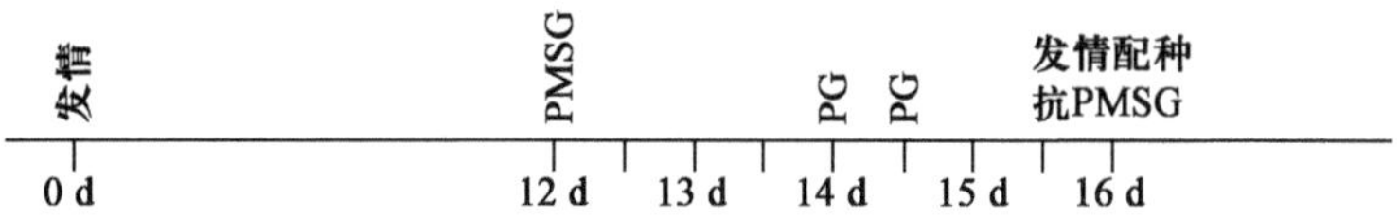

图 4-24　牛的 PMSG 法超数排卵

表 4-4　母牛使用 PMSG 剂量和排卵

PMSG 剂量/IU	排卵数/个	PMSG 剂量/IU	排卵数/个
1 000	1.5	4 000	8.9
1 500	3.0	5 000	9.3
2 000	10.5	6 000	9.1
2 500	11.5	7 000	10.3
3 000	14.1		

2. 羊的超数排卵

(1) 孕激素＋PG 或 FSH　用甲地孕酮 60 mg 制成的阴道海绵栓处理绵羊 12～14 d，山羊 14～18 d，或者皮下埋植 18-甲基炔诺酮。在处理结束前的 1～2 d，一次肌内注射 PMSG 10～20 mg，或用 FSH 300 IU 或分 4 d 8 次肌内注射。

(2) $PGF_{2\alpha}$＋PMSG 或 FSH　在发情周期第 12～13 天(绵羊)或第 13～16 天(山羊)，一次肌内注射 PMSG 1 000～2 000 IU，或多次注射 FSH 300 IU，开始处理后的 48 h，肌内注射氯前列腺烯醇 0.15～0.25 mg。

(3) PMSG＋HCG 法　在供体发情周期的第 16～18 天(绵羊为第 12～13 天)，一次肌内注射 PMSG 800～2 500 IU，出现发情和配种当天肌内注射 HCG 500～750 IU。

3. 猪的超数排卵

在供体发情周期的第 15～16 天，一次肌内注射 PMSG 500～1 500 IU，PMSG 注射后的 72～96 h 注射 HCG 500～750 IU。猪的超排处理一般不用 FSH。由于猪的黄体对 PG 不敏感，所以一般不用氯前列腺烯醇对供体的发情周期进行调整。

【拓展知识】

二维码 4-1　生殖激素对发情周期的调节

二维码 4-2　卵泡发生波

二维码 4-3　乏情

【实训操作】

实训4-4 同期发情技术

一、实训目的和要求

同期发情技术在畜牧业生产中具有便于组织生产和管理，提高母畜发情率和繁殖率的作用。尤其在人工授精和胚胎移植技术的推广应用中，使用同期发情技术，操作起来就比较方便。学生要掌握同期发情方法及操作要领。

二、实训材料和器械

1. 受体

选择健康、繁殖性能良好、体型中等的母畜。

2. 药品

18-甲基炔诺酮、氯前列烯醇、$PGF_{2\alpha}$、消炎粉、苯甲酸雌二醇、色拉油、PMSG(孕马血清促性腺激素)、HCG(人绒毛膜促性腺激素)、70%乙醇、碘酒、消毒药。

3. 器具

注射器(5 mL和20 mL)、套管针、无刺激性塑料细管、大头针、酒精灯、手术刀片、脸盆、肥皂、毛巾、纱布、搪瓷盘、工作服、胶靴、保定架。

三、实训方法和步骤

孕激素和前列腺素是诱导母牛同期发情最常用的激素，前者通常用皮下埋植法或阴道栓法给药，后者一般以肌内注射方式给药。

1. 孕激素埋植法

(1) 埋植管的制备　取外径3 mm、内径2 mm、长8～15 mm无刺激性塑料管，将管壁用大头针烫刺16～20个孔，并把管的一端在酒精灯上烧软，稍加挤压，使其缩成小孔。再把小管浸于70%酒精中约20 min，然后将其放在消毒干纱布上，吸去酒精。然后将18-甲基炔诺酮粉和消炎粉按1∶1混合研细，装入小管内，使每支小管含混合粉40～60 mg。

(2) 混悬剂的制备　将3～5 mg 18-甲基炔诺酮研细与2～4 mg苯甲酸雌二醇及事先煮沸消毒的色拉油制成混悬剂，使每毫升含1.5～2.5 mg 18-甲基炔诺酮及1～2 mg苯甲酸雌二醇，用时先混匀后肌内注射。

(3) 药管埋植　取与埋植药管相应直径的套管针，在被选母牛耳背侧中部无明显血管区，先剪毛，并用70%酒精消毒，顺着耳方向，在皮下及耳软骨之间刺入约20 mm，然后将药管装入套管针管内，使其开口端向上，再用套管刺针将药管推下皮下。注意切勿埋植过深或推入肌肉层，否则不易取出。埋植同时，给每头牛注射上述混悬剂2 mL。

(4) 药管取出　经10～12 d，用小号尖刀，在靠近埋植管开口端，将皮切开一小口，挤出埋植药管。取管时注意不要用力过猛，以免将药管内剩余的18-甲基炔诺酮压出管外，残留皮下，导致发情时间推迟。为使排卵更为同期化，可在取管时注射孕马血清促性腺激素400～500 IU，还可在第一次输精时注射促排2号60～100 μg或人绒毛膜促性腺激素1 000 IU。

2. 前列腺素法

用国产氯前列烯醇 0.4 mg 进行肌内注射，可诱导大多数牛在处理后 3～5 d 发情排卵。前列腺素对新生黄体（排卵后 5 d 内）没有作用，因此一次注射前列腺素往往一些牛不发情。为了提高同期发情效果，可间隔 9～12 d 分两次注射前列腺素。前列腺素也可用输精管进行子宫内灌注，虽然操作麻烦，但可减少激素用量一半。其余项目同埋植法。

四、实训报告

评述母畜同期发情操作程序及观察结果。

五、实训提示

（1）应事先做好实习准备，选择供实习用的母畜。
（2）全部实习操作，应在教师指导下由学生独立完成。

六、技能考核标准

考核内容与分数分配	操作环节与要求	评分标准		考核方法	熟练程度	时限
		分值	扣分依据			
1. 孕激素埋植法 2. 前列腺素法（100 分）	掌握孕激素埋植法操作要领	50	每错或少一步扣 5 分	单人操作考核	熟练掌握	10 min
	掌握前列腺素法操作要领	30	每错或少一步扣 5 分			
	熟练程度	10	在教师指导下完成时扣 5 分			
	完成时间	10	每超时 1 min 扣 2 分，直至扣 10 分			

【项目小结】

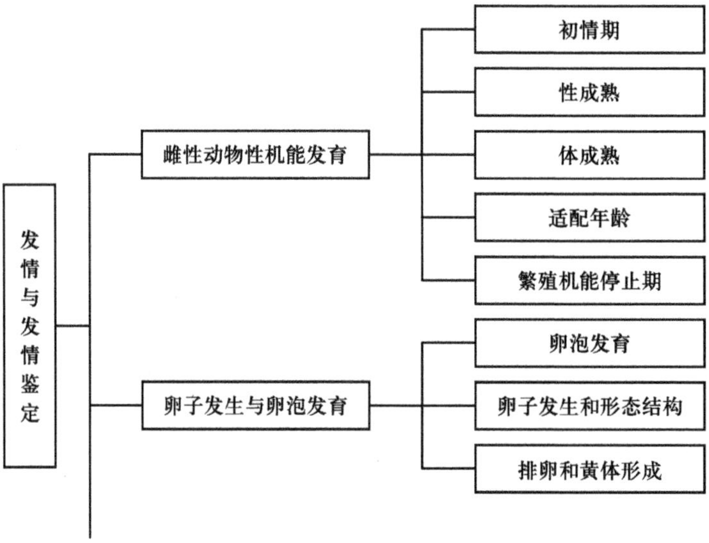

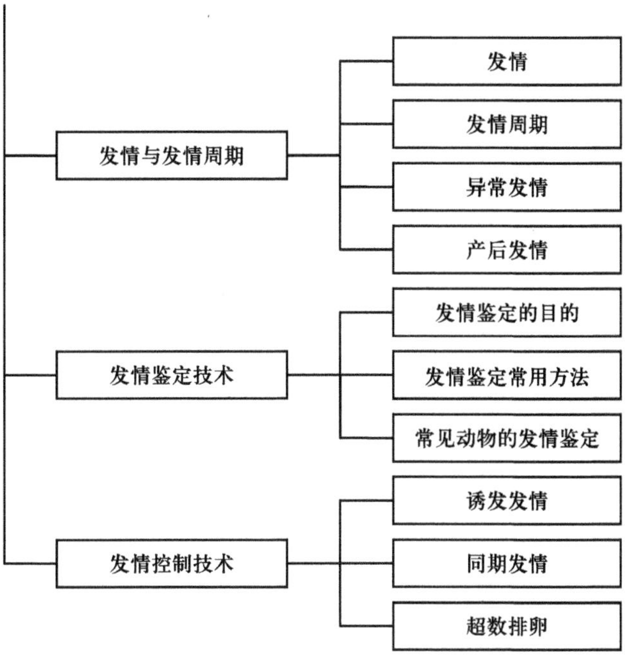

【自测训练】

一、名词解释

发情　　初情期　　性成熟期　　发情周期　　产后发情　　排卵

诱发发情　　同期发情　　超数排卵

二、填空题

1. 母猪的发情周期多为(　　)天。
2. 发情周期中，卵泡期比黄体期(　　)。
3. 我国南方的牛、猪等母畜，其初情期较北方的(　　)。
4. 一般来说，营养水平高的母畜初情期比营养水平低的(　　)。
5. 绵羊是(　　)日照发情动物。
6. 卵子成熟分裂产生的极体，存在于(　　)。
7. 发情季节为春季的家畜是(　　)；发情季节为秋季的家畜是(　　)。
8. 奶牛的适宜初配年龄是(　　)岁。
9. 发情周期长度受交配行为影响的动物是(　　)。
10. 发情母畜的“静立反应”出现在(　　)。
11. 同期发情时，供体、受体的发情时间，前后不宜超过(　　)d。
12. 同期发情的中心问题是控制(　　)寿命。
13. 用 $PGF_{2\alpha}$ 处理母畜的前提是卵巢上有(　　)。

三、简述题

1. 母畜生殖器官由哪些部分组成？卵巢、输卵管和子宫的结构有哪些主要特点？
2. 发情周期分为哪几个阶段？各阶段的特点有哪些？
3. 为什么家畜到达性成熟期时还不能进行配种？怎样确定各种家畜的初配年龄？

4. 常见家畜的初配年龄、发情周期、利用年限、排卵数是多少?
5. 母畜有哪些异常发情现象,主要是什么原因引起的?
6. 简述牛、羊、猪的排卵类型、排卵时间及排卵数。
7. 家畜的发情鉴定对畜牧业生产有什么重要作用?
8. 对雌性动物诱发发情和同期发情的方法有哪些?
9. 诱发发情与同期发情有什么区别?

项目5

输精与受精

中国科学家在受精和胎儿妊娠机理研究领域取得突破

——中国科学家重构人类胚胎着床过程

清华大学-北京大学生命联合中心结合体外模拟人类着床策略和高精度单细胞多组学测序技术，首次利用单细胞转录组和DNA甲基化组图谱重构了人类胚胎着床过程，系统解析了这一关键发育过程中的基因表达调控网络和DNA甲基化动态变化过程，提示基因表达调控网络和DNA甲基化可能共同协调决定囊胚阶段后的细胞谱系命运。该成果于2019年8月22日发表于*Nature*。

【知识目标】

(1) 掌握雌性动物输精的基本要求。

(2) 了解精子、卵子的运行和受精准备，掌握受精过程。

(3) 掌握胚胎移植的概念和生理学基础。

(4) 掌握胚胎移植的基本原则。

(5) 了解体外受精、动物克隆、胚胎嵌合、胚胎性别鉴定、转基因动物相关知识。

【能力目标】

(1) 掌握各种动物输精时间的确定和输精方法。

(2) 掌握胚胎移植的操作程序。

【学习任务】

配种是使雌性动物受孕的繁殖技术，包括自然交配与人工授精两种类型。

在动物生产中，有时限于条件，直接将种公畜与发情母畜交配，这种配种方式称为自然交配。自然交配有自由交配、分群交配、圈栏交配和人工辅助交配等方式。

人工授精(AI)是在人工条件下利用器械采集种公畜(禽)的精液、经过品质检查、稀释保存等适当的处理后，再用器械将精液输送到发情母畜(禽)生殖道内，使母畜(禽)受孕的配种方法。人工授精主要有以下优点。

(1) 最大限度地提高优秀种公畜(禽)的利用率　运用人工授精技术,一头种公畜(禽)一次射精可配种的母畜(禽)数是自然交配的几十倍,甚至几百倍。

(2) 加速品种改良　人工授精技术特别是冷冻精液的运用,极大限度地提高了公畜(禽)的配种能力,因而使优秀种公畜(禽)的遗传基因迅速扩大,使其后代生产性能迅速提高,从而加速了品种改良。

(3) 大幅度减少种公畜(禽)的头数　采用人工授精技术后,由于大大提高了种公畜(禽)的利用率,所以只需保留极少数的优秀个体,即可满足繁殖需要,从而可节省饲养大量公畜(禽)的饲料及管理费用。

(4) 克服公、母畜(禽)体型悬殊而出现的交配困难　良种公畜(禽)一般体型较大,与本地小体型的母畜(禽)交配会有很多障碍,人工授精技术的运用可克服这方面的问题。

(5) 控制疾病传播　人工授精避免了公、母畜(禽)的直接接触,因此可以防止与性交有关的传染性疾病及其他疾病的传播。

输精是人工授精的最后一个环节,也是最重要的技术之一,适时而准确地把精液输送到母畜(禽)生殖道的适当部位,是保证受胎的关键。

任务 5-1　输精前的准备和输精的基本要求

输精前应做好各方面的准备,确保输精的正常实施。

一、输精前的准备

(一) 母畜的准备

母畜经发情鉴定后,确定已到输精时间,将其牵入保定栏内保定,尾巴拉向一侧,对外阴部进行清洗消毒。先用清水洗涤,再用消毒液涂擦消毒,然后用生理盐水冲洗,最后用灭菌布擦干。

(二) 器械的准备

输精所用的器械均应彻底洗净并严格消毒,最好用稀释液或灭菌生理盐水冲洗后使用。每头母畜应准备一根输精管,但当输精管不够使用时,可用 75%酒精棉球涂擦消毒外壁,待酒精气味挥发后,用稀释液冲洗外壁及管腔 2～3 次,才能使用。目前,一般使用一次性输精管,以防止母畜交叉感染。不同动物的输精器械如图 5-1 至图 5-3 所示。

(三) 精液的准备

输精前要镜检观察精子活力。鲜精液输精时,精子活力应不低于 0.7;常温保存的精液精子活力不低于 0.5;低温保存的精液先缓慢升温至 30 ℃左右,活力不低于 0.5;冷冻精液解冻后活力不低于 0.3。

(四) 人员的准备

输精人员应穿好工作服,指甲剪短磨光,手洗净擦干后用 75%酒精棉球消毒,如需手臂伸入阴道内,则应清洗消毒手臂并涂以灭菌稀释液。牛直肠把握输精时则应戴长臂手套并涂以滑润剂。

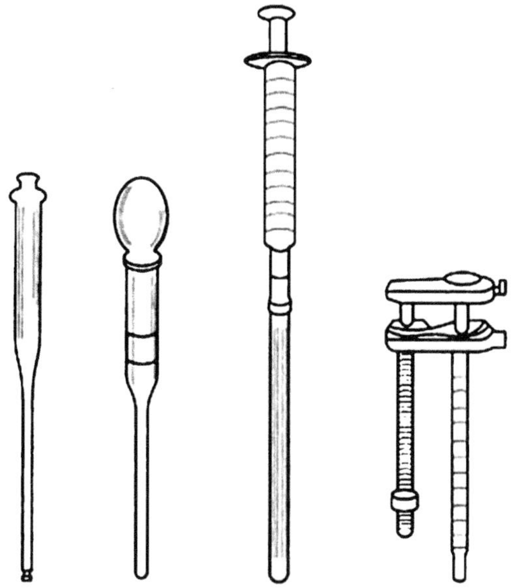

图 5-1 家禽用输精器

图 5-2 牛用输精枪

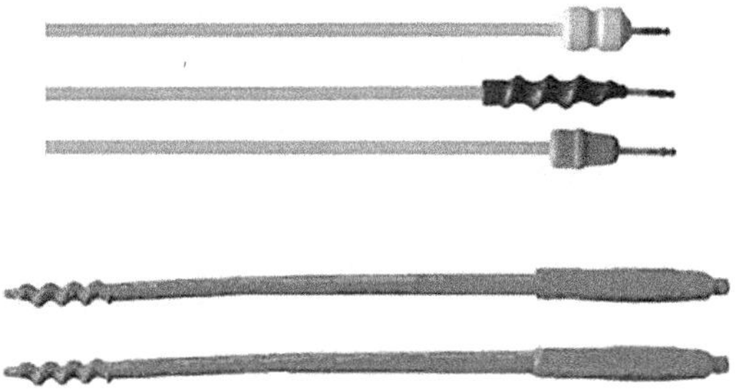

图 5-3 猪用输精管

二、输精的基本要求

(一) 输精时间

母畜输精后是否受胎,与能否掌握合适的输精时间密切相关。母畜输精时间要依据母畜的排卵时间、精子在母畜生殖道内保持受精能力的时间以及精子的获能时间等进行综合分析判断。

1. 牛的输精时间

奶牛的发情周期平均为 21 d,发情时间较短(6～18 h),排卵一般发生在发情结束后 10～16 h。因此,发现母牛发情后 12～20 h 可进行第一次输精,隔 8～12 h 进行第二次输精。生产中一般采用早上发情的母牛,当日下午或傍晚第一次输精,次日早上第二次输精;若下午或傍晚发情,次日早晨进行输精,次日下午或傍晚再输一次,效果较好。

初配母牛发情持续期稍长,输精过早受胎率不高,通常在发情后 20 h 左右开始输精。在第二次输精前,最好检查一下卵泡,如母牛已排卵,一般不必再输精。

2. 猪的输精时间

母猪发情外部表现特别明显，外阴长时间红肿，通过外部观察难以确定准确的输精时间。一般母猪发情后的 20～30 h 内输精 2 次，每次间隔 8～12 h，也可在发情盛期过后仍出现“压背反射”时输 1 次精即可。

3. 羊的输精时间

母羊的输精时间应根据试情情况确定。每天 1 次试情时，在发情的当天及 4 d 后各输精 1 次；每天 2 次试情时，发现母羊发情后隔半日进行第 1 次输精，再隔半日进行第 2 次输精。

4. 马(驴)的输精时间

(1) 根据母马(驴)的卵泡发育情况来判定　母马(驴)的卵泡发育分为 6 个时期，一般可按照“三期酌配、四期必配、排后灵活追配”的原则安排输精时间。所谓“酌配”，即根据卵泡发育的快慢，结合母马(驴)的体况以及环境的变化等进行综合判定。排卵后如黄体还没有生成，输精仍有一定的受胎率。

(2) 根据发情时间推算　可在母马(驴)发情后的 3～4 d 开始输精，连日或隔日输精 1 次，但输精不超过 3 次。

5. 兔的输精时间

兔为诱发排卵的动物，适宜的输精时间应安排在诱发刺激后的 2～6 h。也可根据试情表现确定，当母兔举尾迎合，有接受交配的表现时，即可输精，此时外阴部可视黏膜的颜色应为大红色。

(二) 输精量及输入有效精子数

输精量和输入有效精子数应根据母畜种类、年龄、胎次、子宫大小等生理状况及精液类型而异(表 5-1)。猪、马、驴的输精量比牛、羊、兔的多。体型大、经产、产后配种和子宫松弛的母畜，应适当增加输精量；液态精液的输精量一般比冷冻精液的输精量大；进行超数排卵处理的母畜应比非超数排卵处理母畜的输精量和有效精子数有所增加(表 5-2)。为保证母畜有较高的受胎率，输入足够量的有效精子数是十分重要的。采用 2 头或 2 头以上雄性动物的混合精液输精，可以提高受精率。

表 5-1　各种家畜的输精量和输入有效精子数

项目	牛、水牛		马、驴		猪		绵羊、山羊		家兔	
	液态	冷冻	液态	冷冻	液态	冷冻	液态	冷冻	液态	冷冻
输精量/mL	1～2	0.2～1	15～30	30～40	30～40	20～30	0.1	0.1～0.2	0.2～0.5	0.2～0.5
输入有效精子数/亿	0.3～0.5	0.1～0.2	2.5～5	1.5～3	20～50	10～20	0.5	0.3～0.5	0.2～0.3	0.15～0.3

表 5-2　各种家畜发情、排卵、输精基本情况比较

项目	牛	绵羊	山羊	猪	马	犬	兔
发情周期	21 d	16～17 d	20～21 d	21 d	21 d	每年发情	8～15 d
发情持续时间	18 h	24～36 h	40 h	40～60 h	5～7 d	9 d(4～12 d)	几日至十余日
排卵期	发情停止后 4～16 h	发情结束时	发情结束后不久	发情开始后 16～48 h	发情停止前 24～48 h	发情盛期的第 2～3 天	交配后 10～12 h
排卵后卵子具有正常受精能力的时间	8～12 h	16～24 h	8～10 h	6～8 h	4～8 d		
精子在母畜生殖道内存活的时间	28 h	30～36 h	＞24 h	5～6 d	80～100 h		
最适输精时间	发情开始后 9 h 至发情终止	发情开始后 10～20 h	发情开始后 12～36 h	发情开始后 15～30 h	发情第 2 天开始隔日一次至发情结束	接受交配后 2～3 d	诱发排卵后 2～6 h
最适输精部位	子宫和子宫颈深部	子宫颈内	子宫颈内	子宫内	子宫内	子宫颈或子宫内	子宫颈内

任务 5-2 各种动物的输精方法

一、母牛的输精

1. 阴道开膣器输精法

借助开膣器将母牛的阴道扩大，借助一定的光源（手筒、额镜、额灯等）找到子宫颈外口，把输精管插入子宫颈 1～2 cm 处，注入精液，随后取出输精管和开膣器。此法虽然简单容易掌握，但输精部位浅，易感染，受胎率低。因此，目前很少采用。

2. 直肠把握输精法

牛的输精现普遍采用直肠把握子宫颈输精法（图 5-4）。一只手伸入直肠内把握住子宫颈，另一手持输精器，先向斜上方伸入阴道内 5～10 cm，避开尿道开口，然后再水平插入子宫颈口，两手协同配合，把输精器插入子宫颈的 3～4 个皱褶处或子宫体内，慢慢注入精液。输精过程中，输精器不要握得太紧，要随着母牛的摆动而灵活伸入。保持子宫颈的水平状态，输精枪稍用力前伸，每过一个子宫颈皱褶都有一定的感觉，发出“咔咔”的响声。但要避免盲目用力插入，防止生殖道黏膜损伤或穿孔。

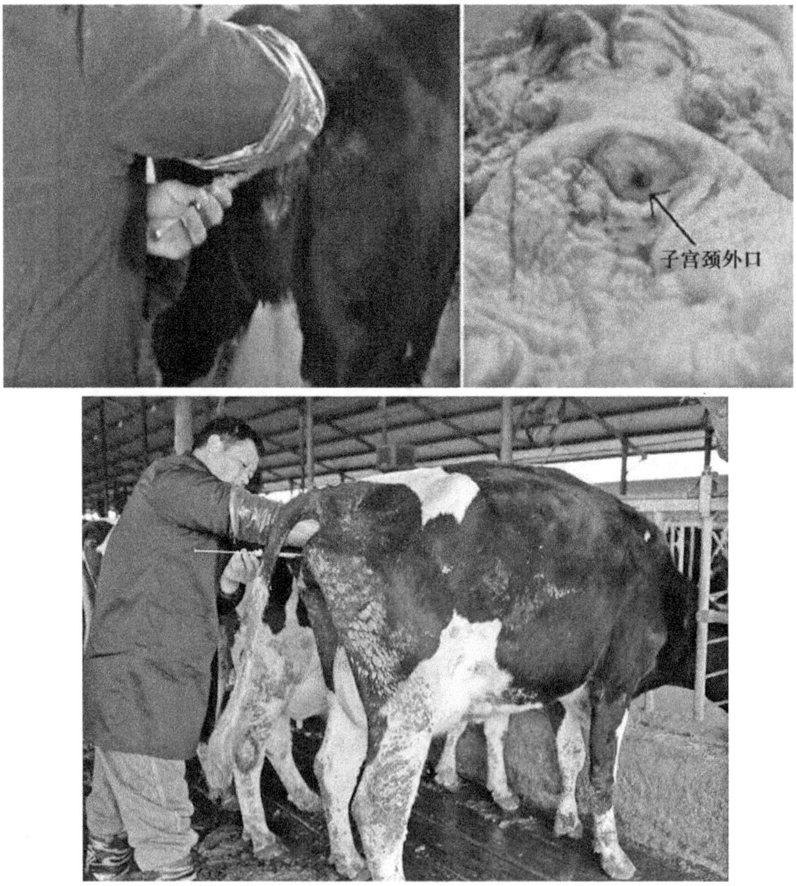

图 5-4 母牛直肠把握输精

二、母猪的输精

母猪的阴道部和子宫颈结合处界限不明显，因此，输精器较容易插入。输精时，把输精胶管涂以少量润滑剂，先斜上方 45°角插入阴道内，避开尿道口后再平直前进。当感觉有阻力时，顺时针缓慢旋转，同时前后移动，直到感觉输精管前端被子宫颈锁定（轻轻回拉不动）时，连接输精瓶（袋），缓慢输入精液（图 5-5）。在输精过程中，应不断抚摸母猪腹侧、乳房（外阴）或压背以刺激母猪，使其子宫收缩产生负压，将精液吸纳。输精时不要太快，一般需 3～5 min 输完。输精完毕后缓慢抽出输精管，并用手指按压母猪臀部使其安静片刻，以防精液倒流。

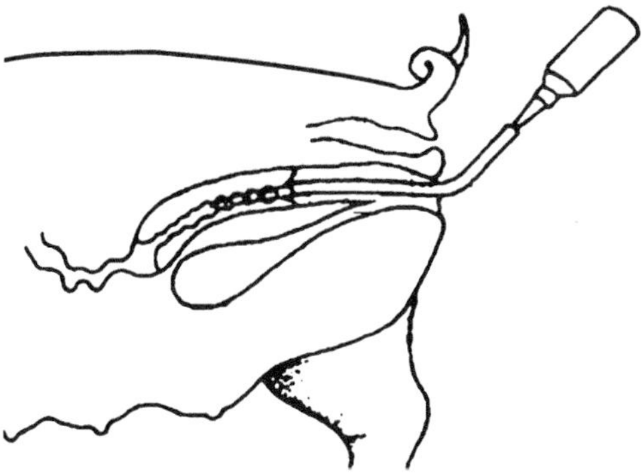
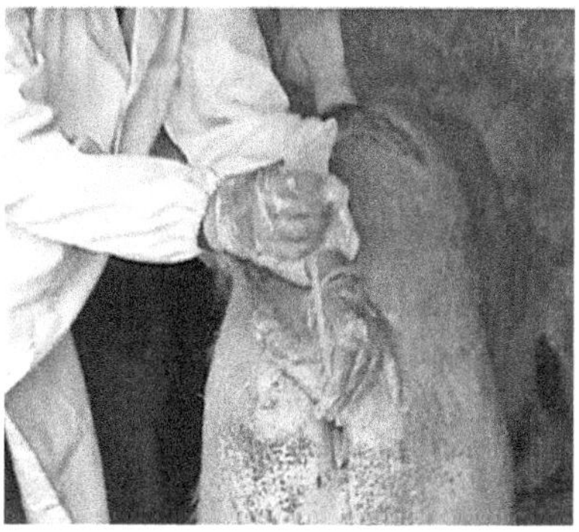

图 5-5　母猪的输精

三、母羊的输精

绵羊和山羊输精采用开膣器输精法。用开膣器打开母羊阴道，借助光源寻找到子宫颈口，将输精器插入子宫颈口 0.5～1 cm，慢慢注入精液（图 5-6）。为工作方便，提高效率，可在输精架后设置一坑，或安装可升降的输精台架。有些地方，采用由助手抓住羊后肢，或将其后脚悬挂在高于羊体的横木上，使其倒立保定输精，也较方便。

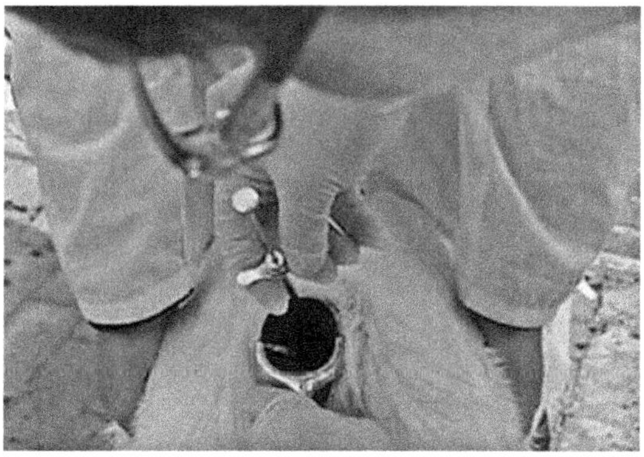

图 5-6　母羊的输精

四、母马(驴)的输精

母马(驴)的输精器由一条长 60 cm 左右,内径 2 mm 的橡胶管和一个注射器组成。首先在操作台上把吸有精液的注射器安装在输精管上,左手握住注射器与胶管的连接部,防止脱落,右手握住输精管的尖端,使胶管尖部隐藏在手掌内,伸入母马(驴)阴道内,找到子宫颈的阴道部,用食指和中指撑开子宫颈,将输精管导入子宫颈内 10～15 cm 处,抬起注射器,使精液自然流入或轻轻推入,然后从胶管上拔下注射器,再抽一段空气重新装在胶管上推入,使输精管内的精液全部排尽。输精完毕后,把胶管轻轻抽出,并用右手轻轻按压子宫颈使其合拢,防止精液倒流。

五、母鸡的输精

输精一般在 16:00 后进行。助手用左手大拇指与食指、小指与无名指分别捏住母鸡的两腿,掌心紧贴鸡的胸部,随之将手直立,使母鸡背部紧贴自己的胸部,鸡头部向下,然后再将右手拇指和其余手指分开呈“八”字形,横跨于泄殖腔两侧柔软部分,轻轻地向下一压,同时用支撑母鸡胸部的左手向上一推,即可使开口于泄殖腔中的输卵管翻出(位于鸡体左侧)。输精者用吸有 0.025～0.05 mL 精液的输精器,插入输卵管开口处 2～3 cm 深,将精液输入(图 5-7),在输精的瞬间,助手压迫腹腔的手要稍微放松,使阴道部自然缩回泄殖腔内。

笼养鸡输精可用左手握住母鸡的双腿,顺势以右手向前挤压母鸡左侧腹部,即可将输卵管开口翻出进行输精。

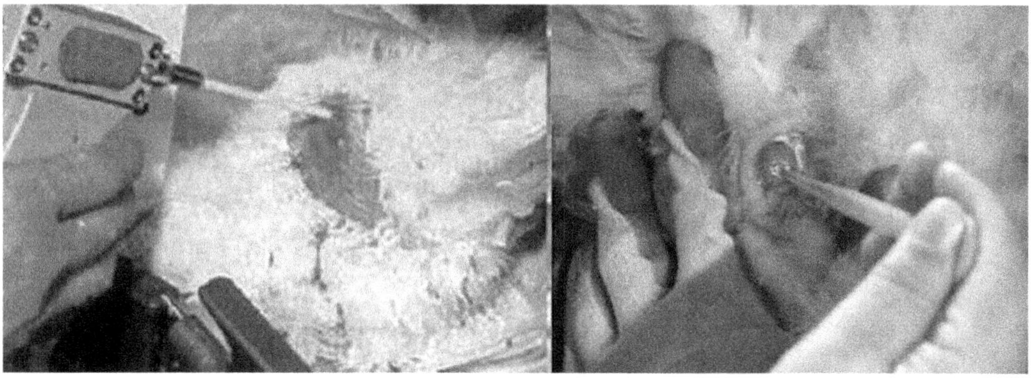

图 5-7 鸡的输精

六、母兔的输精

母兔无特制的输精管,可借用人的导尿管。先将母兔保定(倒夹式、爬卧式、仰卧式),外阴部用酒精棉球擦拭干净,然后将消毒过的输精管润滑,用注射器吸入 0.5～1 mL 精液。术者左手分开阴唇,右手持输精管,沿背侧插入阴道 15 cm 左右,到达阴道底部,来回抽动几次,用注射器注入精液(图 5-8)。抽出输精管时,可用手轻轻拍下母兔的臀部,使肌肉收缩,防止精液外流。

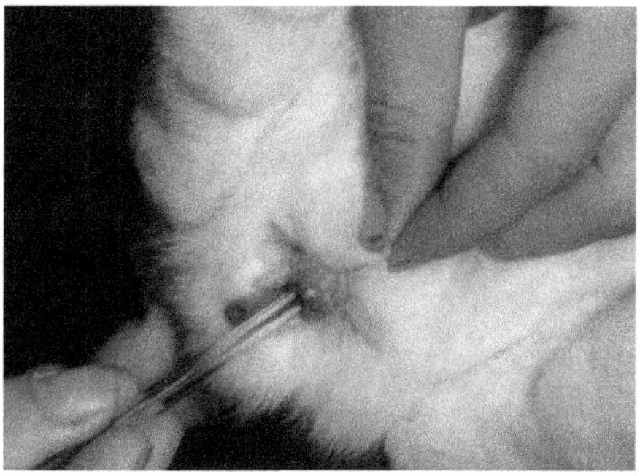

图 5-8　母兔的输精

【实训操作】

实训 5-1　各种家畜的输精技术

一、实训目的和要求

了解各种动物的输精过程，掌握输精方法。

二、实训仪器和材料

（1）母牛 3～5 头，母猪 2 头，母羊 2 头，母马 3～5 头。

（2）各种家畜的精液、保定架、输精器、阴道开膣器。

（3）显微镜、手电筒、反光镜或头镜、酒精灯、润滑剂（液体石蜡）、95％乙醇、75％酒精棉球、纱布、载玻片、玻璃棒、瓷盆。

三、实训内容和观察要点

做好输精准备工作，教师或技术员现场示范。然后分组按要求进行操作。

（一）母牛的输精

1. 输精前的准备工作

（1）输精器可用干热或蒸汽消毒，再用消毒过的 0.9％NaCl 溶液或精液稀释液冲洗 2～3 次。

（2）将牛保定在六柱栏内，把尾巴拉向一侧，用温肥皂水洗净外阴部，0.1％新洁尔灭清洗，再用温水冲洗干净擦干。

（3）做好母牛的发情鉴定，检查有无生殖器官疾病。

（4）检查精液是否适于输精要求。

2. 直肠把握（子宫颈）输精法（图 5-9）

（1）输精器插至子宫颈口　操作者戴上一次性手套，左手呈楔形插入母牛直肠，触摸子宫、卵巢、子宫颈的位置，并令母牛排除宿粪，然后消毒外阴部。为了保护输精器在插入阴道前不被污染，可使左手四指留在肛门口，向下压拉肛门下缘，同时用左手拇指压在阴唇上并向上提拉，使阴门张开。右手趁势将输精器向斜上方插入阴道。左手再进入直肠，把握住子宫颈尽量向前推送，以便阴道呈直筒状，右手随之将输精器向上、再平插、转向下方，直至子宫颈口附近。

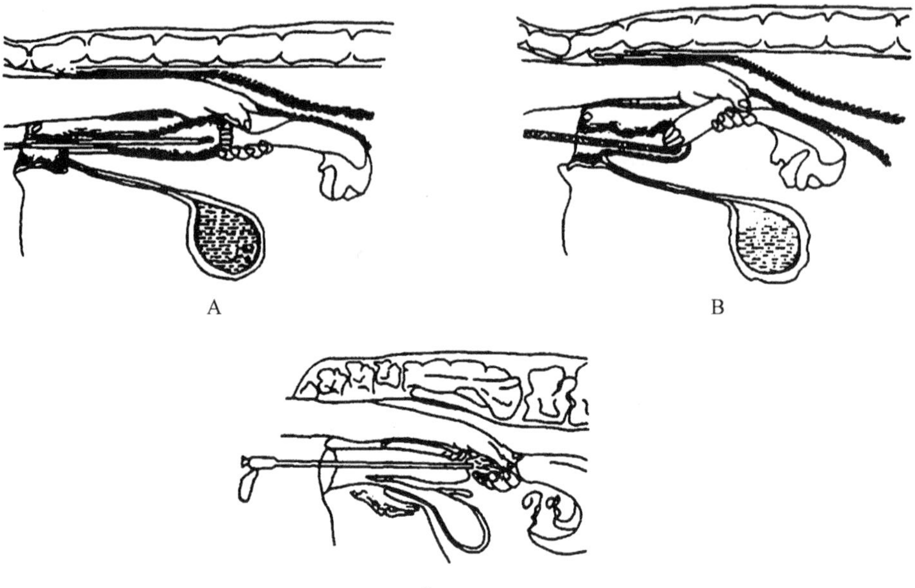

A. 前推子宫颈然后持平　B. 错误操作　C. 输精器导入子宫颈

图 5-9　直肠把握(子宫颈)输精法

(2) 固定子宫颈的方法　左手插入直肠摸清子宫颈后，用食指和中指向下压即可固定子宫颈，用大拇指按住子宫颈外口上缘。左手心朝向右侧握住子宫颈，无名指平行握在子宫颈外口周围，以便插入输精器。当母牛努责难以用以上两种方法握住子宫颈时，可将手指并拢将子宫颈压于耻骨体上或骨盆腔侧壁使之固定，在遇到直肠形成罐状时，这种方法较妥。

若母牛努责过甚，可采用喂给饲草、捏腰、拍打眼睛、按摩阴蒂等方法使之缓解，若母牛直肠呈罐状时，可用手臂在直肠中前后抽动以促使松弛。

(3) 输精器插入子宫颈外口　左手把握好子宫颈，大拇指肚按压子宫颈外口上缘，右手持输精器通过阴道，探索抵达拇指肚，再导入子宫颈外口内。左手攥住子宫颈，右手持输精器沿左手臂，向左手心中探插，输精器即可进入子宫颈外口。

(4) 输精器通过子宫颈管，抵达子宫体　进入子宫颈外口的输精器，才能通过子宫颈，因此成为输精操作最困难的部位。操作时两手需做很好的配合，将输精器顺利地通过子宫颈管的几个皱襞，进入到子宫体部位。

具体方法是：左手攥住子宫颈，将其上下左右多处转换方向，右手持已进入子宫颈外口的输精器向前探插，同时用左手将子宫颈前段稍做抬高，并向输精器上套。输精器通过子宫颈管内的皱襞时，会有明显的感觉。当输精器一旦越过子宫颈皱襞，立刻感到畅通无阻，这时即抵达子宫体处。当输精器处在子宫颈管内时，手指是摸不到的，输精器进入子宫体后，可清楚地触摸到输精器的前段。

(5) 注入精液，取出输精器　当确认输精器进入子宫体时，应向后抽退一点，勿使子宫壁堵塞住输精器尖端出口处，缓慢地将精液注入，然后轻轻地抽出输精器。

3. 阴道开膣器法

输精时，阴道开膣器保持 25～30 ℃，涂抹少量的润滑剂。打开阴道，利用光源找到子宫颈外口，将事先吸有精液的输精器尖端插入子宫颈口内 1～2 cm 处，缓慢注入精液，母牛输精量一般为 1 mL。输精结束后，先后取出输精器和开膣器，为防止母牛拱背而使精液溢出，稍停片刻再牵回牛舍。

输精结束后，各种用具用温碱水充分洗涤，最后以清水冲洗，经消毒后保存备用。

（二）母羊的输精

（1）母羊的输精一定要保定，一般用保定架，头数少时也可人力保定，即保定员的两腿夹住羊的颈部，倒提起羊的后腿。

（2）输精用具及外阴部的清洗消毒，方法与牛相似。

（3）羊的输精多采用阴道开膣器法，助手擦拭和消毒母羊外阴部，将尾向上拉起，输精员用开膣器打开阴道，利用人工或自然光源找到子宫颈开口，将吸有精液的输精器，经过阴道开膣器插入子宫颈管 0.5～1.0 cm 处，注入精液，母羊输精量一般为 0.05～0.10 mL，不超过 0.2 mL。

（4）输精后用具的处理，与牛相同。

（三）母猪的输精

（1）母猪外阴部与输精用具的清洗消毒方法与牛相似。

（2）做好母猪的发情鉴定，可让发情母猪接近公猪，性外激素刺激或接受试情公猪的求偶，使其静立。

（3）用注射器吸取精液，将注射器接上输精管，推出少量精液于母猪阴门作为润滑剂，然后将输精管轻轻插入母猪阴道，沿阴道上壁向前推进，达到子宫颈口处，此时一般受到子宫颈皱襞阻碍。可将输精管左右旋转、前后移动，轻轻用力即可将输精器插入子宫颈深部。

（4）将精液缓慢注入子宫内。输精温度不低于 20 ℃，否则引起子宫收缩，精液倒流。

（5）母猪输精量一般为 30～40 mL，输精结束后，慢慢抽出输精器，在母猪背部用力一压，以减少努责。

（6）输精后用具处理，与牛相同。

四、技能考核

<table>
<tr><th rowspan="2">考核内容及分数分配</th><th rowspan="2">操作环节与要求</th><th colspan="2">评分标准</th><th rowspan="2">考核方法</th><th rowspan="2">熟练程度</th><th rowspan="2">时限</th></tr>
<tr><th>分值</th><th>扣分依据</th></tr>
<tr><td rowspan="4">1. 输精前的准备
2. 输精操作
（100 分）</td><td>输精前的准备正确</td><td>40</td><td>器械准备每少一项扣 3 分，母畜准备每错一步扣 5 分，精液准备每错一步扣 5 分，术者精神状态不佳扣 5 分</td><td rowspan="4">单人操作考核</td><td rowspan="4">掌握</td><td rowspan="4">10 min</td></tr>
<tr><td>输精操作</td><td>40</td><td>每错一步扣 10 分</td></tr>
<tr><td>熟练程度</td><td>10</td><td>在教师指导下完成时扣 5 分</td></tr>
<tr><td>完成时间</td><td>10</td><td>每超时 1 min 扣 3 分</td></tr>
</table>

任务5-3 受 精

受精是指精子和卵子结合形成合子的过程,受精的完成标志着新生命的开始。在受精过程中,两性遗传物质相结合,发育为一个既具有双亲特性,又与双亲不同的新个体。受精的实质是双亲遗传物质的结合。在自然条件下,受精过程是在母畜的生殖道内完成的。

一、动物射精类型

1. 子宫射精型动物

马、驴、猪和啮齿动物,在自然交配时,公畜能将精液射入发情母畜的子宫内,称子宫射精型动物。这类公畜一般射精量大;母畜发情时子宫颈开放程度大。

2. 阴道射精型动物

牛、羊、家兔、灵长类在自然交配时,雄性动物将精子释放在子宫颈外口周围,称阴道射精型动物。这类公畜的射精量小、精子密度大;母畜子宫颈肌肉发达,子宫颈内膜皱褶较多。

二、精子的运行和维持受精能力的时间

1. 精子在子宫颈中的运行(阴道射精型动物)

子宫颈是精子到达受精部位的第一道屏障。通过子宫颈进入子宫体的精子数会明显下降(图5-10)。如绵羊一次射出的精子总数为30亿,但进入子宫体的精子数不足100万(1/1 000)。

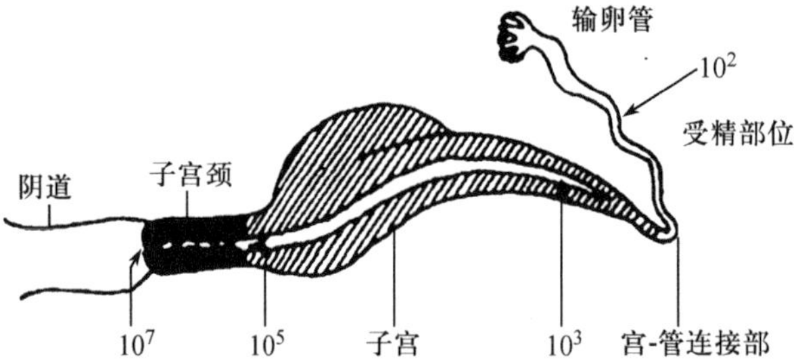

图5-10 精子运行中的损耗

在生产实践中,用冷冻精液进行人工授精时,有效精子总数一般在1 000万个左右,因此,进行牛、羊子宫颈深部输精可有效提高母畜受胎率。

2. 精子在子宫中的运行

精子在子宫中运行的动力主要来自阴道、子宫平滑肌由子宫颈向输卵管方向的收缩运动。收缩运动牵引子宫内膜表面液体连同精子一起流向输卵管方向。

3. 精子在输卵管中的运行

精子在输卵管峡部中运行的动力主要来自输卵管肌肉的收缩运动和输卵管上皮表面纤毛的摆动。输卵管环行肌有节律地收缩,改变了管腔构型,纤毛上皮摆动产生输卵管液流,精子随液流向壶腹部运行。

精子在母畜生殖道内维持受精能力的时间,对于确定配种间隔时间,以保证具有受精能力的精子在受精部位等待卵子的到来而受精至关重要(表5-3)。

表 5-3　精子在母畜生殖道内维持受精能力的时间

种类	时间/h	种类	时间/h
猪	24～72	兔	30～36
马	72～120	绵羊	30～48
牛	30～48		

精子由射精部位运行到壶腹部的时间牛为 2～13 min，羊为几分钟到几个小时不等，马为 24 min，猪为 15～30 min(表 5-4)。

三、卵子在输卵管中的运行

1. 卵子的接纳

在输卵管系膜和卵巢固有韧带的协同作用下，输卵管伞包围卵巢并对准卵巢囊的出口，借助输卵管伞部黏膜纤毛的摆动将排出的卵子纳入输卵管伞的喇叭口。牛、羊的伞部不能完全包围卵巢，有时造成排出的卵子落入腹腔。马、猪和犬等动物的伞部很发达，排出的卵子易被接受。

表 5-4　不同动物的射精量、精子总数和精子运行至受精部位的时间与精子数

动物种类	射精量/mL	一次射精的精子总数/百万	精子从射精部位运行到受精部位的最快时间/min	到达受精部位的精子数/个
牛	3～8	7 000	2～13	<5 000
绵羊	0.8～1	3 000	6	600～700
猪	100～300	40 000	15～30	1 000
马	50～150	10 000	24	—
兔	1	700	4～10	250～500
猫	0.1～0.3	—	—	40～120
犬	10	—	数分钟	50～100

2. 卵子的运行(图 5-11)和维持受精能力的时间(表 5-5)

卵子自身没有运动能力，因此它的运行必须依靠外部力量。外部力量主要有两个：由子宫向输卵管的管腔液流；漏斗部和壶腹部纤毛上皮向子宫方向的摆动，产生管腔逆流，使卵子滚动下行。卵子由漏斗部进入壶腹部是一快速运行过程，然后在壶峡连接部前停留 2～3 d，在这期间完成与精子的结合，由壶峡连接部进入峡部到达子宫是一个缓慢的过程，并受到神经和激素的控制，卵子在此滞留对正常受胎具有重要意义。

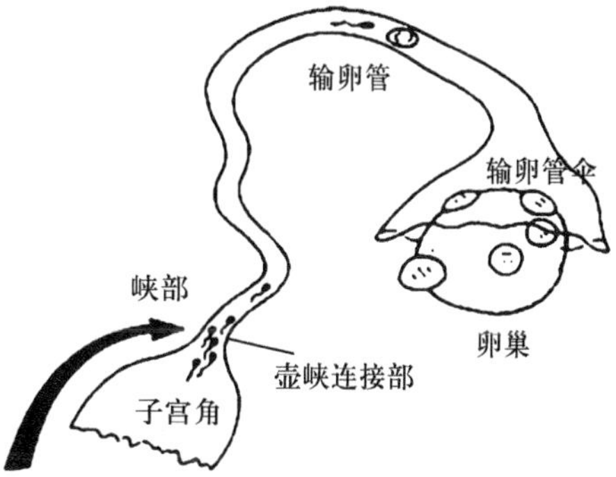

图 5-11　精子与卵子在雌性生殖道内运行

表 5-5 卵子在母畜输卵管内维持受精能力的时间

种类	时间/h	种类	时间/h
猪	8～10	兔	6～8
马	6～8	绵羊	16～24
牛	8～12		

四、精子和卵子受精前的变化

1. 精子获能

精子获能指哺乳动物射出的精子在雌性生殖道或人工配制的介质中完成最后成熟，并完全具备受精能力的过程（图 5-12）。在正常生理条件下，精子进入雌性生殖道后就开始获能，但主要在子宫和输卵管中完成。后来，人们又发现精子不仅在同种动物的生殖道内，还可在异种动物生殖道内完成获能，并且还可以在体外的某些组织液，如血清、卵泡液和子宫内膜抽提液等中也能获能。随着体外受精（IVF）技术的发展，人们发现某些化学物质如肝素、溶血卵磷脂以及离心洗涤、体外培养等方法都可以使精子获能。常见动物精子获能时间见表 5-6。

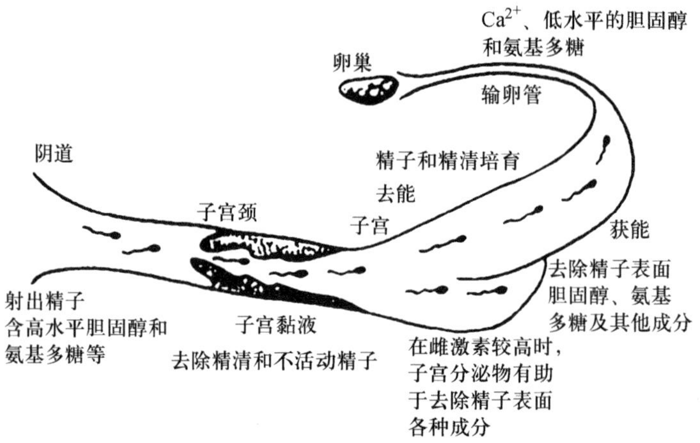

图 5-12 精子通过雌性生殖道的获能过程

表 5-6 常见动物精子获能时间

种类	时间/h	种类	时间/h
猪	3～6	大鼠	2～3
羊	1.5	小鼠	小于 1
牛	20	家兔	5

只有完成获能后，精子才能在接近卵母细胞透明带时发生顶体反应，具备与卵子受精的能力。顶体反应是指获能精子与卵子相遇后，在介质中 Ca^{2+} 的作用下，精子赤道段前部的质膜与顶体外膜融合形成泡状结构，并释放顶体内容物的过程。顶体内容物中含有活性很强的水

解酶，主要有透明质酸酶和顶体酶，已发现的酶有多种。

顶体反应发生在获能之后，穿过透明带之前。顶体反应之后，精子头部仅赤道带和顶体后区的质膜保持完整性，顶体内膜和赤道段质膜暴露。发生顶体反应之后，精子的头部完整性被破坏，因此顶体反应是不可逆的。

2. 卵子受精前的准备

刚排出的卵子在进入输卵管壶腹部前尚不具备受精能力，在卵子运行到达输卵管壶腹部的过程中，进一步达到了生理成熟阶段，同时可能存在卵子表面的某些物质与输卵管壶腹分泌液中的某种物质发生反应的变化，1～3 h后的卵子才具备被精子穿入的能力。卵子排出后维持受精能力的时间一般为8～12 h，如果卵子运行到输卵管壶腹部没有受精，在继续运行的过程中会逐渐衰老。同时，输卵管分泌物会在卵子表面形成一层蛋白质膜，使精子不能再进入卵子内，从而使卵子丧失受精能力。

五、受精过程

受精过程如图5-13所示。

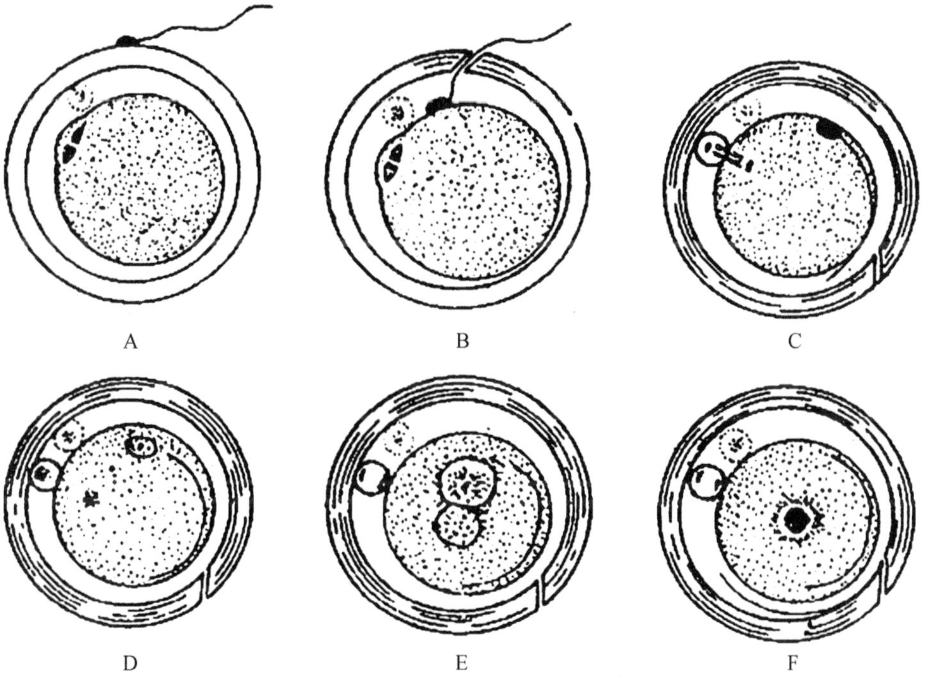

A. 精子发生顶体反应，并接触透明带　B. 精子释放顶体酶，水解透明带，进入卵黄周隙并接触卵黄膜
C，D. 精子进入卵黄，头部膨胀，并排出第二极体　E. 雄、雌原核形成　F. 原核融合

图5-13　受精过程示意图

（一）精子穿过放射冠

卵子从卵巢排出后，进入壶腹部时，在透明带的外面往往还包围着一堆颗粒状的卵丘细胞，而靠近透明带的卵丘细胞呈放射状排列，称为放射冠。放射冠是精子入卵的第一道屏障。精子通过顶体反应释放透明质酸酶和放射冠穿透酶溶解卵丘细胞和放射冠细胞间的基质，使精子穿越放射冠与透明带接触（图5-14）。

动物中除猪外，排卵后几小时脱去卵丘细胞和放射冠，这种“裸卵”可正常受精与发育。因此对于这些动物来说，精子发生顶体反应所释放出酶的作用，似无实质意义，兔、犬和猫等动物卵子的放射冠，则必须由精子产生的透明质酸酶才能溶解，若在其悬浮液中加入透明质酸酶抑制剂，精子则不能穿过放射冠。

（二）精子穿过透明带

精子穿过放射冠后，以刚暴露的顶体内膜附着于透明带表面（图 5-15），这是精子穿过透明带的先决条件。这种附着只有获能和发生顶体反应的精子才能发生。

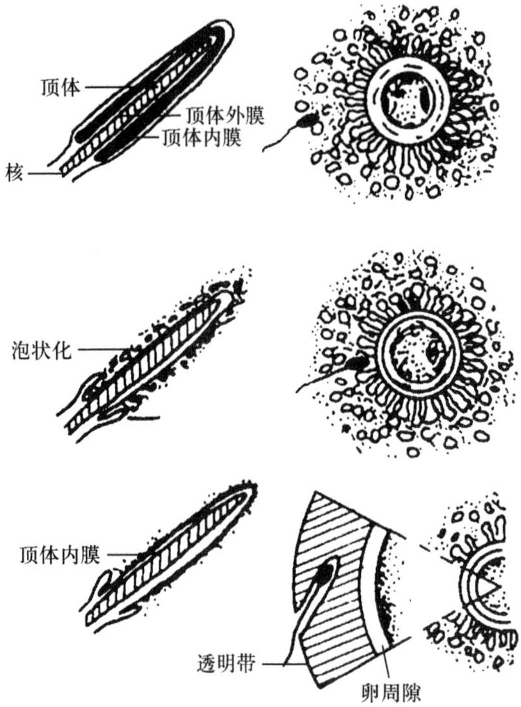

图 5-14 精子顶体反应和穿过卵膜

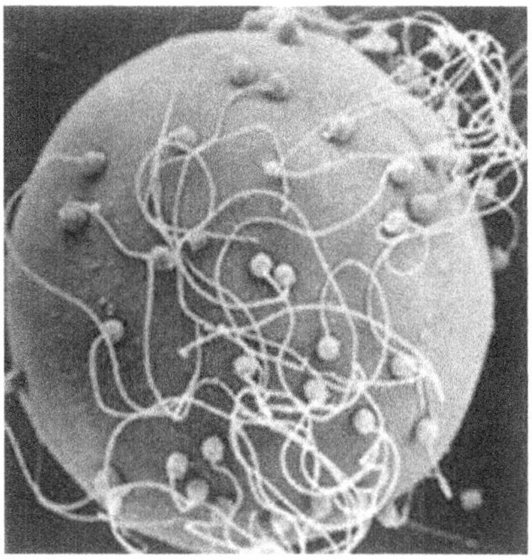

图 5-15 精子与卵子受精

精子与透明带的附着，具有非常明显的种间特异性，异种动物的精子是不能附着和穿过透明带的。不同的精子其受精能力是不同的，这种受精选择性可能与透明带表面特异受体位点的存在有关。

精子与透明带最初接触部位是头部赤道段和核帽后区。精子通常在附着透明带后 5～15 min 穿过透明带。因此，顶体脱落可能发生在精子头接触透明带前后。

（三）精子进入卵黄

精子进入透明带后，到达卵周隙。此时精子仍能活动，不过活动时间很短。一旦接触卵黄膜，活动即停止，在与卵黄膜接触后 20 min，即与卵黄膜融合在一起。对大鼠研究发现，精子总是头的中部和后部质膜与卵黄膜相贴。卵黄膜表面的微绒毛抓住精子的头，与此同时卵黄发生旋转，此时精子尾部全部进入卵周隙内，接着两层质膜形成连续的膜，并将精子头部包起来而“拖入卵内”（图 5-16）。在精子头与卵黄膜发生融合的同时，卵子被激活，并产生一系列防御性反应。

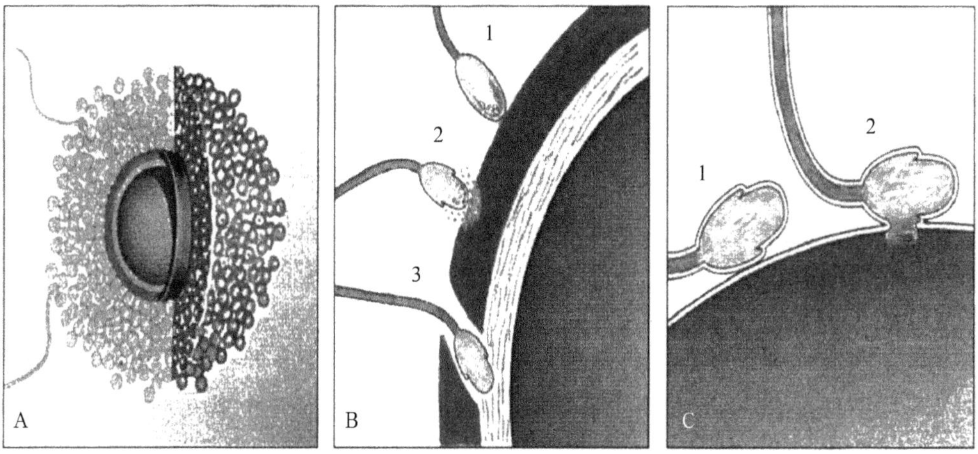

A. 精子正穿过卵丘细胞 B1. 精子与卵子透明带结合 B2. 精子发生顶体反应，释放顶体酶
B3. 精子正穿过透明带 C1. 精子头部赤道段的质膜与卵子质膜结合 C2. 精卵质膜融合

图 5-16 哺乳动物精卵相互作用过程模式图

（引自 Prinmakoff 和 Myles，2002）

1. 皮质反应

当精子与卵黄膜接触时，在接触点膜电荷发生改变并向周围扩大，整个膜持续去极化数分钟，在卵黄膜下的皮质颗粒向卵子表面移动，以胞吐的形式将其内容物排入卵周隙，继而引起卵黄膜和透明带结构的变化。

2. 卵黄膜反应

皮质反应的结果，使大部分原来的卵黄膜加了皮质颗粒膜而发生膜的改组。同时，皮质颗粒所释放的黏多糖与卵黄膜表面紧密相连，在卵子周围又形成一保护层，称透明膜，从而改变了卵子表面结构，阻止第 2 个精子入卵，避免产生多精子受精现象。当 1 个精子穿入卵黄膜时，卵黄立即紧缩，卵黄膜增厚，阻止其他精子的进入，这种变化称为卵黄膜反应或卵黄膜封闭作用。

3. 透明带反应

皮质颗粒内容物的释放，改变了透明带的性质，从而阻止了其他精子的穿入。这种反应相当迅速和有效，作用是阻止精子再穿过透明带，称为透明带反应。小鼠、大鼠和猪由于透明带反应比较慢，卵周隙内有时会看到几个甚至几十个精子，这些精子称为补充精子。兔的卵子没有透明带反应，然而有效的卵黄膜反应仅允许 1 个精子进入卵细胞内。

（四）原核形成

精子入卵后不久，头部开始膨大，核疏松，核膜消失，失去固有的形态，同时卵母细胞减数分裂恢复释放第二极体。在精核疏松的同时，核内碱性蛋白质以及与精子 DNA 密切相关的高浓度精氨酸也完全消失，最后在疏松的染色质外又形成新的核膜。很多畜种雄性染色质开始疏松增大的时间比雌性早，所以雄原核形成比雌原核大（图 5-17）。猪的原核形成

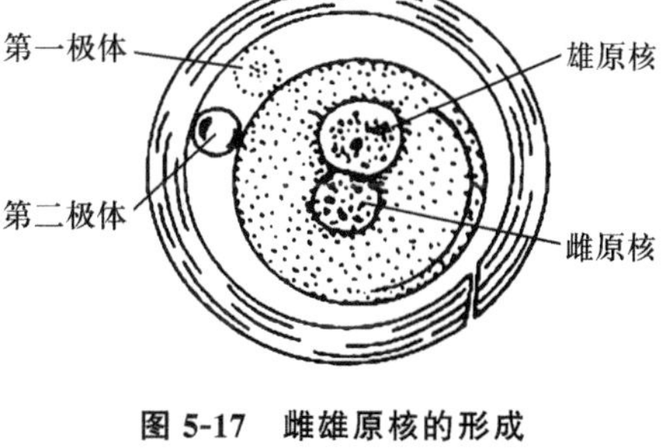

图 5-17 雌雄原核的形成

是在排卵后 6～18 h。雌原核的特点是染色质分布不均匀。

(五) 配子配合

雄原核和雌原核经充分发育,逐渐相向移动。在卵子的中央,核仁和核膜消失,两原核紧密接触,然后迅速收缩,染色体重新组合,并准备进行第一次有丝分裂。至此受精最后阶段"配子配合"遂告完成,形成 1 个称为"合子"的单细胞胚胎。

受精卵形成后,就标志着新生命发育的开始。各种动物从精子进入卵母细胞到第一次卵裂的间隔时间为:牛 20～24 h,猪 12～14 h,绵羊 16～21 h,兔 12 h,马约 24 h。

六、异常受精

哺乳动物的正常受精为单精子受精,形成合子发育成正常的新个体。当受精过程中,由于人为或环境因素的影响,如配种延迟、生理、物理和化学刺激等,有时会出现异常受精现象。

(1) 多精子受精　多精子受精在鸟类多见,而哺乳动物在正常情况下的发生率不超过 2%。但由于配种延迟、卵母细胞衰老、阻止多精子受精的功能失常,会形成多倍体。如猪配种延迟时可引起 15%的卵子被一个以上精子穿透。绵羊发情后 36～48 h 输精,异常受精卵中 39%是多精子受精。

(2) 双雌核受精　双雌核受精是由卵母细胞某一次减数分裂时,未排出极体所致,如此形成有 3 个原核的二倍体。双雌核发育多见于猪,母猪发情 36 h 后配种,则 20%以上的卵子是双雌核。

(3) 雌核发育或雄核发育　在受精开始时是正常的,但受精后如有一方原核未能形成,即造成单倍体。

(4) 孤雌生殖　孤雌生殖是指有性生殖的卵子不经过精子的受精作用而被激活,并开始无性生殖过程。孤雌生殖也可由实验方法刺激诱导而成。

异常受精形成的多倍体或单倍体胚胎均不能正常发育,而在发育早期死亡。

七、胚胎的早期发育

受精卵形成后不久,即开始有丝分裂过程,并逐渐向子宫移行,先后经过桑葚期、囊胚期、原肠期,最后在子宫完成胚胎的附植过程。

1. *桑葚期*

受精卵在透明带内进行有丝分裂,卵裂球呈几何级数增加,但每个卵裂球并不一定同时进行分裂,故也可能瞬间出现奇数个卵裂球。当透明带内早期胚胎细胞分裂至 16～32 个细胞,卵裂球在透明带内形成致密细胞团,形似桑葚,称为桑葚胚(图 5-18)。这一时期主要在输卵管内完成。据试验,对 8 个细胞的胚胎施行胚胎分割,每个细胞都有发育成新个体的潜力。

2. *囊胚期*

桑葚胚形成后,卵裂球分泌的液体在细胞间隙积聚,最后在胚胎中央形成一个充满液体的腔——囊胚腔。随着囊胚腔的扩大,多数细胞被挤到腔的一边,称内细胞团,将来发育为胎儿;另一部分细胞构成囊胚腔的壁,称为滋养层,以后发育为胎膜和胎盘(图 5-19)。囊胚后期从透明带脱出,称为扩张囊胚。

3. *原肠期*

随着胚胎的继续发育,出现了内、外两个胚层,此时的胚胎称为原肠胚。以后在内胚层与

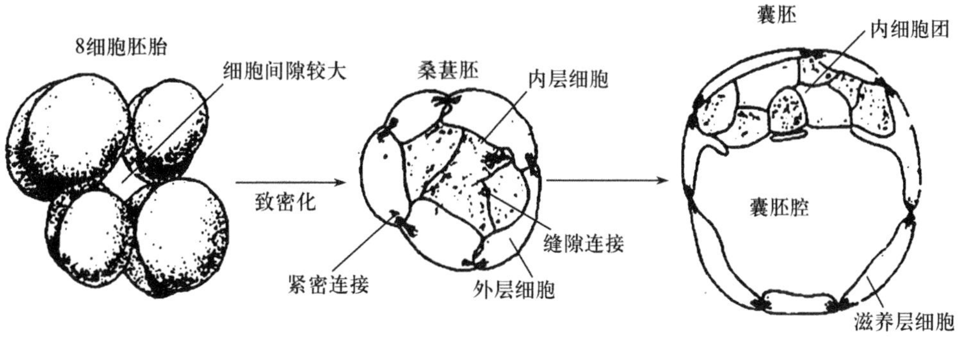

图 5-18 哺乳动物胚胎细胞形态变化示意图

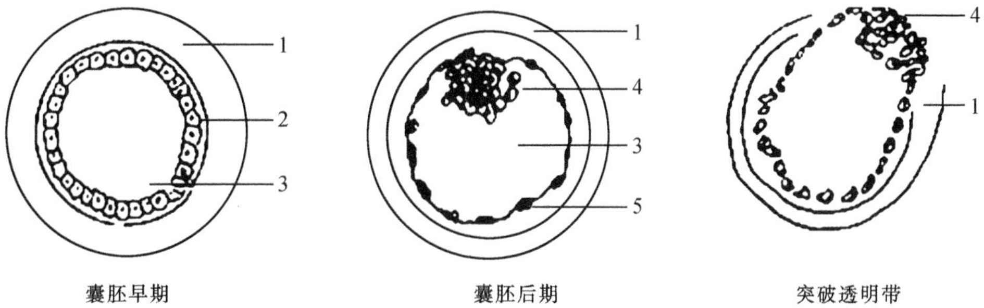

1. 透明带 2. 卵裂球 3. 囊胚腔 4. 内细胞团 5. 滋养层

图 5-19 胚泡孵出过程

滋养层间出现中胚层。外胚层最终发育为皮肤及衍生物、神经系统、感觉器官；中胚层发育为肌肉、结缔组织、泌尿生殖系统、淋巴及血液；内胚层发育为消化与呼吸器官、内分泌腺。

胚胎在子宫和输卵管中不同发育阶段见图 5-20。

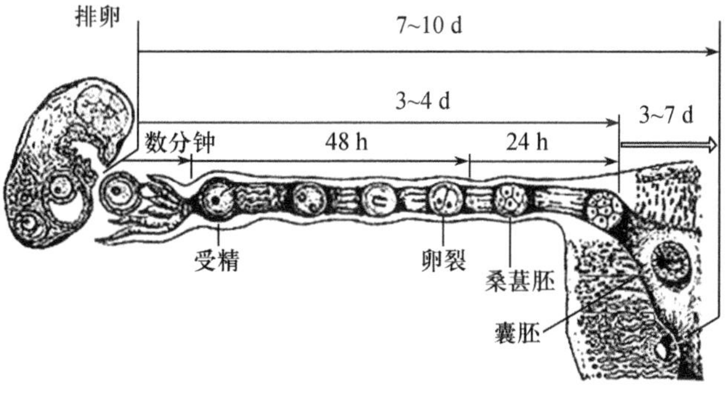

图 5-20 胚胎在子宫和输卵管中不同发育阶段

4. 早期胚胎的迁移

胚胎在脱出透明带之前，一直处于游离状态。胚胎发育所需要的营养，来自子宫内膜腺和子宫上皮所分泌的物质(子宫乳)。不同的物种，胚胎在子宫内迁移的现象均有发生。多胎动物，如猪胚胎可从排卵一侧子宫角游向子宫体，甚至对侧子宫角。一般胚胎在子宫内呈均匀分布。单胎动物胚胎内迁移很少，牛排一个卵子时，胚胎总在排卵侧子宫角；若一侧卵巢排两个卵子时，其中一个卵子通过子宫体的概率只有10%；绵羊迁移现象略高些，一个卵巢排两个卵子时，有90%发生子宫内迁移。

各种动物受精卵发育及进入子宫的时间见表5-7。

表5-7 各种动物受精卵发育及进入子宫的时间

动物	受精卵发育/h					进入子宫	
	2细胞	4细胞	8细胞	16细胞	桑葚胚	时间	发生阶段
小鼠	24～38	38～50	50～60	60～70	68～80	3 d	桑葚胚
大鼠	37～61	57～85	64～87	84～92	96～120	4 d	桑葚胚
豚鼠	30～35	30～75	80		100～115	3.5 d	8细胞期
兔	24～26	26～32	32～40	40～48	50～68	3 d	囊胚期
猫	40～50	76～90		90～96	<150	4～8 d	囊胚期
犬	96		144	196	204～216	8.5～9 d	桑葚胚
山羊	24～48	48～60	72	72～96	96～120	4 d	10～16细胞期
绵羊	36～38	42	48	67～72	96	3～4 d	16细胞期
猪	21～51	51～66	66～72	90～110	110～114	2～2.5 h	4～6细胞期
马	24	30～36	50～60	72	98～106	6 h	囊胚期
牛	27～42	44～65	46～90	96～120	120～144	4～5 h	8～16细胞期

任务5-4 胚胎移植技术

一、胚胎移植的概念

胚胎移植也称受精卵移植，是将一头良种母畜配种后的早期胚胎取出，或经克隆及其他手段而获得的胚胎，移植到另一头同种的生理状态相同的母畜的输卵管或子宫内，使其继续发育直至分娩的技术，所以也有人通俗地叫作人工受胎或借腹怀胎。提供胚胎的母畜称为供体，而接受胚胎的母畜称为受体。胚胎移植实际上是产生胚胎的供体和养育胚胎的受体分工合作共同繁殖后代的过程。牛的胚胎移植操作程序如图5-21所示。

二、胚胎移植的意义

1. 促进品种改良

如果说人工授精技术的出现使公畜的繁殖潜力得到最大限度发挥的话，那么胚胎移植技术的出现可以使母畜的繁殖潜力得以充分发挥，从而有效地促进家畜的遗传改良。这一技术可以使一头良种母畜比平时多生产几倍到几十倍的胚胎，把这些胚胎移植给普通的受体母畜，就可以在短时间获得大批的良种后代，从而促进家畜良种化。

2. 引进良种家畜的有效途径

胚胎移植技术和冷冻胚胎技术的结合，使世界范围内的家畜良种引进过程大为简便易行。

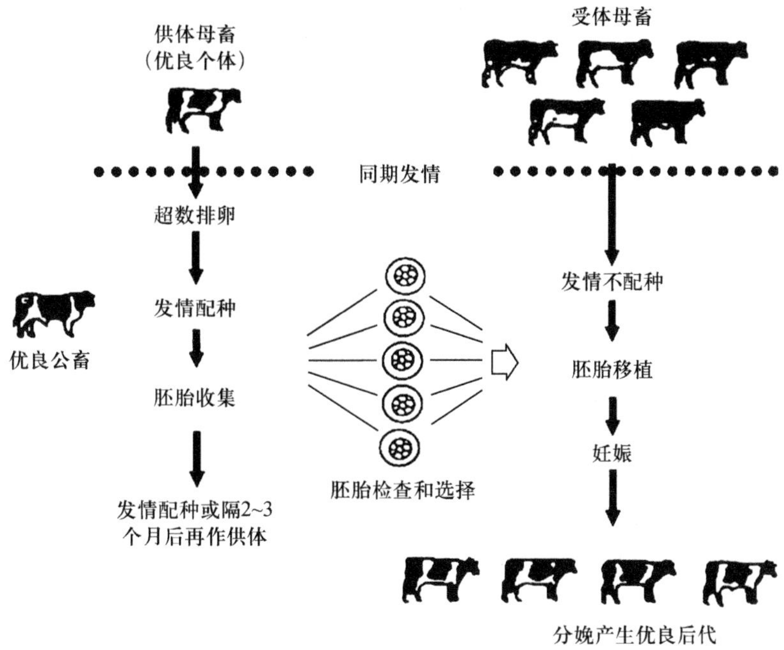

图 5-21　牛的胚胎移植操作程序

胚胎的冷冻保存可使胚胎的移植不受时间和空间的限制，通过胚胎的运输代替种畜的进出口，节约购买和运输种畜的费用。此外，通过引进胚胎繁殖的家畜，家畜出生后在当地生长发育，较易适应本地区的环境条件，也可从母体得到一定的免疫能力。因此，这一技术已成为目前国际间家畜良种引进的主要方式。

3. 遗传资源保存方面的应用

利用胚胎及胚胎冷冻保存技术来大量保存一些国家或地区特有的家畜或动物遗传资源，建立动物遗传资源保存库，这样可以防止因大规模杂交改良而造成的地方良种资源的消亡丧失，为品种资源的长期保存开辟了新的途径。

4. 加快动物育种和繁殖

利用胚胎移植技术不仅可以加速育种速度，而且可以促进特种家畜和动物品种的繁殖。例如，我国引进的波尔山羊、杜泊羊、荷斯坦牛、良种肉牛都采用了胚胎移植扩群的方法。德国的研究人员曾将印度野牛胚胎移植给普通奶牛，使奶牛产出了小野牛；美国的研究人员将斑马胚胎移植给普通马，生出了小斑马。这意味着人们可以利用胚胎移植技术来拯救那些濒临灭绝的动物。

5. 作为生物学的研究手段，促进相关科学的发展

胚胎移植是研究受精生物学、遗传学、胚胎学、细胞学、动物育种学、免疫学及繁殖生理学等理论问题的一种非常好的手段，也是研究胚胎生物工程技术如胚胎分割、胚胎嵌合、体外受精、性别鉴定、核移植、转基因动物等技术的必不可少的基础环节。胚胎移植技术的应用与推广不仅仅限于其本身的意义，更主要的是还促进了相关的生物学科和技术的出现和发展。

从技术上看，胚胎移植技术已由早期的单一受精卵移植发展到目前的由体外受精、体外培养、冷冻保存、胚胎分割（或分离）、胚胎嵌合、性别鉴定和性别控制及核移植等技术构成的综合

性胚胎工程技术。

三、胚胎移植的生理学基础

1. 母畜发情后生殖器官的孕向发育

大多数自发排卵的动物,发情后不论是否配种,或配种后是否受精,生殖器官都会发生一系列变化,如卵巢中黄体的形成,孕酮的分泌及其高水平的维持,子宫内膜的组织增生和分泌功能的增强等现象,这些变化都是为了给可能存在的胚胎创造适宜的发育条件。所以,母畜发情后生殖器官的孕向发育,是进行胚胎移植时使受体可以接受胚胎,并为胚胎发育提供各种条件的主要生理学依据。

2. 早期胚胎的游离状态

家畜的胚胎在发育早期的相当一段时间内(附植之前),在输卵管或子宫内处于游离状态,和子宫还没有建立实质性的联系,它的发育基本上靠自身贮存的营养物质。因此,在这个时期可以从供体体内取出,在离开活体的短时间内和适当的条件下仍能够存活,当放回到与供体相同的环境中时,能够继续发育。

3. 胚胎不存在免疫问题

同一物种之间移植的胚胎不存在免疫排斥现象,所以,当胚胎从供体移植到受体时可以存活下来,胚胎必须和受体的子宫内膜建立生理和组织上的联系,才能保证胚胎以后的正常发育。

4. 胚胎的遗传特性不受受体影响

受体对胚胎并不产生遗传方面的影响,不会改变新生个体的遗传特性或减弱其固有的优良性状。

四、胚胎移植的基本原则

1. 胚胎移植前后所处环境的一致性

胚胎移植前后所处环境的一致性是指胚胎移植后的生活环境与胚胎的发育阶段相适应,它包括以下 3 个方面。

(1) 供体和受体种属上的一致性　供体和受体在动物分类学上应是同一物种,移植才有成功的可能性。亲缘关系远的动物,由于胚胎的组织结构、胚胎发育所需要的条件和发育速度差异较大,供体和受体的胚胎移植不能成功或胚胎只能存活数日。

(2) 生理上的一致性　供体和受体母畜在发情时间上应具备同期性,也就是说移植的胚胎与受体在生理上是一致的。在胚胎移植实践中,一般供体和受体发情同步差不能超过 24 h,否则胚胎移植成功率显著下降。

(3) 解剖位置上的一致性　解剖位置上的一致性是指移植后的胚胎与移植前的胚胎所处空间环境的相似性。在胚胎的发育阶段,胚胎与输卵管、子宫相对位置发生变化,但胚胎与受体生殖道位置应保持一致,才能使移植后的胚胎继续发育。如果胚胎移植空间位置上发生变化,就意味着两者之间相互关系的破坏,往往导致胚胎的死亡。

2. 胚胎发育的期限

胚胎收集和移植的期限(胚胎的日龄)不能超过周期黄体的寿命,最迟要在周期黄体退化之前数日进行移植。因此,通常是在供体发情配种后 3～7 d 收集和移植胚胎。显微镜下胚胎发育各阶段如图 5-22 所示。

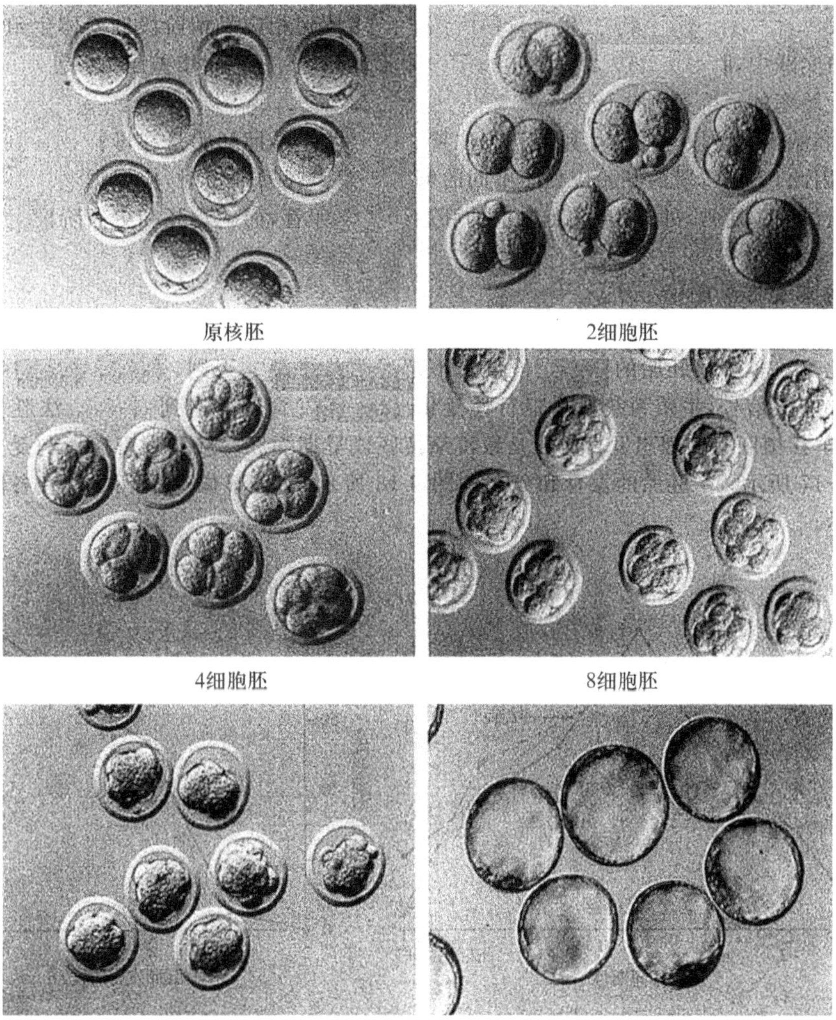

原核胚　2细胞胚

4细胞胚　8细胞胚

桑葚胚　囊胚

图 5-22　显微镜下胚胎发育各阶段

3. 胚胎的质量

移植的胚胎必须经过鉴定，证明是发育正常者。在全部操作过程中，胚胎不应受到任何不良因素（物理的、化学的、微生物的）影响而危及生命力。开展胚胎移植必须有充足的胚胎来源，具备优秀品种基因的胚胎必须有保证。

按照上述原则，胚胎移植只是胚胎生存空间位置上的变化，而不是生理环境的变化。这种空间位置上的变化不会影响胚胎的生长发育，所以将胚胎从一头供体母畜体内直接转移到受体，可以存活并正常发育，直到分娩。

五、胚胎移植的操作程序

胚胎移植的主要技术程序包括：供体和受体选择，供体和受体的同期发情，供体的超数排卵，供体的发情鉴定与配种，胚胎的采集，胚胎的检查，胚胎的保存和胚胎移植。

(一) 供体和受体的选择

选择的供体应该符合本品种的标准，不仅要具备较高的遗传育种价值，而且应该有良好的繁殖功能和生产性能，易配易孕，没有遗传缺陷，分娩顺利正常无难产，特别是无繁殖疾病和传染性疾病，营养良好，体质健壮，发情周期正常。发情症状明显，对超排反应良好。此外，年龄、胎次、产后间隔、子宫环境、供体牛对 FSH 的敏感性及内分泌的稳定性对超排都有影响，在选择超排的供体牛时应考虑。

每头供体需准备数头受体，受体可以是一般的非优良品种，但必须是无生殖器官疾病的适繁个体，抗病性好，哺乳能力强，体格较大。在拥有大量母畜的情况下，可选择与供体发情时间相同的自然发情个体作为受体，两者发情时间最好相同或相近，前后不宜超过 24 h，由于一般情况下不易找到足够量的合适母畜作为受体，所以常采用同期发情来获得足够数量的受体母畜。

供体和受体选择后，应有专人负责，加强饲养管理，使其达到理想的生理状态，以提高胚胎移植的效果。

(二) 供体和受体的同期发情

胚胎移植时，必须对受体进行同期发情处理，使受体和供体母畜的发情同期化，其发情时间最好控制在±12 h，若超过±24 h，则胚胎移植受胎率急剧下降。

(三) 供体的超数排卵

供体超数排卵有 PMSG 一次注射法和 FSH 多次减量注射法。目前以 FSH 4 d 共 8 次减量注射法超排效果较好。

(1) 用 PMSG 超数排卵，在母牛发情周期的第 11～13 天中的任意一天肌内注射即可，按每千克体重 5 IU 确定 PMSG 总剂量，在注射 PMSG 后 48 h 及 60 h 分别肌内注射 $PGF_{2\alpha}$ 一次，剂量同用 FSH 超数排卵，即每次 2～4 mg。母牛出现发情后 12 h 再肌内注射 PMSG，剂量以能中和 PMSG 的活性为准。

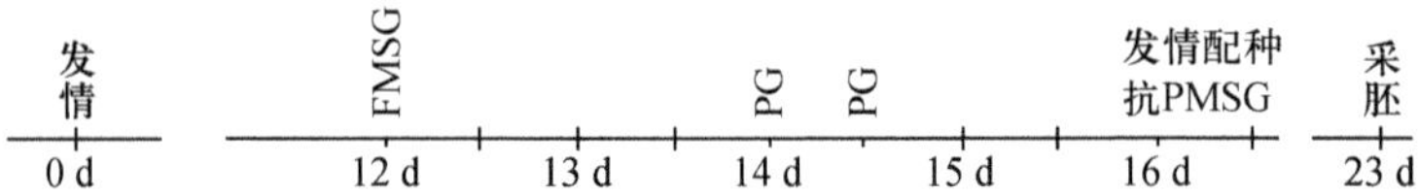

(2) 用 FSH 超数排卵，在母牛发情的第 9～13 天中的任意一天开始肌内注射 FSH。以递减剂量连续注射 4 d，每天注射 2 次(间隔 12 h)，剂量按牛体重、胎次进行适当调整，总剂量为 300～400 大鼠单位。在第一次注射 FSH 后 48 h 及 60 h 分别肌内注射 $PGF_{2\alpha}$ 一次，每次 2～4 mg。若采用子宫灌注剂量可减半。

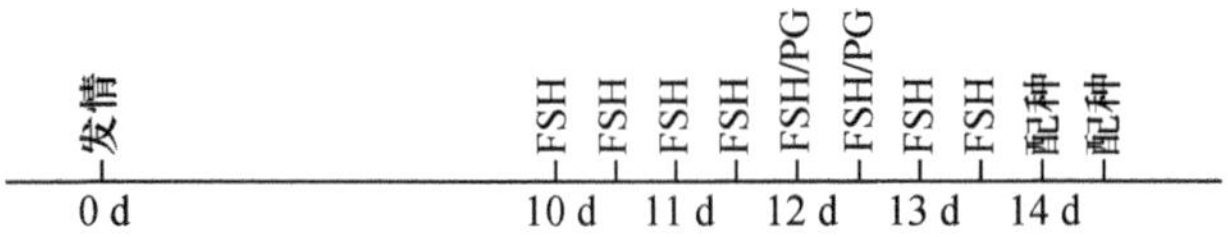

(四) 供体的发情鉴定与配种

超数排卵处理后，要密切观察供体的发情表现，每天早、中、晚至少观察 3 次。当母畜发情后，为了得到更多发育正常的胚胎，应使用活力高、密度大的优良公畜的精液，而且可以适当地增加输精剂量及人工授精的次数，授精间隔时间为 8～12 h。

(五) 胚胎的采集

在供体配种或人工授精后的适当时间,利用冲胚液将胚胎从供体生殖道内冲出,收集在一定的器皿中,以便移植给受体的过程即为胚胎的采集,简称采胚。

1. 胚胎采集前的准备

(1) 冲胚液、培养液的配制　冲胚液、培养液现多用杜氏磷酸盐缓冲液(PBS)(表 5-8)。在使用前都要加入血清白蛋白,含量一般为 0.1%～3.2%,也可用犊牛血清代替,但需加热(56 ℃水浴 30 min)灭活其中的补体,以利于胚胎存活。冲胚液血清含量一般为 3%(1%～5%),培养液血清含量为 20%(10%～50%)。冲胚液、培养液用前放入 37 ℃的水浴或恒温箱中预热、备用。

表 5-8　杜氏磷酸盐缓冲液成分　ng/L

成分	NaCl	KCl	$CaCl_2$	$MgCl_2 \cdot H_2O$	Na_2HPO_4	KH_2PO_4	葡萄糖	丙酮酸钠
含量	8 000	200	100	100	1 150	200	1 000	36

(2) 胚胎收集器械　主要有二路式采胚管、采胚管钢芯、扩宫管、连接管、集胚皿和集卵杯等。此外还有常规外科手术器械及药品。

2. 胚胎采集的时间

一般在配种后的 3～8 d,发育到 4 细胞期以上。当采集的胚胎用于胚胎冷冻或胚胎分割时,胚胎采集时间可适当延长,但不能超过配种后的 7 d。

采胚的具体时间应根据配种时间、发生排卵的大致时间、胚胎的运行速度、胚胎的发育阶段、畜种、胚胎所处部位、采胚方法等因素来确定。

3. 胚胎采集的方法

有手术法和非手术法,前者可用于各种家畜胚胎的收集,此法具有胚胎回收率高的特点;后者仅适合牛、马等大家畜,且只能在胚胎进入子宫角后收集。

(1) 手术法收集胚胎　根据畜种的不同及外科手术的要求,在腹中线或腹侧做一切口,先将一侧输卵管及子宫角移出腹腔,用注射器吸取冲卵液注入输卵管或子宫角内进行冲洗,并观察卵巢上的排卵情况(图 5-23)。然后将该侧送回腹腔,并移出另一侧,用同样方法进行冲洗。手术法冲洗胚胎有以下两种方式。

① 输卵管冲洗法:由子宫角向输卵管伞部冲洗(上行法)。用注射器的磨钝针头刺入子宫角顶端,注入冲卵液,然后在输卵管的伞部接取冲卵液,这种方式适用于牛、羊、兔等。

由输卵管伞向宫管结合部冲洗(下行法)。

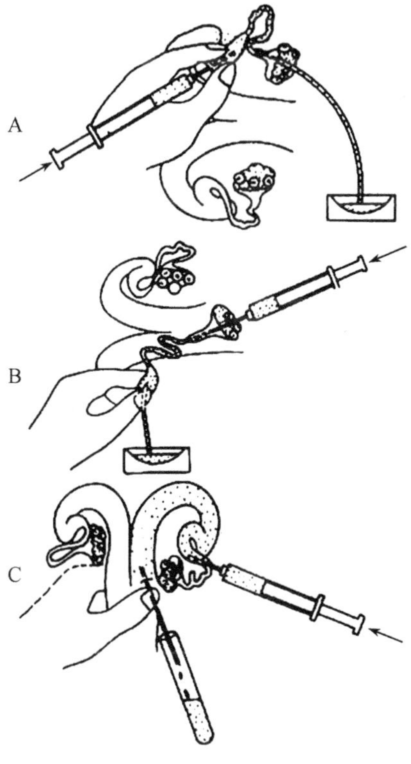

图 5-23　手术法采胚操作示意

冲洗的方向是由伞部注入冲洗液，在子宫角上端接取。猪和马的子宫管结合部有一活塞结构，用第 1 种方式，冲洗液不易通过，因此多采用第 2 种方式。

输卵管冲洗法只有当胚胎还处于输卵管时才可采用，其优点是采胚率高，冲洗液用量少，检胚快，并且可准确计算排卵点；缺点是从输卵管插入细管或冲洗，容易造成输卵管及伞部损伤。

② 子宫角冲洗：自家畜腹中线切口引出子宫角后，用拇指和食指或止血钳夹住子宫角基部，并在子宫角基部用一钝形针穿刺子宫壁，取一塑料管沿着针孔插进子宫腔，然后用注射器将 30～50 mL 冲洗液从子宫角顶端向子宫角基部方向注入，胚胎随冲洗液由细管流入集卵器皿，或者从子宫角基部向子宫角顶端方向注入。这种方式适合于各种家畜。其优点是手术过程只需拉出子宫角；缺点是因子宫腔大，冲洗液用量大，采胚率偏低。

冲胚操作要求迅速准确，以防止对伤口、生殖器官和冲卵液的污染，力求避免给动物带来刺激和对生殖器官造成损伤。一般来说，术后生殖器官容易发生不同程度的粘连，严重时会造成不孕，这是手术法收集胚胎最大的缺点。冲洗之后，应立即缝合伤口，母畜应单独饲养，并随时观察其伤口的愈合情况。

(2) 非手术法收集胚胎　牛、马也可采用非手术法收集胚胎，这种采集方法比手术法简单易行，而且对生殖器官的伤害程度较小，因此在生产中较多采用。

非手术法收集胚胎可利用双通式或三通式导管采卵器，其差别在于双通式采卵器冲卵液注入和流出是经同一管道完成的，而三通式采卵器冲卵液的注入和流出是经过两个不同的管道完成的。无论是双通式还是三通式，其外管前端均连接一气囊。当采卵器插入子宫角大弯处时，从进气口向气囊中充入气体，充气量的多少依子宫角粗细以及导管插入子宫角的深浅而定(图 5-24)。认为气囊位置和充气量合适时抽出全部不锈钢钎，由进出水孔注入冲洗液，每侧子宫角需冲洗液 100～500 mL。冲洗液的导出应顺畅迅速，并尽可能将冲洗液全部收回。为此，冲胚时最好用手在直肠内将子宫角提高并略加按压，以利于冲洗液流出。胚胎的回收率与冲洗液回收的完全程度呈正相关关系。

应用非手术法收集胚胎时，只有当胚胎都进入子宫角后方可进行。显然，这种方法无法收集停留在输卵管内的胚胎，因此，用非手术法收集牛的胚胎时，一般在配种后 6～8 d 进行。

(六) 胚胎的检查

胚胎的检查包括两个过程：一是检胚，二是胚胎鉴定。胚胎的检查是指在体视镜下，从冲洗液中寻找胚胎。胚胎的鉴定则是将检查的胚胎应用各种手段对其质量和活力进行评定(或等级分类)。

1. 胚胎检查方法

为了减少体外不利因素对胚胎造成的影响，从母畜生殖道内冲出的冲洗液应保持在 37 ℃环境中，冲胚结束后将冲洗液置于 30 ℃的无菌箱中，最好在箱内检查，如果条件不具备，可在 20～25 ℃的无菌操作室内检查。为了缩短检胚时间，最好用 2～3 台体视镜同时检查。因冲洗液量比较大(几百毫升)，全部检查花费时间太多，故采取两种方法，既不让胚胎丢失又要节省时间。一种方法是静置法，即把盛冲洗液的容器在无菌室内静置 20～30 min，胚胎下沉到容器底部，吸出上面的冲洗液，剩下几十毫升即可，然后将这些冲洗液倒入平皿或表面皿，在体视镜下进行检查，为防止胚胎黏在容器上，要用冲洗液冲洗容器，这部分单独倒入平皿检查。另一种方法是将冲洗液倒入带有网格(直径小于胚胎直径)的过滤器中，由上往下吸出冲洗液，

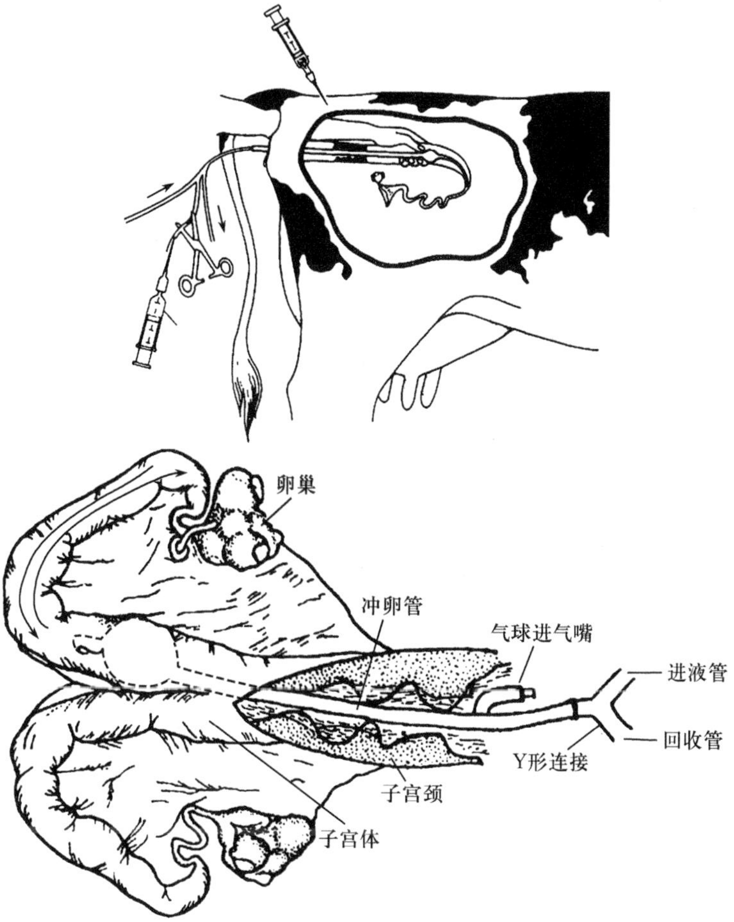

图 5-24　非手术法采胚操作示意

最后剩下几十毫升即可，为防止胚胎吸附在过滤器上，用冲洗液反复冲洗过滤器，按上述方法进行处理后，在体视镜下进行观察，牛和绵羊早期胚胎的直径为 150 μm 左右。检查出的胚胎用吸卵器移入含有 20％犊牛血清的 PBS 培养液中进行鉴定。

2. 胚胎的鉴定

胚胎移植前正确鉴定胚胎的质量，是移植能否成功的关键之一。目前鉴定胚胎质量和活力的途径主要有以下几种。

(1) 形态学法　这是目前鉴定哺乳动物胚胎最广泛、最实用的方法。一般是在 30～60 倍的实体显微镜下或 120～160 倍的生物显微镜下对胚胎进行评定，评定的内容包括：

① 卵子是否受精(未受精卵的特点是透明带内有分布均匀的颗粒，无卵裂球)。

② 透明带形状、厚度、有无破损等。

③ 卵裂球的致密程度，卵黄周隙内是否有游离细胞或细胞碎片，细胞大小是否有差异。

④ 胚胎的发育程度是否与胚龄一致，胚胎的透明度，胚胎的可见结构是否完整等。

根据胚胎的形态特征将胚胎分为 A(优)、B(良)、C(中)、D(劣)4 个等级(图 5-25)。

A 级：胚胎发育阶段与胚龄一致，胚胎形态完整，轮廓清晰，呈球形，分裂球大小均匀，结构紧凑，色调和透明度适中，无游离的细胞和液泡(或很少)，变性细胞占比＜10％。

B级：胚胎发育阶段与胚龄基本一致，轮廓清晰，分裂球大小基本一致，色调和透明度及细胞密度良好，可见到一些游离的细胞和液泡，变性细胞占比10%～30%。

C级：胚胎发育阶段与胚龄不太一致，轮廓不清晰，色调变暗，结构较松散，游离的细胞或液泡较多，变性细胞占比30%～50%。

D级：有碎片的胚胎，细胞无组织结构，变性细胞占胚胎大部分，约75%。

A、B、C级胚胎为可用胚胎，D级为不可用胚胎。

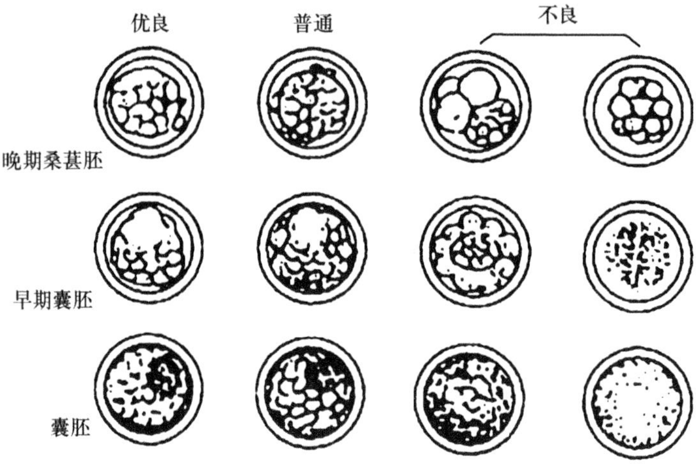

图5-25　牛胚胎等级示意图

(2) 荧光活体染色法　将二醋酸荧光素(FDA)加入待鉴定的胚胎中，培养3～6 min，活胚胎显示荧光，死胚胎无荧光。这种方法比较简单，而且可验证上述形态学对胚胎做出的分类结果，因此，在生产中应用的也比较多。

(3) 测定代谢活性法　即通过测定胚胎的代谢活性，鉴定胚胎的活力。其方法是将待鉴定的胚胎放入含有葡萄糖的培养液中，培养1 h后，测定葡萄糖的消耗量，每培养1 h消耗葡萄糖2～5 μg以上者为活胚胎。

(七) 胚胎保存

胚胎的保存是将胚胎在体内或体外正常发育温度下，暂时储存起来而不使其失去活力，或者是将其保存于低温或超低温情况下，使细胞处于新陈代谢和分裂速度减慢或停止，即使其发育基本处于暂时停顿状态，一旦恢复正常发育温度时，能再继续发育。目前，哺乳动物胚胎的保存方法有常温保存、低温保存和冷冻保存。

1. 常温保存

常温保存是指胚胎在15～25 ℃温度下于培养液中保存。这种温度下胚胎能保存24 h，随时间的延长其活力下降，此方法只能用于短暂的保存和运输。

2. 低温保存

低温保存是指胚胎在0～10 ℃的区域内保存，此时，胚胎卵裂暂停，代谢速度显著减慢，但尚未停止。这种方法使细胞的某些成分特别是酶处于不稳定状态，保存时间较短。但低温保存操作简便，设备简单，适宜野外应用。

不同动物的胚胎对温度的反应不同，小鼠、家兔和羊的胚胎冷却到0 ℃仍能存活，而猪胚胎抗低温能力较差。目前认为，低温保存一般以5～10 ℃较好。几种哺乳动物适宜保存的参考温度分别是：小鼠 5～10 ℃、家兔 10 ℃、绵羊 10 ℃、山羊 5～10 ℃、、牛 0～6 ℃。而猪胚胎对低温较敏感，在 15 ℃以下易受低温打击而影响活力，所以猪胚胎保存一般在 15～20 ℃为宜。

保存液直接影响胚胎的活力。用于胚胎低温保存的保存液种类很多，近年来，各种动物胚胎的低温保存广泛采用 Whittingham(1971)配制的修正磷酸缓冲液(mPBS)。

3. 冷冻保存

冷冻保存就是将胚胎置于超低温环境中(－196 ℃)保存，其新陈代谢及发育完全停止，但仍具有活力，一旦解冻、移植即可产生后代。其最大的优点是胚胎可以长期保存，而对其活力无影响。

胚胎冷冻的方法很多，有缓慢降温法、快速冷冻法和玻璃化冷冻法 3 种。

(1) 缓慢降温法　加入保护剂后，以 0.2～0.8 ℃/min 的速率降至－196 ℃后投入液氮中保存。同样，解冻也需要缓慢升温。此法冷冻解冻过程耗时太长，现采用不多。

(2) 快速冷冻法　需要专门的冷冻仪，但胚胎解冻后存活率及移植成功率较高，目前生产中最常用。

① 胚胎采集和洗涤：用手术法或非手术法采集胚胎后，选择形态正常的桑葚胚或囊胚，在含 20%犊牛血清的 PBS 中洗涤 2 次。

② 加入冷冻液：洗涤过的胚胎在室温条件下加入含 1.4 mol/L 甘油的冷冻液中，平衡 20 min。

③ 装管和标记：将胚胎和冷冻液装入 0.25 mL 细管中(图 5-26)，封口，并在细管上标记供体号、胚胎数量、等级、冷冻日期等。

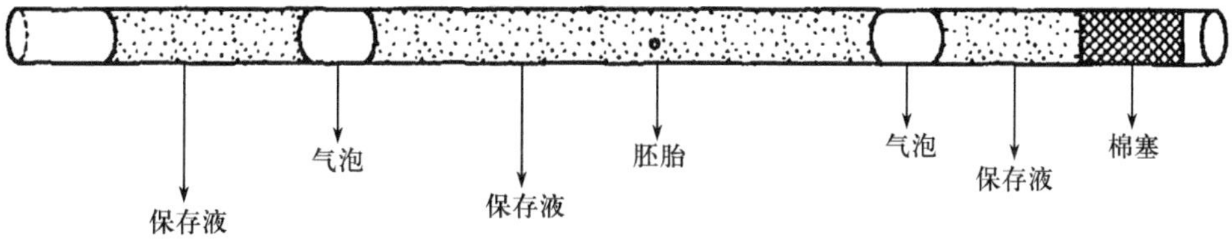

图 5-26　胚胎装入细管的程序

④ 冷冻和诱发结晶(植冰)：将装入细管中的胚胎放入冷冻仪中，在 0 ℃平衡 10 min，以 1 ℃/min 的速度降至－7～－6 ℃，在此温度下诱发结晶，并平衡 10 min。然后以 0.3 ℃/min 的速度降温至－38～－35 ℃，投入液氮中保存。

⑤ 解冻和脱除保护剂：从液氮中取出装胚胎的细管，立即投入 37 ℃水浴中，并轻轻摆动，1 min 后取出即完成解冻过程。然后用 0.2～0.5 mol/L 蔗糖 PBS 液分两步或一步法脱除冷冻保护剂使胚胎复水，最后移入 PBS 培养液中准备移植。

(3) 玻璃化冷冻法　采用 25%的甘油、25%的丙二醇、25%的乙二醇中的任意两种保护剂组成高浓度的玻璃化液。胚胎先移入低浓度的保护剂中，停留片刻后再移入高浓度的保护剂中，再装入细管并在 4 ℃温度下平衡 10 min，然后直接投入液氮。解冻后可分两步法脱去保护剂。此法操作简单，不需要专门的冷冻仪，是将来发展的方向，但成功率还有待提高。

(八) 胚胎的移植

胚胎移植也有手术法和非手术法两种方式，前者适用于各种家畜，后者仅适用于牛、马等大家畜。用作受体的母畜应具有明显的发情症状，发情时间应与供体母畜一致。

1. 手术法

受体母畜应和供体母畜同时做好术前准备，在进行胚胎检查的同时或之后，立即在受体腹部做一切口，找到排卵侧的卵巢并观察黄体发育情况，根据胚胎的发育阶段，用注射器或移植管将胚胎注入排卵卵巢同侧子宫角上端或输卵管壶腹部内，然后迅速复位、缝合（图 5-27）。

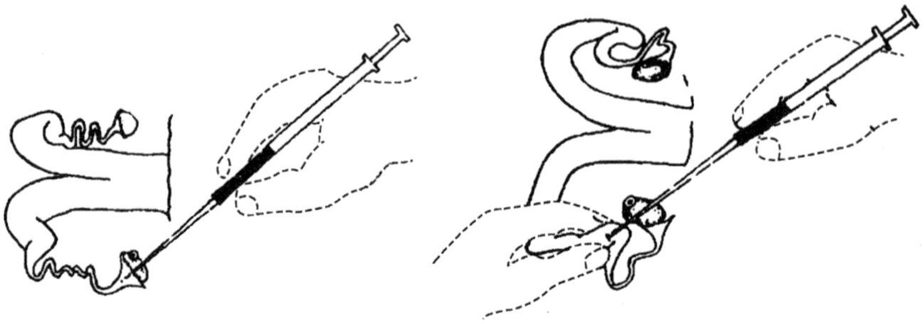

图 5-27 手术法移植胚胎

2. 非手术法

牛的非手术移植法是将一只手伸入直肠，先检查黄体位于哪一侧卵巢及其发育情况，然后类似于人工授精技术，用手把握住子宫颈，另一只手将胚胎移植枪插入与黄体同侧的子宫角内，注入胚胎（图 5-28）。

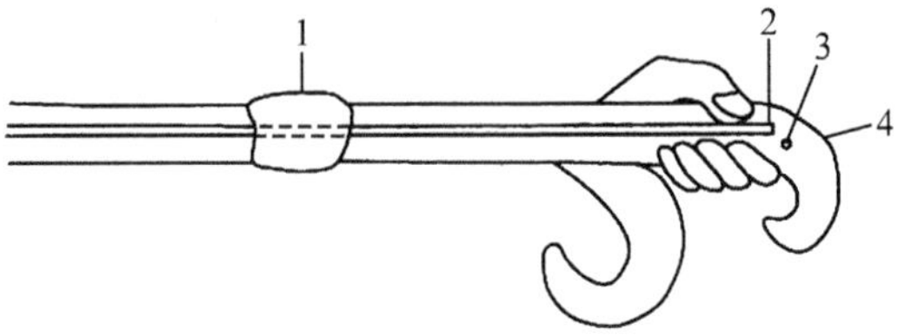

1. 子宫颈 2. 胚胎移植器 3. 胚胎 4. 子宫角大弯

图 5-28 非手术法移植胚胎

移植时动作要迅速准确，避免对组织造成损伤。黄体发育不良的母畜最好不用作受体，以免影响受胎率。

【实训操作】

实训 5-2 羊的手术法胚胎移植

一、实训目的和要求

通过实训，掌握母羊手术法胚胎移植的程序以及主要技术环节操作要领。

二、实训材料与器具

1. 试验动物

健康符合试验条件的母羊。

2. 药品与试剂

氯前列烯醇、消毒液、孕酮阴道栓(CIDR)、土霉素粉、高锰酸钾、维生素A、维生素D、维生素E;促卵泡素(FSH)、促黄体素(LH)、75%酒精等。

3. 器械

玻璃棒、开膣器、脸盆、水桶、毛巾、CIDR枪、注射器、冲卵管、冲卵液、集卵皿、手术器械、手术架、移植器械、棉球及乳胶手套等。

三、实训方法与步骤

(一) 同期发情

1. 放置阴道栓

(1) 将被处理母羊保定。

(2) 用清水擦洗被处理母羊的外阴部,并进行消毒。

(3) 用放栓枪将阴道栓放到羊的阴道深处,或用开膣器打开母羊的阴道,用玻璃棒将阴道栓缓缓顶到阴道深部的子宫颈口处。

(4) 8~12 d时,再次保定被处理母羊,用手拉住暴露在阴道外的细绳直到阴道栓出来。

(5) 取栓后2~4 d,仔细观察母羊发情情况,并做好记录。

2. 注射PG

(1) 将被处理母羊保定。

(2) 注射氯前列烯醇0.1~0.2 mg。

(3) 2~4 d内仔细观察母羊发情情况,并做好记录。

(二) 超数排卵

1. 操作方法

(1) 给被处理羊放置阴道栓(见同期发情)。

(2) 绵羊通常在放置阴道栓后第12天开始肌内注射FSH,山羊通常在放置阴道栓后第15天开始注射FSH,每隔12 h注射1次,连续注射6次(或8次)。

(3) 在第5次或第7次注射FSH时,将阴道栓取出。

(4) 仔细观察处理母羊,发现发情羊,注射LH,并开始配种,配种次数不少于3次。

2. 注意事项

(1) FSH的注射剂量,因生产厂家和羊只个体大小不同,剂量有差异。澳大利亚、新西兰、美国生产的FSH,规格是40 mg/支,每只羊注射总量约为20 mg;宁波第二激素厂生产的FSH,规格为100 IU/支,每只羊注射总量在150 IU左右。

(2) LH的注射剂量,肌内注射每只羊约为150 IU。

(三) 手术法收集胚胎

(1) 手术前对羊进行24 h禁食。

(2) 剃毛　为了节省手术时间,减少手术室的环境污染,手术的羊只提前在室外剃毛。

(3) 麻醉,保定。

(4) 手术部位消毒　手术部位一般多采用腹中线旁切口,由后向前平行腹白线切开长为2~5 cm的切口。

(5) 寻找及显露子宫、输卵管及卵巢。

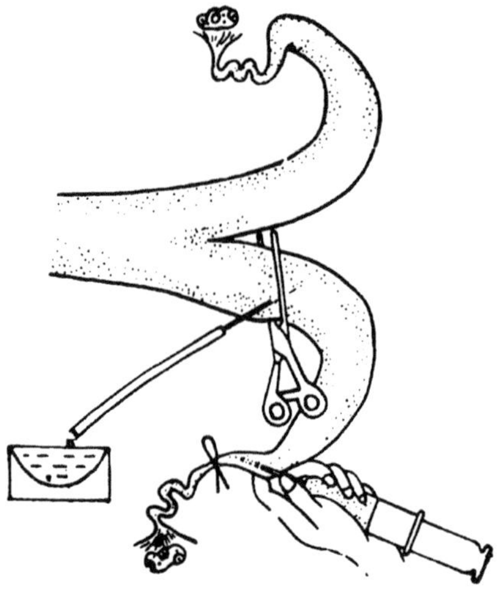

图 5-29 羊子宫角收集胚胎示意图

(6) 观察并记录两侧卵巢表面的黄体大小、数量以及卵泡数量等。

(7) 冲胚 将子宫角引出切口外，在子宫角基部靠近子宫体部位用止血钳或钝形针头迅速向子宫腔内刺一小孔，拔出穿刺针，快速将已准备好的采胚管（二通管）气囊端由该孔向子宫角尖端方向插入，使采胚管气囊位置约在一侧子宫角分叉处基部（图5-29）。用注射器向气囊内注射 2～5 mL 空气，使气囊完全充盈将子宫角充分堵塞固定。用注射器吸入 37 ℃冲卵液，针头从宫管结合部子宫角端刺进子宫腔，将针头与管壁捏紧，防止液体倒流。向子宫角内匀速注入冲卵液，一般 30～50 mL，冲卵液经子宫角、二通管的接出管回收到集卵皿中。一侧子宫角冲洗完毕后，抽出注射器针头，将固定气囊放气，拔出冲卵管，用同样方法冲洗另一侧子宫角。冲胚完成后，将装有回收液的表面皿迅速送到检胚室，镜检。

(8) 缝合 对子宫表面血迹用灭菌纱布进行彻底擦拭，并用生理盐水清洗整个子宫后送回腹腔进行缝合。

（四）胚胎移植

1. 羊手术法胚胎移植

(1) 受体羊的手术，同羊的胚胎收集方法。

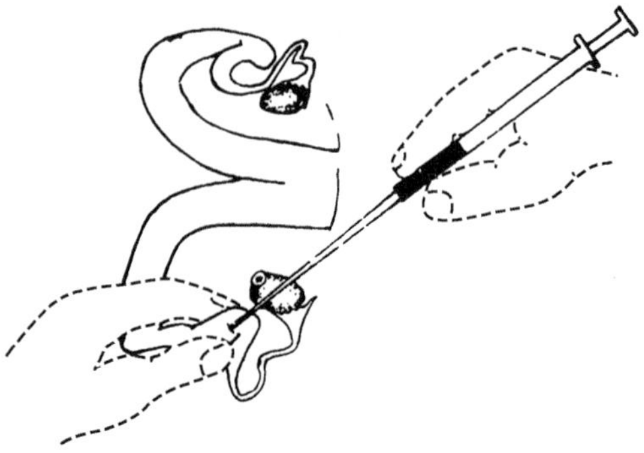

图 5-30 羊子宫角移植胚胎示意图

(2) 切开腹壁后，将子宫角引出切口外，用钝形针头在有黄体的一侧子宫角上部 1/3 处扎小孔，刺透子宫壁后，迅速拔下穿刺针。

(3) 将装有胚胎的移植器沿针孔插入子宫腔内约 1 cm（图 5-30）。

(4) 将胚胎和少量的培养液一起注入子宫腔内（图 5-30）。

(5) 移植后检查移植器中是否有胚胎遗留。

(6) 确认移植器内没有胚胎，开始缝合切口。

(7) 做好术后羊的护理和妊娠观察、诊断工作。

2. 羊腹腔内窥镜法胚胎移植

在乳房前方腹中线两侧各切开一个 1 cm 长的小孔，一侧插入打孔器和腹腔镜，另一侧插入肠钳。观察卵巢黄体，选择有黄体且黄体发育良好的子宫角进行移植，移植部位与供体羊采胚部位相同。

四、技能考核

考核内容及分数分配	操作环节与要求	评分标准		考核方法	熟练程度	时限
		分值	扣分依据			
1. 母羊的同期发情和超排处理 2. 胚胎的采集 3. 胚胎的检查 4. 胚胎的移植 (100分)	同期发情和超排正确	20	每少一项扣3分	口试考核	基本掌握	10 min
	胚胎的采集	30	每错一步扣3分			
	胚胎的检查	10	每错一步扣5分			
	胚胎的移植	20	每错一步扣5分			
	熟练程度	10	在教师指导下完成时扣5分			
	完成时间	10	每超时1 min扣3分			

任务5-5 配子与胚胎生物工程技术

一、体外受精技术

(一) 体外受精概念

体外受精(*in vitro* fertilization,IVF)是指哺乳动物的精子和卵子在体外人工控制的环境中完成受精过程的技术。在生物学中,把体外受精胚胎移植到母体后获得的动物称为试管动物。自1951年Chang和Austin分别发现哺乳动物精子获能现象之后,体外受精技术的研究就得到了飞速的发展,现已日趋成熟且成为一项重要而常规的动物繁殖生物技术。哺乳动物的体外受精技术是继人工授精、胚胎移植技术之后,家畜繁殖领域的又一次革命。体外受精技术是由卵母细胞的体外成熟、体外受精、受精卵的体外培养和胚胎移植等程序组成的完整系统。

(二) 体外受精的意义

(1) 体外受精技术的确立,为进一步研究精子和卵子体外受精机制和调控条件提供可能。

(2) 体外受精技术是动物克隆、动物转基因工程、胚胎干细胞等现代生物技术不可缺少的组成部分。

(3) 体外受精技术的发展为体外工厂化生产优质低廉的胚胎提供了可能,并为广泛开展胚胎移植提供了条件。

(4) 体外受精结合胚胎移植技术是治疗某些不孕症和克服性连锁病的重要措施之一。

(三) 体外受精技术的基本操作程序

哺乳动物体外受精如图5-31所示。

1. 卵母细胞的采集

季节不同,家畜的卵巢机能活动不同。一般应在家畜繁殖季节进行,因为此时卵巢的机能活动最为活跃,卵泡生长良好,卵母细胞质量较好,体外成熟率高。卵母细胞的采集方法通常有以下3种。

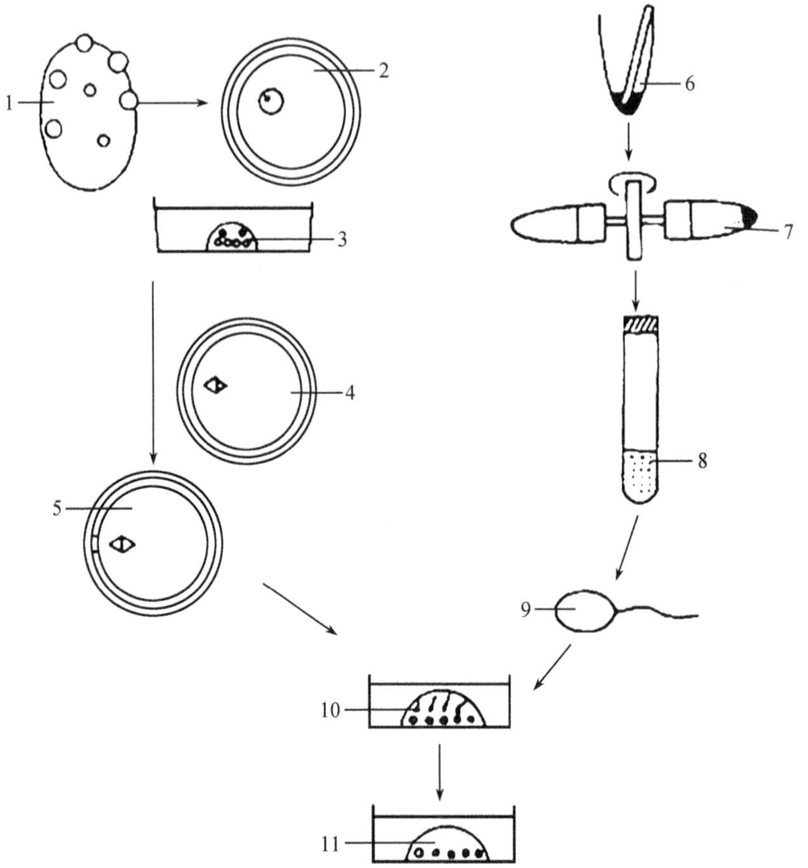

1. 卵巢 2. 生发泡期卵母细胞 3. 卵母细胞成熟培养 4. MⅠ(metaphase Ⅰ)期卵母细胞
5. MⅡ(metaphase Ⅱ)期卵母细胞 6. 精液解冻 7. 精子离心洗涤
8. 精子获能处理 9. 获能精子 10. 体外受精 11. 胚胎培养

图 5-31 哺乳动物体外受精示意图

(1) 超数排卵 雌性动物(母畜)用 FSH 和 LH 处理后,从输卵管中冲取成熟卵子并与获能精子受精。该技术的关键是掌握卵子进入输卵管和卵子在输卵管维持受精能力的时间,一般要求在卵子具有旺盛受精能力之前。超数排卵能提高家畜的利用率,同时可控制体外受精的卵子发育阶段,从而提高体外受精的效率。

(2) 从活体卵巢中采集母畜卵母细胞 Snyder 和 Dukelow 在 1974 年首次利用腹腔镜从绵羊的 21 个卵泡抽吸到 6 个卵母细胞。该方法借助超声波探测仪、内窥镜或腹腔镜直接从活体动物的卵巢中吸取卵母细胞。在小家畜(如绵羊和猪)中,常用腹腔镜取卵;在大家畜(如牛和马)中,常用超声波探测仪辅助取卵。在家畜中,活体采集的卵母细胞一般要经过成熟培养后才能与精子受精。

(3) 从屠宰后母畜卵巢上采集卵母细胞 从刚屠宰母畜体内摘出卵巢,经洗涤、保温(30~37 ℃)后,快速运到实验室,在无菌条件下用注射器或真空泵抽吸卵巢表面一定直径卵泡中的卵母细胞,也可对卵巢进行切片,收集卵母细胞。用此方法获得的卵母细胞多数处于生发泡(germinal vesicle,GV)期,需要在体外培养成熟后才能与精子受精。该方法的关键是注意卵巢的保温和防止细菌污染。最大优点是材料来源丰富、成本低廉，但确定母畜的系谱困难，且受季节影响较大。

2. 卵母细胞的选择

采集到的卵母细胞一般与卵丘细胞形成卵丘卵母细胞复合体（cumulus oocyte complex，COC）。采集到的COC要求卵母细胞形态规则，细胞质均匀，外围有多层卵丘细胞紧密包围。根据对家畜体外受精多年的研究，可将未成熟的卵母细胞分为A、B、C和D 4个等级：A级卵母细胞要求有3层以上卵丘细胞紧密包围，而且A级的颗粒层细胞扩张充分；B级要求卵母细胞质均匀，卵丘细胞低于3层或部分包围卵母细胞；C级是没有卵丘细胞包围的裸露卵母细胞；D级是死亡或退化的卵母细胞。一般选择A、B级卵母细胞进行成熟培养。

3. 卵母细胞的成熟培养

由于超数排卵采集的家畜卵母细胞在体内已发育成熟，无须培养可直接与精子受精，而未成熟卵母细胞需在体外进行成熟培养。培养时，先将采集的卵母细胞在实体显微镜下经过挑选和洗涤后，放入培养液中培养。卵母细胞成熟培养液为基础成熟液添加血清和激素。目前卵母细胞的成熟培养液一般采用TCM199添加孕牛血清、促性腺激素、雌激素和抗生素成分，采用微滴培养法。

4. 体外受精

(1) 精子的获能处理　精子的获能现象最早由张明觉和Austin在1951年提出。精子在离开雄性生殖器时，虽有完整的形态和独立运动能力，但不能立刻与卵子受精，必须在雌性生殖道或在体外的特定介质中进行最后成熟，即“获能”，才能与同种动物的卵子受精，这是受精过程最基本的一步，也是体外受精技术中最关键的一步。哺乳动物精子的获能方法有培养和化学诱导两种方法。常用于获能的物质有肝素、钙离子载体和血清白蛋白等。精子获能过程是一个依赖于钙离子的过程。

(2) 受精　体外受精即获能精子与成熟卵子的共培养，除钙离子载体诱导获能外，精子和卵子一般在获能液中完成受精过程。受精培养时间与获能方法有关，在BO液（媒精用基本液）中一般为6～8 h，而用总碱性磷酸酶（TALP）或SOF液作为受精液时可培养18～24 h。精子和卵子常在小滴中共培养，受精时精子密度为1×10^6～9×10^6/mL，每10 μL精液中放入1～2枚卵子，小滴体积一般为50～200 μL。

5. 胚胎培养

精子和卵子结合后，受精卵需要在培养液中继续培养以观察受精卵的发育潜力，质量较好的胚胎方可进行胚胎移植或者进行冷冻保藏。提高受精卵发育率的关键是要选择理想的培养体系，在家畜中，最常用的是TCM199、B2和F10。用它们培养胚胎时，要采用体细胞共培养体系，即体细胞与胚胎在微滴中共同培养，利用体细胞生长过程中分泌的有益因子，促进胚胎发育，克服发育阻断。共培养体系成分复杂，很难确定早期胚胎发育的真正营养需要；化学培养液一般成分简单而明确，培养胚胎时不需添加血清和体细胞，因而易于研究早期胚胎的营养特点对研究哺乳动物早期胚胎发育机理，提高胚胎体外生产效率有重要价值。常用的成分明确培养液有CZB、SOF、CRlaa、KSOM和mKRB等。

体外受精卵的培养广泛采用微滴法，胚胎与培养液的比例为一枚胚胎用3～10 μL微滴进行培养；一般5～10枚胚胎在一个小滴中培养以利用胚胎在生长过程中分泌的活性因子，相互促进发育。当胚胎发育到一定阶段时可进行胚胎移植或冷冻保存，牛、羊受精卵通常培养到致密桑葚胚或囊胚时进行移植或冷冻保存，猪的IVF胚胎抗冻能力差，要求在发育早期移入受体内继续发育。在临床医学中，人的IVF胚胎一般在4细胞期阶段移入受体子宫内。

（四）体外受精存在的问题

1. 囊胚发育低，细胞数少

体外受精卵在培养过程中普遍存在发育阻断即胚胎发育到一定阶段后停止发育并发生退化的现象。牛胚胎阻断发生在8～16个细胞阶段，这就导致体外受精卵的囊胚发育率远低于体内受精。此外，与体内受精囊胚相比，体外受精囊胚的细胞总数和内细胞团细胞数明显减少。

2. 产犊率低，胎儿初生重高

家畜体外受精胚胎，特别是牛的胚胎进入受体后，产犊率比体内受精低15%～20%，但胎儿初生重比体内受精后代高3～4 g，导致受体母畜难产率高。

（五）体外受精发展前景

利用体外受精技术进行卵母细胞成熟和胚胎发育的分子机理研究，并以此为指导研究理想的培养体系，促使胚胎基因组得到稳定、有序表达；同时加强腔前卵泡培养的研究，利用优良母畜的遗传资源。一方面提高活体取卵技术，另一方面研究腔前卵泡和小卵泡的体外成熟技术；还可加强体外受精与其他生物技术的结合进行综合发展。随着哺乳动物胚胎工程技术的深入研究和商业性胚胎移植技术的迅猛发展，体外受精技术已经形成了一套完全在体外培养条件下快速生产，保存大量优质廉价卵母细胞和胚胎的必需技术，有利于充分挖掘优良母畜的繁殖潜力，加速良种家畜的繁殖和育种进程，为胚胎工程提供合适的研究材料，促进胚胎工厂化生产进程。此外，该技术在拯救濒危动物和开发利用珍稀动物等方面也具有重要意义。

二、卵母细胞和胚胎冷冻保存技术

卵母细胞和胚胎冷冻保存（cryopreservation）就是通过采用冷冻保护剂和降温措施对动物的卵母细胞和早期胚胎进行冷冻，使其在超低温条件下能长期保存，解冻后仍然具备继续发育的能力。

（一）卵母细胞和胚胎冷冻保存技术发展概况

近年来，卵母细胞和胚胎冷冻保存技术发展很快。由于卵母细和胚胎对冷冻非常敏感，所以还没有开发出冷冻效果理想的方法。哺乳动物卵母细和胚胎冷冻保存的研究始于20世纪50年代初期，Smith用甘油作为防冻剂，将600枚兔的受精卵冷冻后分别保存于－79 ℃、－160 ℃和－196 ℃的温度下，解冻后培养，有6枚发育。

1. 常规冷冻法的发展概况

目前卵母细胞常用的方法有2种：常规冷冻法（conventional freezing）和玻璃化冷冻法（vitrification）。

1971年，Whittingham等发明了常规冷冻法，冷冻小鼠胚胎获得成功。这种方法以二甲基亚砜（DMSO）为抗冻保护剂，人工植冰后以0.33 ℃/min降至－35 ℃，然后再以1 ℃/min降至－80 ℃后，投入液氮中冷冻保存，整个过程大约需要3 h，因此，这种方法又被称为慢速冷冻法。1977年，Willadsen等对这些方法进行了改良，将绵羊胚胎于抗冻保护剂溶液中处理后，缓慢降温至－35 ℃，再直接投入液氮保存。经过40多年的发展，慢速冷冻法冷冻效果已基本稳定，在世界范围内被广泛应用于胚胎冷冻保存。慢速冷冻法的优点是解冻后胚胎的存活率较高，适合规模化生产；其缺点是冷冻程序较烦琐、费时，冷冻卵母细胞的效果差，需要昂贵的程序降温仪。

2. 玻璃化冷冻法的发展概况

1985年，Rall等首先发明了玻璃化冷冻法，对小鼠8细胞期胚胎冷冻保存取得成功，自此，人们对玻璃化冷冻哺乳动物卵母细胞和胚胎进行了大量研究。与常规慢速冷冻法相比，玻璃化冷冻法的优点是操作简单，不需要程序降温仪，适合现场冷冻胚胎，冷冻卵母细胞的效果有明显提高；其缺点是还没有形成标准的操作程序，冷冻效果受冷冻方法、操作过程等因素的影响而不稳定。

(二) 冷冻原理

在哺乳动物的卵母细胞和细胞中，水分占细胞质的80%以上。当这些细胞在等渗溶液中冷却至冰点以下时，经维持一定的过冷状态后，细胞的内外均形成大量冰晶，从而导致细胞死亡。冰晶是在降温过程中的一定条件下，水分子重新按几何图形排列形成。这是造成冷冻细胞死亡的主要原因。在冷冻的细胞内形成冰晶是不可避免的，关键是所形成的冰晶的大小和数量，只要不形成对生物细胞足以造成物理性损伤的大冰晶，而是维持在微晶状态，细胞就能恢复。如果采用合理的冷冻方法，加入冷冻保护剂，细胞内的冰晶降低到最低程度，就能避免或减少冷冻伤害，使其处在超低温下(液氮－196 ℃)，代谢完全停止，升温后细胞又恢复活性，从而达到长期保存的目的。细胞的冷冻保存在实际上是一个脱水的过程。当温度降至－5 ℃时，细胞外液首先形成冰晶，细胞内液则呈过冷状态。随着细胞外冰晶形成的增加，细胞外液的渗透压也增加，细胞内水分透过细胞膜，渗到细胞外，水分继续在细胞外结冰。如果冷冻的速度很慢，大量水分由细胞内流向细胞外，造成细胞内脱水，因此，细胞内就不形成或形成很少的冰晶。相反，如果冷却速度过快，则细胞内较多水分来不及渗出而在细胞内形成冰晶。此外，冷冻损伤的大小还取决于细胞的大小和形状、细胞膜的通透性、胚胎的质量及其敏感性等。同时，品种、发育阶段、来源(如胚胎源于体内或体外)不同，这些因素的变化就很大。然而，卵母细胞和胚胎对冷冻损伤又具有明显的修复能力。优化条件下，有时会完全或部分修复，并继续其正常发育。冷冻的基本原理是减小损伤，使其在解冻后具有继续发育的能力。

1. 常规冷冻的原理

常规冷冻又称慢速冷冻，其基本原理是在有可能造成冷冻伤害的各种因素之间找到一个最佳平衡点。这些因素包括冰晶形成、渗透压损伤、冷冻保护剂的毒性、细胞内浓缩的电解质、温度性伤害、透明带破损、细胞器及细胞骨架的变化、细胞间连接的变化等；通过对冷冻速率的控制，细胞内外液体自由交换而不会造成严重的渗透压损伤和细胞形态变化，因此，这种方法又被称为平衡冷冻法。在冷冻的最后阶段，尽管冷冻保护剂的浓度似乎达到了一种危险的程度，但其有害性可以降到很小。当形成固态时，细胞内的冰晶被降低到一个可以接受的水平上，甚至完全没有冰晶形成。实际上，这种没有冰晶的固态水也处于玻璃化状态，也就是说，常规慢速冷冻最终也会达到玻璃化效果。

2. 玻璃化冷冻的原理

玻璃化冷冻是将细胞放入含高浓度冷冻保护剂的冷冻液中，通过快速降温，细胞内、外溶液形成玻璃化状态，从而降低细胞内、外冰晶形成造成的物理和化学损伤。“玻璃化”是一个物理概念，是指当水或溶液以足够快的降温速率降至－110～－100 ℃温度区时，形成的一种具有高黏度、透明、介于液态和固态之间的玻璃状物质。纯水玻璃化的降温速率需要达到10 ℃/min，但是如此高的降温速率很难实现。通过增加溶液黏性和减小冷冻体积可以降低玻璃化形成对降温速率的要求。因此，玻璃化冷冻的基本原理可以概括为通过使用高浓度冷冻保护剂和提高冷冻速率来阻止冰晶的形成。玻璃化冷冻的原理可以用公式表示为：

$$\text{玻璃化冷冻成功率}=\frac{\text{冷冻和解冻速率}\times\text{冷冻保存液黏度(浓度)}}{\text{冷冻体积}}$$

从上式可以看出，在一定范围内，冷冻和解冻的速率越高、冷冻保护剂的浓度越高、冷冻体积（细胞、冷冻液及冷冻载体复合体）越小，玻璃化冷冻的成功率越高。

首先，为了提高玻璃化冷冻效果，使用的冷冻保护剂的浓度高达 5～7 mol/L，几乎是常规慢速冷冻的 4～7 倍。虽然如此高浓度的冷冻保护剂添加量可以降低冷冻中冰晶的形成，减少冰晶对细胞的损伤，但是会因渗透压升高、冷冻保护剂的毒性而造成一定程度的细胞损伤，因此，冷冻保护剂的选择和冷冻液配方一直是研究的焦点之一。其次，围绕提高冷冻速率和减小冷冻体积，科学家们也进行了大量研究，开发出了一系列玻璃化冷冻方法，如开放式拉长细管冷冻（OPS）法、冷冻环法、冷冻套管法等。目前普遍采用的冷源是液氮（－196 ℃），有人尝试采用温度更低的液氦（－269 ℃）为冷源。当冷冻体积一定时，液氮玻璃化冷冻不但可以大幅度提高冷冻速率，而且可以在一定程度上降冷冻保护剂的使用浓度，从而降低冷冻保护剂对细胞的物理和化学伤害，提高卵母细胞和胚胎的玻璃化冷冻效果。由于液氦的价格昂贵（250 元/L 左右），目前仍仅限于实验研究。

3. 诱发结晶对细胞的保护作用

溶液在温度达到其冰点时不结冰，待降到冰点以下一定温度时才结晶，这种现象称过冷现象。一般溶液只有处在静止状态或缺乏晶核时冷却才出现该现象，如果在稍低于溶液冰点时强行冷却就可促使溶液结冰，从而防止过冷现象的产生，这种促使溶液结冰的方法称为诱结晶或植冰（seeding）。当发生过冷现象时，如果不诱发结晶，则溶液在冰点的任意温度都可能结冰，从而给细胞带来 2 种不同的损伤：一是如果结冰时温度离冰点很远（如－10 ℃以下）时，则结冰时热量的释放使溶液温度迅速上升，接着又急剧下降，细胞往往在这种温度的剧变中死亡；二是当溶液在较高的温度（冰点附近）下结冰时，水分子运动相当活跃，来不及生成排列整齐的冰晶，生成的冰晶很小对细胞的影响不大。因此为防止过冷现象产生，可以在适当的温度下（－7～－3 ℃）诱发结晶。

4. 冷冻保护剂对细胞的保护作用

抗冻保护剂可以抵抗低温对细胞产生的一系列损伤包括细胞内冰晶的形成、细胞脱水渗透压损伤、蛋白质变性及细胞骨架的损伤等。根据能否透过细胞膜，其可将冷冻保护剂分为渗透性冷冻保护剂和非渗透性冷冻保护剂。

（1）渗透性冷冻保护剂　此类保护剂可以渗透到细胞内，又被称为细胞内液抗冻保护剂。常用的渗透性冷冻保护剂主要有甘油、乙二醇、二甲基亚砜、甲醇、丙二醇等。此类抗冻保护剂的特点是分子量较小，如二甲基亚砜的分子量为 78.2，甘油的分子量为 92.1，丙二醇的分子量为 76.1，乙二醇的分子量为 62.1，甲醇的分子量为 32.0；易于与水均匀混合，当渗透性抗冻保护剂与溶液中的水分子结合后，可以增加溶液的黏稠度，从而减少水的结晶，起到保护的作用。渗透性抗冻保护剂均为非电解质。

由于渗透性冷冻保护剂具有以上理化特性，在冷冻时加入渗透性冷冻保护剂可以降低细胞内溶液中盐的浓度，从而减小浓缩的盐类对细胞的危害；由于冷冻保护剂进入细胞，细胞内外压差变小，其可以降低、减缓细胞脱水及由此引起的皱缩。同时，渗透性冷冻保护剂可以在细胞内外自由通过，故其在解冻时还可以减轻渗透性膨胀引起的损伤。

(2) 非渗透性冷冻保护剂　此类保护剂不能渗透到细胞内，又被称为细胞外液抗冻保护剂，常用的非渗透性冷冻保护剂主要包括蔗糖（sucrose）、海藻糖（fucose）、棉籽糖（raffinose）、聚蔗糖（ficoll-70）、聚乙烯吡咯烷酮（polyvingylpyrollidone，PVP）、白蛋白（albumin）以及血清等。虽然非渗透性冷冻保护剂不能透过细胞膜，但是可以防止细胞脱水，从而对被冷冻细胞产生特殊的保护作用。

在应用中，通常采用渗透性冷冻保护剂和非渗透性冷冻保护剂配合使用。在冷冻时，渗透性冷冻保护剂可以渗入细胞内部，减少细胞内冰晶的形成，从而对被冷冻细胞发挥保护作用；在解冻时，非渗透性冷冻保护剂在细胞外维持一个相对高的渗透压，防止水分进入细胞过快而造成细胞膨胀死亡。

(三) 卵母细胞和胚胎的冷冻保存方法

卵母细胞和胚胎在冷冻保存时可以采用常规冷冻法（慢速冷冻法）或玻璃化冷冻法。

1. 常规冷冻法（慢速冷冻法）

将细胞置于含有低浓度冷冻剂的保存液中，经过平衡、降温、诱发结冰，以 0.3～0.5 ℃/min 的速率缓慢降温至－35～－30 ℃，使细胞内外形成玻璃化状态。

(1) 保存液的配制　在室温下用等渗 PBS 溶液作为基础溶液，加入甘油、乙二醇等冷冻保护剂，配成 1～2 mol/L 的溶液。

(2) 平衡　将细胞在保存液中搁置 10～20 min 进行平衡。由于细胞外部冷冻液渗透压比较高，为保持细胞内外渗透压的平衡，细胞内的水分向外渗出，细胞开始收缩；随后冷冻保护剂渗入，同时水分向细胞内回流，细胞体积得以恢复。

(3) 冷冻过程　将卵母细胞或胚胎及冷冻液装入 0.25 mL 塑料细管，置于程序降温仪中，以 1 ℃/min 的速率从室温降至－7～－4 ℃；用浸入液氮冷却后的镊子夹住细管的棉栓部，瞬间使冷冻液产生冰晶，即人工植冰；以 0.3 ℃/min 的缓慢速率降至－35～－30 ℃；在液氮上方熏蒸数分钟，使其在－130～－110 ℃形成玻璃化；投入液氮（－196 ℃）中保存。

(4) 解冻　从液氮中取出冷冻细管，立即投入 37～40 ℃的温水中快速晃动，至冷冻保存液完全溶解。

(5) 保护剂的去除　将溶解的冷冻细管内容物移入含 0.5 mol/L 蔗糖的 PBS 液中进行混合，约 5 min 后将卵母细胞或胚胎转移入等渗溶液中。

2. 玻璃化冷冻法

目前，已经开发出了多种玻璃化冷冻方法，这些方法各有优劣，可根据实际需要选择冷冻方法。玻璃化冷冻法所采用的冷冻液称为玻璃化液，是由以 PBS 为基础溶液，添加高浓度的冷冻保护剂配制而成的。目前，已研制出多种玻璃化溶液，不同的玻璃化溶液有不同的冷冻程序。

(1) 一步法玻璃化冷冻　常用的玻璃化冷冻液以乙二醇为主要冷冻保护剂，添加高分子聚蔗糖和渗透压较高的蔗糖，配制成高浓度玻璃化冷冻液。与 DMSO、甘油、丙二醇等相比，乙二醇具有毒性低、分子量小且很强的渗透能力及溶解后易除去的特点；聚蔗糖比聚乙二醇（PEG）容易溶解，且黏性和毒性均很低；蔗糖具有促进脱水的作用，并可通过抑制渗透入细胞内的乙二醇的量而缓和其毒性的影响，且能防止在除去乙二醇的过程中由渗透压的改变而引起的细胞膨胀。通过这三种成分组合的保存液，玻璃化溶液(EFS)具有毒性低、便于操作的优点。这种溶液已广泛应用于实验动物、家畜及人卵母细胞与胚胎的冷冻保存。

一步法玻璃化冷冻以杜氏磷酸盐缓冲液(D-PBS)为基础液，添加如下各种成分配制成EFS：乙二醇40%(体积分数)、聚蔗糖(ficoll-70)18%(质量浓度)、蔗糖0.3 mol/L。

其操作程序为在20 ℃的室温下，将胚胎直接装入含有玻璃化溶液的塑料细管，平衡2 min后，投入液氮中保存。用此方法冷冻保存8细胞期早期囊胚可以获得较高的存活事，但冷冻保存卵母细胞的效果不好。

(2) 两步法玻璃化冷冻保存　在室温(20～25 ℃)下，先将胚胎在低度乙二醇(体积分数10%)溶液中预处理5 min然后再移至含有EFS的细管，平衡0～5 min将细管封口，最后投入液氮中冷冻保存。

这种方法适于冷冻囊胚，因为囊胚具有腔体。渗透性冷冻保护剂向细胞内渗透需要较长时间，如果在高浓度玻璃化溶液中直接平衡，随着时间的延长，化学毒性对胚胎的影响就会增加，所以应先用低浓度冷冻保护剂预处理细胞，使冷冻保护剂渗透到细胞内部，然后再移入高浓度玻璃溶液中平衡，短时间内使细胞高度脱水，冷冻保护剂充分渗透后，再进行冷冻保存。因此，两步法玻璃化冷冻既能使冷冻保护剂向细胞内充分渗透，又能降低高浓度玻璃化冷冻液的化学毒性损伤，可很好地形成玻璃化状态，提高胚胎的冻后存活率。此方法冷冻卵母细胞，尤其是GV期卵母细效果较差。

(3) 开放式拉长细管法　开放式拉长细管法(open pulled straw，OPS)是指经过改进的玻璃化冷冻保存技术。其冷冻载体是一个手工拉制的塑料管。将0.25 mL的塑料细管在自制的小酒精灯上小火加热，然后水平向外拉至直径为0.8～1.0 mm；将冷冻保护液和细胞置于细管开放的末端，冷冻速率大约为20 000 ℃/min。

冷冻保存的方法是在室温条件和37 ℃恒温板上，细胞在含10%乙二醇、10%DMSO和80%D-PBS的溶液中放置5 min后，移入玻璃化冷冻液，将OPS的一端浸入盛有细胞的玻璃化冷冻液，利用虹吸效应将细胞连同玻璃化冷冻液装入OPS管中，最后投入液氮冷冻保存。在解冻时，将OPS从液氮中取出，直接放入37 ℃的解冻液，在1～2 s内冷冻液融化，然后，将OPS管中的细胞及液体吹入解冻液。

这种高速玻璃化冷冻新方法极大地减少了冷冻伤害，可以使用更低浓度的冷冻液，降低了冷冻剂的毒害作用，缩短了冷冻前、解冻后细胞与冷冻液的接触时间；同时，较小的冷冻液量有利于提高冷冻速率，可以预防冰晶的形成。因而，OPS被较广泛地用于卵母细胞和胚胎的玻璃化冷冻，尤其是未经成熟培养的GV期卵母细胞的冷冻保存。

(4) 冷冻环法　冷冻环法的冷冻工具是一个尼龙环和一个带盖子的冷冻管。尼龙环是冷冻的直接载体，可以装进冷冻管内并和盖子相连。在冷冻时，首先将卵母细胞或胚胎放入浓度较低的玻璃化冷冻液Ⅰ(VSⅠ)中平衡，再转移至浓度较高的玻璃化冷冻液Ⅱ(VSⅡ)，继续平衡；然后，将尼龙环在VSⅡ中蘸一下，使环上形成液体薄膜，此时，将平衡后的卵母细胞或胚胎用吸管移至冷冻环的薄膜上，依靠薄膜的表面张力使其悬挂在膜的中间部分，然后浸入液氮，约1 min后冷冻完成，将带有卵母细胞或胚胎的冷冻环置于冷冻管(提前在液氮中预冷)，拧紧盖子。这种方法的优点是冷冻速率高，冷冻效果好；其缺点是需要在显微镜下进行解冻和冲洗，操作比较烦琐。

(5) 冷冻套管法　冷冻套管法是日本科学家Kuwayama和Kato等发明的一种非常有效

的快速冷冻法，并已成功地商业开发出了专用的冷冻工具。将一个薄胶片(宽为 0.4 mm、长为 20 mm、厚为 0.1 mm)连于硬塑料把柄上作为冷冻载体，同时，为了保护在冷冻中的胶片不受损伤，外面还有一个 3 cm 长的带盖塑料管。操作需要借助玻璃毛细管并在体视显微镜下进行，在冷冻前，冷冻液几乎被全部除去，卵母细胞或胚胎外面仅仅包被一层薄薄的冷冻液。

这种方法的优点是冷冻体积非常小，不到 1 μL，将冷冻套管投入液氮后，可以获得极高的冷冻速率，同时解冻速率也很高，冷冻效果较好，尤其适于冷冻敏感的生物样品，如 GV 期卵母细胞和小鼠卵巢组织薄片等，目前在人卵母细胞和胚胎冷冻中使用较普遍；其缺点是专用工具的价格较高，操作复杂。

(6) 微滴法　微滴法(microdrop，MD)是指将卵母细胞或胚胎包裹在冷冻液中，制成体积为 5～6 g/L 的微滴，然后直接滴到液氮中冷冻，微滴在表面漂浮一段时间后下沉到液氮中，然后收集起来在液氮中保存。

这一方法的优点是操作简单，不需要特殊工具；其缺点是冷冻液滴的体积比 OPS 冷冻环法等要大，同时，在浸入液氮之前、微滴漂浮在液氮面上使得冷冻的速率较低，冷冻效果不佳。

(7) 电镜微格法　电镜微格法(electronic microscope copper grids)是在微滴法的基础上改进而成的。其目的是减小冷冻体积，提高冷冻速率。该方法以电子显微镜的铜网作为冷冻载体，将卵母细胞或胚胎及冷冻液附着于其上，然后直接投入液氮中冷冻，冷冻微滴仅有 0.1～0.5 μL。这种方法在液氮或者浆状液氮中的冷冻速率分别达到 1 100～1 400 ℃/min 和 2 400 ℃/min，冷冻效果较好。

(8) GL-tip 法　GL-tip 法(Gel-loading tip)的冷冻载体是凝胶加样器或微量移液器吸头的顶端。将经过二次平衡后的卵母细胞或胚胎吸入其顶端，吸入的玻璃化液量约为 0.7 pL，细胞与玻璃化冷冻液在 37 ℃条件下的接触时间为 30 s，然后将其投入液氮。

(9) VitMaster 法　VitMaster 法(IMT，Israel)的基本思路是通过最大限度地减小冷冻中样品周围蒸汽的形成，提高冷冻和解冻速率。其原理是将液氮冷却，使其降到沸点(－196 ℃)以下的－205～－200 ℃，此时，将冷冻样品浸入液氮，样品周围的沸腾降到最低程度，从而增加冷冻速率。VitMaster 是一种能够在高强度液氮生物容器中形成真空的装置，当部分液氮吸收热量并蒸发时，剩余的其他液氮温度被降低并开始向固态转化，形成一种浆状液氮。将冷冻物置于浆状液氮与液氮的混合体中，确保能够以更高的冷冻速率安全地进行冷冻。这种方法的优点是冷冻效果较好，可以获得与 OPS 法或冷冻环法相当的存活率和发育率；其缺点是需要专用的真空装置。

(10) 最小容积法　最小容积法(minimum volume cooling，MVC)是指将极小体积的细胞及冷冻液置于 0.25 mL 细管内壁上，密封后，将细管直接浸入液氮中冷冻的方法。这种方法的优点是可以在细管内进行稀释后直接移植，适用于胚胎冷冻；其缺点是冷冻效果受操作者熟练程度的影响较大，效果不稳定。

(四) 影响卵母细胞和胚胎冷冻保存的因素

哺乳动物的卵母细胞和胚胎在冷冻、解冻及移植过程中可能会受到各种损伤。卵母细胞和胚胎的冻后活力主要受以下各种因素的影响。

1. 冷冻速率和冷冻载体

据报道，只有当冷冻速率达到大约 2 500 ℃/min 时，才能使冷冻材料达到玻璃化状态。

为了提高冷冻速率，普遍的做法是采用不同的冷冻载体，尽可能缩小冷冻体积，并为此开发了众多冷冻载体不同的冷冻方法。例如 OPS 法的冷冻速率可以达到约 20 000 ℃/min，不但可以增加冷冻和解冻速率中冷冻保护剂的浓度，还使冷冻细胞快速越过 −25～−15 ℃的危险温度，从而尽可能降低冰晶和冷冻保护剂对细胞膜、细器和细胞骨架的损伤。

2. 冷冻保护剂

将等渗溶液中的卵母细胞或胚胎冷却至冰点以下不仅在细胞外，而且在细胞内均会产生冰晶，从而导致细胞的损伤。为了防止细胞内冰晶的形成，要选择适当的冷冻保护剂。同时，冷冻保护剂都有一定的毒性，这种毒性随冷冻保护剂浓度的增高而加大。此外，毒性的强弱还受温度的影响。因此，在使用高浓度的冷冻保护液时，不仅要选择毒性低的冷冻保护剂，而且应缩短在室温下的处理时间。另外，在保存液中添加的高分子物质和糖类不仅不能透过细胞膜，而且应比细胞渗透性冷冻保护剂的毒性低，因此，混合使用可减小毒性。

3. 细胞外的冰晶

当细胞外的溶液产生冰晶时，其中的水分因逐渐凝固而浓缩，还未来得及形成冰晶的水分中的盐类浓度升高，从而诱发高离子浓度的损伤(又称盐害)。与此同时，由于冷冻保护剂的溶度上升，毒性也相应升高。这个过程随保存液的进一步冷却而加剧。而离子和冷冻保护剂的这种影响随着温度的下降而变小。因此，应尽量加快冷却速度，以避免由溶液的浓缩而诱发的损害。

4. 断裂损害

断裂损害是指保存于液氮中的胚胎在解冻过程中时常发生的整个透明带或细胞的龟裂。其原因是保存液在由固相急剧转化为液相时由物质的膨胀和收缩的差异而发生的断裂面(fracture plane)。当细胞通过这种温度区域时，就会发生龟裂，称为断裂性损伤。为了防止这种伤害，在液相和固相相互转换的温区，应稍微缓慢地通过。

5. 膨胀性损伤

在冷冻卵母细胞和胚胎解冻后，其细胞内所含有的冷冻保护剂必须消除。如果将细胞直接放入低渗液，则细胞有可能会因发生膨胀而受到损害。其原因是通常细胞内外的渗透压保持相等，当细胞进入低渗溶液时，由于细胞膜对水的渗透能力远远高于对冷冻保护剂的渗透能力，细胞外水分进入细胞内的速度快于冷冻保护剂流向细胞外的速度，从而发生膨胀。为了尽量避免细胞发生膨胀，应选择容易透过细胞膜的冷冻保护剂。

6. 冷冻材料

与胚胎相比，卵母细胞对冷冻的敏感性更强。同为卵母细胞，GV 期与 MⅡ 期的冷冻耐冻性也存在差异。此外，卵母细胞和胚胎的冷冻效果也受物种的影响。例如，慢速冷冻猫和小鼠卵母细胞的效果明显优于牛和猪。

(五) 卵母细胞和胚胎冷冻存在的问题

1. 冷凉保存的机理尚未完全清晰

数十年来，对卵母细胞和胚胎进行了大量研究，建立了一系列冷冻方法。截至目前，尚未建立一种完全理想的方法，其中一个重要原因是冷冻保存的机理尚未完全弄清。卵母细胞和单期早期胚胎对低温及冷冻非常敏感，冷冻过程不可避免地造成一定程度的形态变化和功能丧失；同时，卵母细胞和胚胎对冷冻损伤还具备一定的自我修复能力，冷冻并解冻后只有部分恢复继续发育的能力。因此，只有完全弄清楚冷冻损伤发生及自我修复的机制，才能建立更加完善的冷冻方法。

2. 冷冻保存的方法有待进一步完善

目前，卵母细胞和胚胎冷冻的主要方法有2种：常规冷冻法（慢速冷冻法）和玻璃化冷冻法。常规冷冻法最先应用于胚胎冷冻，经过长期改进后，广泛应用于动物的早期胚胎冷冻，并且建立了标准化的冷冻程序，获得了较好的冷冻效果。由于猫和小鼠的卵母细胞对低温的敏感性相对较低，常规冷冻的效果尚可接受。牛和猪的卵母细胞对低温更敏感，尤其是GV期的卵母细胞对低温更敏感，因此、常规冷冻的效果较差。经过多年的试验研究，相关学者发现了一系列玻璃化冷冻法。这些方法不需要贵重的程序冷冻仪，操作简单，冷冻快速，冷冻效果与常现冷冻法相当，甚至更好，尤其适用于卵母细胞的冷冻，大有取代传统常规冷冻法的趋势。但玻璃化冷冻的效果不稳定。其受动物品种、不同玻璃化冷冻方法、操作者的技术水平等因素的影响较大，故亟须进一步完善技术方法，并针对不同品种动物的卵母细胞和胚胎开发出标准化的玻璃化冷冻方法和专用设备，使其尽快被广泛地应用于生产。

三、动物克隆技术

“克隆”一词是英文clone的音译，源于希腊中clonos，意为“twig”即嫩枝，clonizo是动词砍下嫩枝的意思。之前曾有一个意译名——无性繁殖，指由单一细胞或共同祖先经有丝分裂得到的细胞群体；当作动词时，它表达的是形成无性繁殖的过程或方法。

动物克隆是指一个不经有性生殖而直接获得与亲本具有相同遗传物质的多个后代的过程。生产克隆动物的方法主要有2种：胚胎分割和细胞核移植。在哺乳动物中，细胞核移植是产生克隆动物最为有效的方法，目前受到人们广泛关注的克隆技术就是指细胞核移植技术。

（一）胚胎分割

1. 胚胎分割的概念

胚胎分割是运用显微操作系统将哺乳动物附植前的胚胎分为若干个具有继续发育潜力部分的生物技术，运用胚胎分割可获得同卵孪生后代。

2. 胚胎分割的意义

（1）增加可用胚胎数，提高胚胎移植的总妊娠率　胚胎分割和胚胎移植相结合可以有效地降低胚胎移植的成本，提高优良种畜的繁殖率。

（2）生产同卵双胎或多卵后代　将家畜胚胎分割为半胚、四分胚或多分胚进行移植，可以得到同卵双胎或多卵，增加产仔数，在牛上还可以避免异性孪生不育。

（3）便于性别鉴定的推广应用　通过胚胎分割，可在移植前对胚胎进行性别鉴定，进而根据生产目的不同繁殖不同性别的后代。对奶牛而言，可减少受体牛头数，有目的地快速扩繁高产奶牛群，增加经济效益。

（4）提供有效的遗传育种试验材料　使用同卵双生后代作为遗传育种试验材料，可减少遗传性状的差异带来的影响。

（5）增加和保存珍贵家畜及濒危动物的种质资源　通过胚胎分割技术可增加优秀种畜，濒危珍稀动物以及有价值的转基因动物的数量。

3. 胚胎分割的基本程序

（1）切割器具的准备　胚胎分割需要的器械有体式显微镜、倒置显微镜和显微操作仪。进行胚胎分割之前需要制作胚胎固定管和切割针，胚胎固定管要求末端钝圆，内径一般为20～30 μm，外径与所固定胚胎直径接近。切割针目前有玻璃针和微刀两种，玻璃针一般用实心玻璃棒拉成，微刀用锋利的金属刀片与微细玻璃棒粘在一起制成。

(2) 胚胎预处理 为了减少胚胎切割损伤，胚胎在切割之前一般先用链霉蛋白酶进行短时间处理，使透明带软化并变薄或去除透明带。

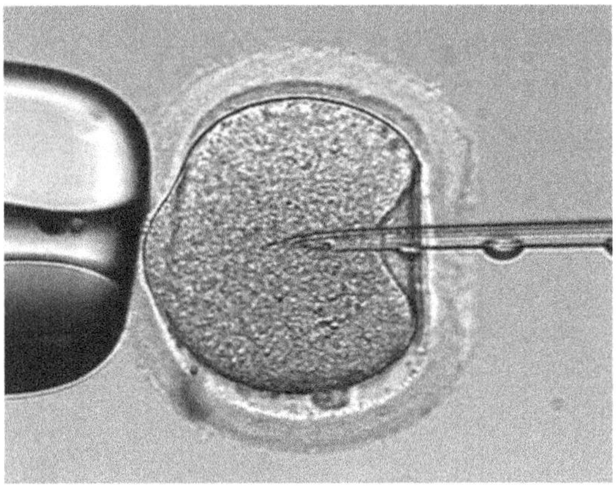

图 5-32 显微镜下胚胎分割

(3) 胚胎分割 在进行胚胎分割时，先将发育良好的胚胎移入含有操作液的培养皿中，操作液常用杜氏磷酸盐缓冲液，然后在显微镜下用切割针和切割刀把胚胎一分为二(图 5-32)，不同阶段的胚胎，切割方法略有差异。

桑葚胚之前的胚胎因为卵裂球较大，直接切割对卵裂球的损伤较大。常用的办法是用微针切开透明带，用微管吸取单个或部分卵裂球，放入另一个空透明带内(空透明带来自未受精卵或退化的胚胎)。

对于桑葚胚和囊胚阶段的胚胎，通常用直接切割法。操作时，用切割针由胚胎上方缓缓下降，轻压透明带以固定胚胎，然后继续下切，直至胚胎一分为二，再把裸露半胚移入事先准备好的空透明带内，或直接移植给受体(图 5-33)。

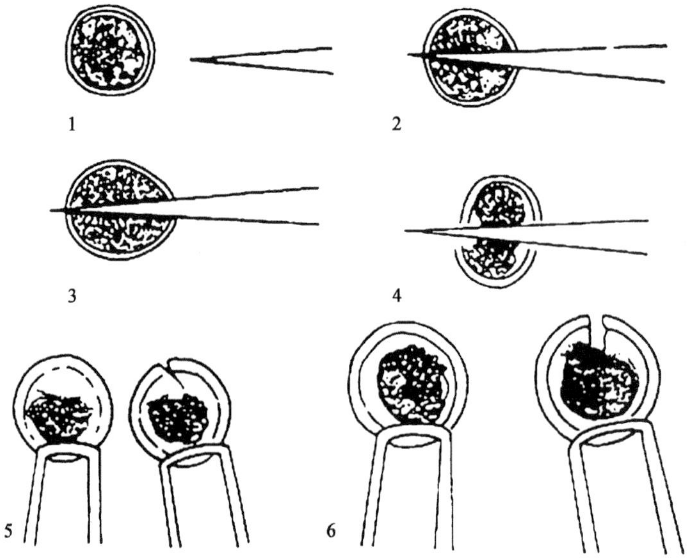

1. 胚胎(囊胚) 2～4. 胚胎切割 5. 半胚放入空透明带内 6. 经培养发育成囊胚

图 5-33 哺乳动物胚胎分割示意图

(4) 分割胚的培养 为提高半胚移植的妊娠率和胚胎使用率，分割后的半胚需放入空透明带内或用琼脂包埋移入中间受体或直接在体外培养，发育良好的胚胎可移植到受体内继续发育或进行再分割。

(5) 分割胚胎的保存和移植 胚胎分割后可以直接移植给受体，也可以进行超低温冷冻保存。为了提高冷冻胚胎移植后的受胎率，分割的胚胎需要在体内或体外培养到桑葚胚和囊胚阶段，再进行冷冻保存。由于分割胚的细胞数少且耐冻性较全胚差，解冻后的受胎率低于全胚。

4. 胚胎分割存在的问题和发展方向

(1) 遗传一致性 在理论上,同一胚胎分割后获得的后代,遗传信息应该完全一致。但人们研究发现6～7日龄牛胚胎分割后,同卵双生犊牛的毛色和斑纹并不完全相同,而在二细胞阶段分割,却表现出遗传一致性。其可能原因是胚胎在发育过程中,细胞不断增殖分化,造成分割胚胎的细胞之间出现差异。但目前对不同发育阶段胚胎细胞的分化时间和发育潜力了解很少,需进一步深入研究。

(2) 同卵多胎的局限性 从目前的研究来看,由一枚胚胎通过胚胎分割方式获得的后代数量有限。因此,通过胚胎分割技术生产大量克隆动物目前难以取得进展。

(二) 细胞核移植

细胞核移植(cell nuclear transfer)是采用显微操作技术将一种动物的细胞核移入同种或异种动物的去核成熟卵细胞内的技术,是动物克隆技术的一种。细胞核移植动物培育是用特定发育阶段的核供体及相应的核受体(去核的卵子)体外构建重组胚,通过胚胎移植达到扩繁种群的目的。

细胞核移植的基本操作程序包括:供体细胞准备、受体细胞准备、细胞核移植、细胞融合、细胞激活、重构胚的培养和胚胎移植等。

1. 供体细胞的准备

早期胚胎细胞、体细胞和干细胞可作为细胞核移植的供体细胞。

对于早期胚胎细胞,先用1%链霉蛋白酶或pH 2.5的酸性台氏液预处理,溶去胚胎透明带。再用机械吹打或酶消化法得到单个卵裂球作为核供体。体细胞作为供体时,需经0.25%的胰蛋白酸消化后,将细胞接种培养于DMEM/F12的培养基中,之后放入5%的二氧化碳培养箱中培养,待细胞长至70%～80%时进行传代。传3～8代的细胞用于核移植。核移植前3～5 d,将培养基中的血清浓度降至0.5%进行饥饿培养,以调控细胞周期处于G_0期。Wilmut认为G_0期的细胞有利于移核胚发育,而Cibelli等认为血清饥饿并非必需,他们成功地利用未经血清饥饿培养的牛胚胎成纤维细胞得到克隆牛。

2. 受体细胞准备

在哺乳动物的核移植研究中,用作核移植的受体细胞主要有3类:去核的成熟卵母细胞、受精卵及2细胞期胚胎。大量实验证明,MⅡ期卵母细胞适用于所有的供体核,目前普遍采用去核的MⅡ期卵母细胞作为受体胞质。卵母细胞的去核方法有很多种。

(1) 盲吸法 用微细玻璃管在第一极体下盲吸,吸除第一极体及处于分裂中期的染色体和周围的部分细胞质。

(2) 荧光引导去核法 先用Hoechst33342(2～8 μg/mL)对卵母细胞染色10～15 min后,在荧光显微镜下确定核的位置,去核后再观察吸去的细胞质或去核后的卵母细胞是否含有细胞核,以保证去核成功率。

(3) 半卵法 将卵母细胞切成两半,去掉含有极体的一半,然后用不含极体的一半进行核移植。

(4) 末期去核法 Bordignoh等提出,把卵母细胞激活后使之处于MⅡ期,在排出第二极体时,就可移去其下方附近的染色质和周围的少量细胞质。

此外还有离心去核法、时间控制去核法、切割去核法、化学去核法、2.5%蔗糖处理去核法、功能性去核法等多种方法。

3. 细胞核移植

根据供体核移入部位的不同，核移植可分为带下移植和胞质内注射两类。

(1) 带下移植　将核供体卵裂球放在操作液滴中，用一直径接近卵裂球大小的斜口玻璃针吸取一枚分离出的单个完整卵裂球或细胞，注入去核时留在透明带上的切口插入，然后反吸一点细胞质(图 5-34)，将细胞和细胞质一起注射到卵周隙并使供体细胞与卵质膜接触。

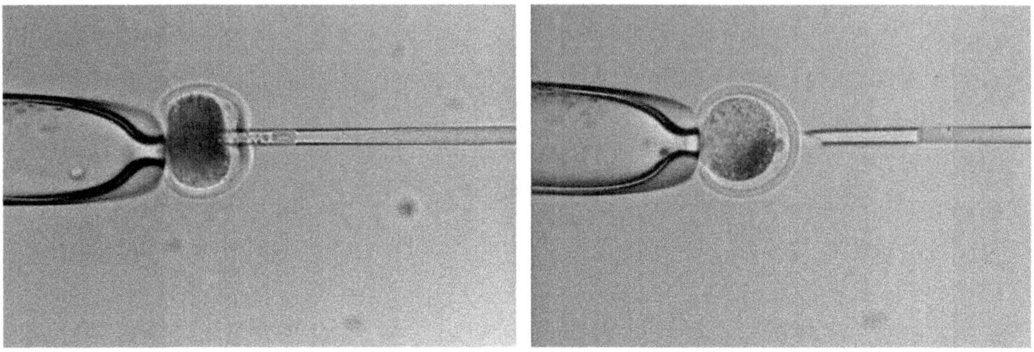

图 5-34　带下注射移核法

(2) 胞质内注射　用注射针(内径 5～8 μm)将细胞核直接注入卵质内，一般沿去核时留下的口进入。操作的环境温度为 17 ℃左右，带下和胞质内注射后需进行激活处理。

4. 细胞融合

经带下移植操作的卵母细胞，由于微吸管破坏了卵膜和一部分细胞质，同时移入的细胞核未与供体细胞质膜发生紧密联系，若直接移植时，成功率很低，需进行融合处理，使供体核进入到受体细胞质中，形成重构卵。目前，细胞融合包括化学融合、病毒融合和电融合。电融合法广为使用，除完成细胞膜融合外，电刺激还能激活卵母细胞。

由于化学方法进行细胞融合时对细胞有毒；病毒融合法对胚胎发育有不良影响，易发生污染，且对牛等动物无效；所以这两种都很少使用。电融合法不仅可使供体细胞与受体卵母细胞的质膜有效融合，电刺激还可同时引起卵母细胞的激活，是目前动物核移植的最佳融合方法。

电融合的原理是外加脉冲电场能够改变细胞膜的通透性，促进膜内外物质的交换。当细胞之间存在紧密接触，电激可使膜接触区细胞融合。常用的电融合液有 0.27 mol/L 蔗糖液、甘露醇溶液(100 mL 中含甘露醇 5 470 mg，$MgSO_4 \cdot 7H_2O$ 0.246 mg，$CaCl_2$ 0.549 mg)和 Zimmermann 液。电融合时将待融合卵先经融合液处理，3～5 min 后移入电融合槽中，用交流电使待融合卵定位。电刺激后，尽快把重构卵移出，于新鲜培养液中冲洗 3 次后，培养 20～30 min 检查融合情况。电融合时若只在两电极间冲灌电融合液，则每给 5～6 次电脉冲后就需用新鲜的电融合液清洗电融合槽，然后再加入新鲜的电融合液。若加入大量(约 1 mL 左右)的电融合液并覆盖两电极及周围部分，则可在处理完 20～30 个核移植卵后，再更换新的电融合液。

5. 细胞激活

一般而言，电融合完成后，卵子也因电刺激而受到激活，但有的核移植重构卵(如小鼠、大鼠和牛)还需进一步充分激活才能发育。其方法有化学激活和电激活两类。

(1) 化学激活　化学激活即利用化学激活剂对卵子进行激活。在核移植中应用较多的化学激活剂及使用方法如下。

① 7%乙醇：把需要激活的重构卵放入含7%乙醇的培养液中，在37 ℃，CO_2 培养箱中处理5 min或室温下处理7 min，洗净后进行培养。

② 离子霉素(ionomycin)：可快速升高细胞质中的 Ca^{2+} 浓度。用DMSO将离子霉素溶解，−20 ℃保存，浓度为5 μmol/L，处理时间4～5 min。

③ 钙离子载体(IA23187)：可快速升高细胞质中的 Ca^{2+} 浓度。使用浓度为5 μmol/L，处理时间为5 min。

此外使用的化学激活剂还包括6-DMAP(6-二甲氨基吡啶)、A23187(钙离子载体)、Staurosporine(蛋白激酶抑制剂)、$SrCl_2$。

(2) 电激活　根据其在核移植前后进行而分为前激活、融合激活和后激活。根据卵母细胞的发育与MPF(促成熟因子)的关系，用前激活处理来降低去核卵母细胞的MPF的水平，可使卵母细胞接受处于细胞周期各个阶段的供体核，这样可大大改善一些动物，如牛和羊重构卵的卵裂率和发育率。其原理是细胞在短暂高压直流电脉冲的作用下，细胞膜被电激穿孔，使细胞内外的离子和大分子发生短暂流动，引起 Ca^{2+} 内流而激活了细胞。电激活一般采用强度100 V/mm、持续时间50～80 μs的一个直流脉冲。融合激活是在电融合时给予融合电压脉冲的同时也激活了重构卵，如兔子卵母细胞的核移植。后激活是对已融合的重构卵再次给予刺激，使重构卵充分激活，小鼠卵母细胞进行核移植时常采用这种激活方式。

6. 重构胚的培养

重构胚的培养方法主要有体内培养和体外培养两种，前者操作复杂、成本高，因此一般采用体外培养法。移核后的重构卵需要在体外培养一段时间以观察发育能力，再决定可否移植到受体。不同动物的培养条件有所不同，在胚胎的体外培养液中，近年来倾向于使用合成培养液，如在牛、羊等动物上，使用SOF、CRlaa，在猪上使用NCSU-23，在小鼠上多用CZB。这些合成培养液中一般不使用葡萄糖，而以戊糖作为胚胎发育的能量供应物质，这与胚胎早期发育的能量代谢型相符。

7. 胚胎移植

根据动物的种类不同，在胚胎发育的不同阶段采取手术移植或非手术移植。一般选用自然发情或激素处理后的受体动物进行移植。将重构胚移入输卵管或子宫，以期产生克隆动物。输卵管移植一般适用于1～8细胞期胚胎。其移植方式有两种：一是经喇叭口移植；二是经膨大部移植。子宫内移植适用于从8细胞期或桑葚胚到囊胚期阶段的胚胎。另外，在胚胎移植时，应避免带入多余的培养液或气泡。胚胎移植后应注意受体状况，做好受体动物的饲养和管理，及时检查妊娠情况，使其顺利产生克隆动物。

四、性别控制与性别鉴定技术

性别控制和性别鉴定是两个不同的概念，前者一般是指在胚胎受精前控制其性别的形成；而后者则是指对已经发育到一定阶段的胚胎性别进行确认。从基础理论研究方面讲，这两种技术都是探讨生命发生过程中性别发生、分化的手段；从实际生产方面看，两者都是人为控制家畜的性别、提高生产效益的技术。

(一) 性别控制

动物生产的许多重要经济性状如肉、蛋、乳、毛、茸、麝香等的生产都与性别有关,都需要特定性别的动物进行生产,因此,动物性别控制技术的应用必将给动物生产乃至人类社会带来巨大的经济效益。

动物性别控制(sex control 或 sexing technology)是利用现代生物技术有目的地按照人们生产要求,控制动物后代的性别比例,是一项能显著提高畜牧业经济效益的生物工程技术。动物性别控制的方法主要有 3 种,即 X、Y 精子分离法、环境因素控制法和早期胚胎性别鉴定法。目前在生产实践中易于推广应用和较为成熟的方法是早期胚胎性别鉴定法。

1. 精子分离技术

哺乳动物包含两类精子:一类携带 X 染色体(X 精子),另一类携带 Y 染色体(Y 精子)。这两类精子在比重、体积、表面电荷、表面抗原等方面略有差异。根据这些差异,研究人员设计了诸如免疫精子分离法、流式细胞法、密度梯度离心法、沉降法、过滤法、电泳法等分离方法,试图将两类精子分开,达到控制后代性别比例的目的。

(1) 免疫精子分离法 只有 Y 精子才能表达 H-Y 抗原,因而,利用 H-Y 抗体检测精子质膜上存在的 H-Y 抗原,再通过一定的分离程序,就能将 $H\text{-}Y^+$(Y 精子)和 $H\text{-}Y^-$(X 精子)精子分离。将所需性别的精子进行人工授精,即可获得预期性别的后代。这种分离精子的方法依赖于 H-Y 抗血清的制备,尤其是抗血清的质量。H-Y 抗血清的制备方法主要有免疫亲和柱层析法、H-Y 抗血清直接输入法和免疫磁珠等技术。

(2) 流式细胞法 流式细胞仪(图 5-35)在分离两类精子上显示出较大的优势。这种方法的分离原理是 X、Y 两种精子 DNA 含量不同(Y 精子的 DNA 含量高于 X 精子,为 3%～5%)。以荧光染色后的荧光强度差异结合激光信息判定,最后在电极偏向系统中将 X、Y 两种精子分开,达到分离目的。目前此种方法被认为最有效的性控产业化的技术之一,已在多个国

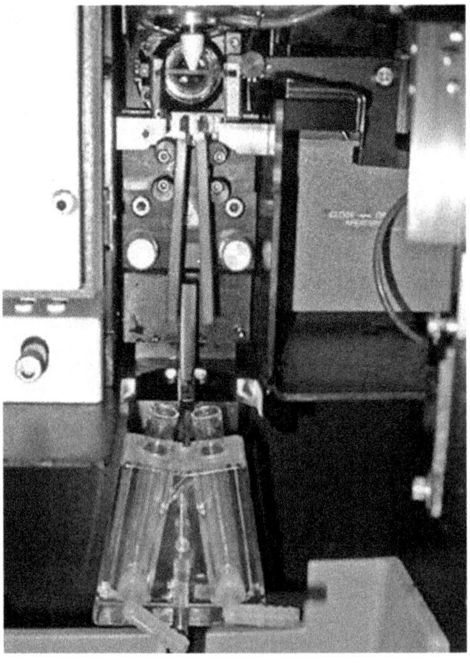

图 5-35 流式细胞仪

家的家畜性控繁育中推广应用。

(3) 密度梯度离心法 十几年前，利用 Percoll 密度梯度离心法成功分离出了人类精子，并通过人工授精的方法控制胎儿性别取得了成功。然而，当用此种方法对家畜精子进行分离时，未得到理想的效果，不能有效地分离 X、Y 精子，重复性较低，结果不稳定，尚有待研究。

2. 环境因素控制法——性控胶囊

近几年，国内一些研究机构和生物技术公司相继推出了提高奶牛母犊出生率的"奶牛性空胶囊""多母液""生母神液"。这类产品的原理是使用中草药提取物来改变配种母牛子宫的内环境，提高 X 精子活力来增加母犊的出生率。尽管这类产品的价格低，但是性能不稳定，操作比常规人工授精方法烦琐，很难在将来推广使用。

3. 早期胚胎性别鉴定法

如果对早期胚胎进行性别鉴定(sexing identification)和控制产子的性别，可以根据家畜雌雄动物的生产性能进行选择生产，有效地利用珍贵遗传资源。早期胚胎的性别控制技术是从另一角度的性控途径，依据胚胎中存在的染色体类型、胚胎中 X 染色体相关酶的活性、雄性胚胎中存在的 H-Y 抗原及 *SRY* 基因等特征对附植前胚胎进行性别鉴定，再结合胚胎移植技术，选择移植所需性别的胚胎，或将所需性别的胚胎作为核移植的供体细胞，进行克隆以无性繁殖的方式生产相应性别的胚胎，使母畜按照人们的愿望繁殖所需性别的后代，是动物生物技术中一项重要的高新技术。

胚胎性别鉴定(控制)方法主要包括：染色体检查法、H-Y 抗原检查法、原位分子杂交法、聚合酶链反应法(PCR 法)和 X、Y 分离精子的体外受精或显微受精法。其中聚合酶链反应法是目前常用的胚胎鉴定方法。

(二) 性别鉴定

1. 细胞遗传学方法

细胞遗传学方法是经典的胚胎性别鉴定法，通过核型分析来鉴定胚胎性别，最早用于兔、羊、牛胚胎性别鉴定。操作过程如下：先取少量的胚胎细胞，在含有秋水仙碱的培养液中培养，使细胞的有丝分裂停留在中期；用低渗溶液使细胞膨胀，细胞膜破裂释放染色体，然后固定，用吉姆萨染色后在显微镜下观察。由于有丝分裂被阻滞在中期，染色体缩短，形状规则，并有特异的带型。通过核型分析，确定其性染色体类型是 XX 还是 XY 型。这种方法鉴定胚胎性别的准确率几乎是 100%，但对胚胎有损伤，且操作过程比较烦琐，得到中期分裂相的难度很大，对胚胎浪费较大，同时也费时费功，不宜用于生产实际，但可用来验证其他性别鉴定技术。

2. 生物化学微量分析法

生物化学微量分析法是通过测定与 X 染色体相关的酶活性来鉴定雌性胚胎的一种方法。哺乳动物雌性个体有两条 X 染色体，其中一条在发育早期失活，而雄性只有一条 X 染色体。因此，雌性胚胎中与 X 染色体相关酶的细胞内浓度及活性是雄性胚胎的 2 倍，测量酶活性应该在 X 染色体失活之前进行。但这种方法对致密桑葚胚阶段的胚胎应用有困难，并对于 X 染色体失活的确切时间还不清楚，如果有些雌性胚胎的 X 染色体提前失活，就很容易将雌性胚胎误判为雄性。

3. H-Y 抗原测定法

这种方法主要是利用 H-Y 抗体或 H-Y 单克隆抗体，检测胚胎上是否存在 H-Y 抗原的免疫学原理，进行胚胎性别鉴定的一种方法。目前，已能利用高灵敏度的放射免疫测定和酶联免疫测定(ELISA)检测 H-Y 抗原,做到了批量鉴定胚胎的性别。现已证明,H-Y 抗原被保留在整个进化过程中,除了某些过渡品种外,在所有雄性的体细胞中均发现了 H-Y 抗原的存在。在哺乳动物,已发现小鼠、大鼠、兔、牛、绵羊精子上 H-Y 抗原的表达。此外,在小鼠、大鼠、兔、猪、绵羊、山羊和马的早期胚胎上也发现了 H-Y 抗原的存在,并以此进行了附植前胚胎的性别鉴定;通过测定胚胎上 H-Y 抗原的存在与否就能对胚胎的性别做出鉴定。目前,这类方法包含 3 类,即胚胎的细胞毒性分析、胚胎 H-Y 抗原的间接免疫荧光分析法和囊胚形成抑制法。

(1) 胚胎细胞毒性分析　胚胎细胞毒性分析的原理是:在补体(豚鼠血清)存在的情况下,H-Y 抗体可以与 $H\text{-}Y^{+}$ 胚胎结合并使其中一个或更多的卵裂球溶解,或使卵裂球呈现不规则的体积和形状,阻滞了胚胎的发育。这类受影响的胚胎即为雄性胚胎,而仍能正常发育者为雌性胚胎。将经培养后发育正常的雌性胚胎进行移植,即可达到使母畜只生雌性后代的目的。但这种方法对雄性胚胎有损伤性,故已很少使用。

(2) 间接免疫荧光法　间接免疫荧光分析法是以 H-Y 抗体作为一抗,以异硫氰酸荧光素(FITC)标记的羊抗鼠 γ-球蛋白作为二抗,将上述两种抗体依次与胚胎共同培养时,雄性胚胎的抗体只能与一抗结合,一抗再与二抗结合,通过洗涤将未结合到胚胎的二抗洗去,在荧光显微镜下观察有无特殊荧光。该法是一种无损害性胚胎性别鉴定法,其优点是不损伤胚胎且有较高的鉴别准确率;缺点是对荧光的估算具有一定人为主观性,致使结果不稳定。

(3) 囊胚形成抑制法　利用 H-Y 抗体能可逆性抑制胚胎形成的原理,将 H-Y 抗体与桑葚胚共同培养,形成囊胚者为雌性胚,未形成囊胚者为雄性胚,这类雄性胚在除去 H-Y 抗体后数小时还可形成囊胚。这种方法简便有效,不足之处是只能检测桑葚胚及以前的胚胎,且容易将一部分发育迟缓的雌性胚胎误判为雄性胚胎。

4. 分子生物学方法

(1) 同位素核酸探针法　从胚胎取下少量细胞,将其 DNA 与根据 *SRY* 基因序列合成特异性的探针杂交,用放射性或非放射性同位素标记探针。杂交结果为阳性,则胚胎视为雄性,反之为雌性。需要的胚胎细胞较多,对胚胎损伤大,操作烦琐,存在同位素污染等限制了该法的应用。

(2) PCR 法性别鉴定　用聚合酶链反应(PCR)扩增 Y 染色体 *SRY* 基因,阳性胚胎为雄性,阴性胚胎是雌性,准确率可达 100%。这种方法可大大增加灵敏度,提高性别鉴定的准确率。这种方法是与胚胎分割等技术结合起来,先将胚胎分割,一半用于 PCR 鉴定,另一半用于鉴定后的移植。这种方法准确简单,便于广泛应用。目前,一些较为实用的改进的 PCR 新技术被应用到鉴定中,增强了检测的灵敏度和结果的准确性,主要有:巢式 PCR(nested PCR)、复合 PCR(multiplex PCR)、荧光 PCR(fluorescence PCR)、全基因组扩增(whole genome amplification)等。

(三) 性别控制和性别鉴定的应用前景

性别控制技术已经在畜牧业生产、动物新品种选育以及人类生活等领域发挥出显著效益。具体来说,性别控制技术的应用主要体现于以下几个方面:可以大量提高与动物性别密切相关的生产性能,如鹿茸、牛奶、牛肉、鸡蛋等;充分发挥母畜的繁殖潜力,提高繁殖效率,从而提高畜牧业经济效益;可以预测和控制动物遗传和表型,增加选育强度,加速动物育种进程;采用性别化精液进行人工授精,可有效避免牛异性孪生中的母牛不育;性别控制与胚胎移植、胚胎冷冻等动物繁殖技术结合应用,可以扩大雄性群体,保护地方优良品种或濒危动物;可以促进人类性连锁遗传病的防治,促进优生优育,提高人口素质。

通过对动物性别比例的控制来提高动物的生产性能，满足人类社会需要具有重要的科学意义和应用价值。选用性别化精液是对哺乳动物进行性别控制的主要方式，具有较好的经济效益。美国 XY 公司利用分离后的精液进行奶牛人工授精，雌性后代的比例可以达到 80%～90%，极受农场主青睐；英国 Cogent 公司提供分离后的精液给农场主使用，有效率可以达到 90%左右，显示出诱人的市场前景，性别化精液产品在国内外供不应求，正日益体现出竞争优势和市场前景。

目前，哺乳动物性别决定机制尚未完全清楚，哺乳动物性别控制技术还存在效率低、成本高等不足。相信在科研工作者的共同努力下，性别决定和性别控制研究将取得更大进展，为提高畜牧业经济效益、提高人们的生活质量做出更大贡献。

五、胚胎嵌合技术

胚胎嵌合又称胚胎融合，是近年来继胚胎分割后的一种新的生物技术。动物胚胎嵌合不但对品种改良及新品种培育具有重大意义，而且为不同品种间的杂交改良开辟了新的渠道，对分析胚胎的发生机制和基因表现机制以及了解性别分化或免疫机理等均具有极为广泛的利用价值。将两枚胚胎细胞(同种或异种动物胚胎)融合共同发育成为一个胚胎即为嵌合胚胎。将该胚胎移植给受体，妊娠产仔，如该仔畜具有以上两种动物胚胎的细胞称为嵌合体动物。

1965 年，Mintz 通过聚合无透明带的胚胎获得了小鼠嵌合体。20 世纪 70 年代以后，哺乳动物嵌合体技术发展迅速，先后获得了大鼠、兔、羊、牛、猪等动物的嵌合个体。同时，种间嵌合体技术也取得突破，小鼠-大鼠嵌合体、家养小鼠-野生小鼠嵌合体、牛-水牛嵌合体、绵羊-山羊嵌合体、马-斑马嵌合体等相继获得成功。

(一) 胚胎嵌合制作方法

根据融合方式的不同，动物早期胚胎嵌合的制作方法有早期胚胎聚合法、分裂球聚合法、囊胚注入法和囊胚重组法(图 5-36)。

1. *早期胚胎聚合法*

早期胚胎聚合法的操作步骤如下。

(1) 采集胚胎　从宫管结合部采集早期胚胎。

(2) 除去透明带　用物理方法、酶处理法或酸处理法(Tyrode 氏 HCl 液，pH 2.5)除去胚胎的透明带。

(3) 胚胎的聚合　将除去透明带的胚胎用培养液洗涤几次，分别进行配对，将配对后的胚胎移到含有钙离子的 37 ℃培养液中，使之聚合。

(4) 聚合胚胎的培养　聚合后的胚胎用培养液洗 2 次，用布林斯特(Brinst)液、改良 PBS 液或 Witten 氏液等培养 20～24 h，使之发育到囊胚。

(5) 嵌合胚的移植　用常规方法将发育为囊胚的嵌合胚移植给同步化处理的受体。

(6) 嵌合体的鉴定　根据标记判定嵌合体。到目前为止，人们所采用的标记方法分为人工标记和遗传标记。人工标记的主要标记物有活性染色素或油滴，此外还有放射性物质(主要是^{3}H-脱氧腺嘧啶核苷)、荧光胶质金、黑色素颗粒等。

2. *分裂球聚合法*

这种方法一般是在 1 个透明带中，将发育阶段不同的分裂球或将分裂球与特殊的细胞(如肿瘤细胞)聚合在一起。从 2～16 细胞期至桑葚胚后期的分裂球都可以采用这种方法培育出嵌合体。

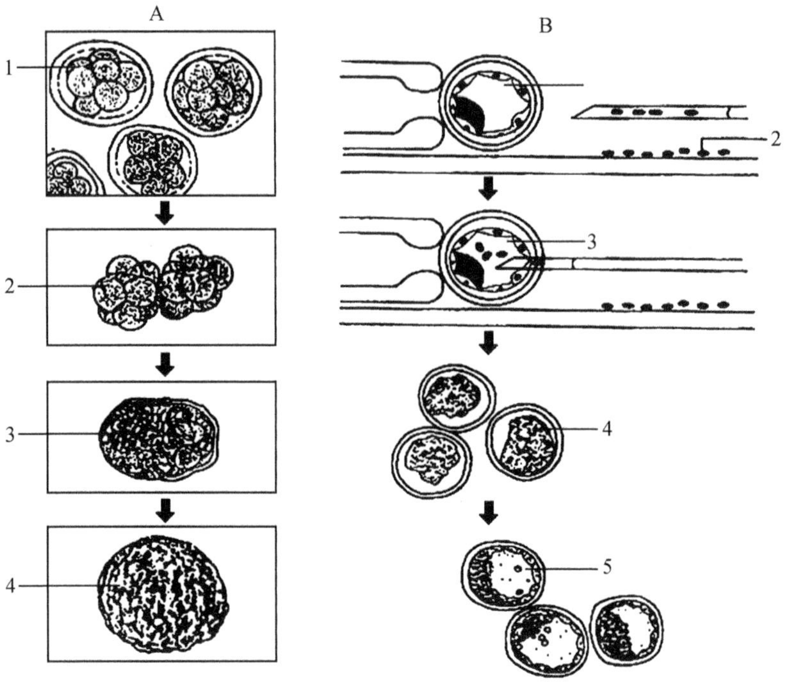

A. 卵裂球聚合 1. 早期胚胎 2. 去透明带聚合 3～4. 聚合后的培养发育
B. 囊胚注入 1. 受体囊胚 2. 供体细胞 3. 供体细胞注入囊胚腔 4. 注后囊胚 5. 重新发育

图 5-36 哺乳动物嵌合体生产程序

3. *囊胚注入法*

囊胚注入法是用显微操作技术将目的细胞或细胞团注入囊胚腔，使注入的细胞与内细胞团结合共同发育，以获得嵌合体个体。

囊胚腔注射法是最经典的嵌合体动物制作方法，通过显微操作仪将全能性细胞注射到囊胚腔中，培养至囊胚腔恢复，移植到假孕雌性动物的子宫，在出生的幼仔中筛选嵌合体动物。囊胚腔注射法嵌合体获得率最高，适用范围广，种间、种内均可，供、受体的发育阶段同步与否皆可，在基因打靶研究中绝大多数研究者都是用此方法。

4. *囊胚重组法*

囊胚的重组是指从受体囊胚中去掉原有的内细胞团后，导入目的胚胎的内细胞团，从而培养出新的囊胚。主要用于研究动物胚胎内细胞团细胞的发育能力与具有不同基因型胚胎的滋养层细胞在个体发育中的相互关系。

（二）动物嵌合体的鉴定

制备嵌合体动物成功的关键是鉴定嵌合体动物体内是否存在不同遗传性状的细胞。目前，人工嵌合体动物的鉴定主要通过外观表型、遗传标记和基因及其表达产物来进行分析。

1. *外观表型*

人们通常会选择不同遗传表型来源的细胞或胚胎进行。获得嵌合体动物从表型就可以很明显地判别是否是嵌合体动物，如毛色、肤色、色素、荧光等。常选用供体细胞和受体胚胎来源品系有显著的毛色或肤色差异，最后获得的动物通过毛色或肤色就能判别是否是嵌合体，而且根据毛色或肤色的掺杂程度来估计嵌合效率。

2. 遗传标记

在构建嵌合体动物前，通过基因打靶的方式将相应的报告基因构建到供体细胞中，这样，制备的嵌合体动物带有相应的报告基因及其表达产物，可非常方便地检测嵌合体动物。常用的报告基因有绿色荧光蛋白(green fluorescent protein，GFP)基因、β-半乳糖苷酶(LacZ)基因、氯霉素乙酰转移酶(CAT)基因等。

3. 基因及其表达产物分析

针对构成嵌合体动物的细胞来源不同的特点，利用不同的方法进行检测，通常有PCR、定量PCR、Southern印迹、Northern印迹、原位杂交、Western印迹分析等。

(三) 嵌合体动物的应用

胚胎嵌合是哺乳动物胚胎工程的重要组成部分，作为一种特殊的研究手段，在发育生物学、细胞生物学、胚胎学、病理学、免疫学、医学以及动物生产等领域都有着重要的作用。

1. 在哺乳动物的发生机制方面的应用

嵌合体作为一种手段，广泛用于哺乳动物的发生机制及细胞生物学的研究，主要用于卵裂球的分化能力分析、研究胚胎分化规律及其性分化机理、染色体及基因分析、单性生殖等。

2. 在免疫学与医学方面的运用

主要用于免疫功能的分析，即通过分析嵌合体中白细胞的免疫应答，可揭示正常的免疫防御机理，建立遗传病动物模型等。

3. 在动物生产中的应用

可以用于种间嵌合体和杂种制备；可作为家畜或野生动物，特别是濒危野生动物的繁殖方法而加以有效利用；也可用于种间移植，分析胎儿与母体的相互关系，如将斑马的受精卵移植到马体内生产斑马(拯救珍稀濒危动物)；人工制备有特殊经济价值的动物；作为外源基因导入动物的方法和生产移植器官等。

六、转基因动物技术

(一) 转基因动物的概念

转基因动物(transgenic animal)是指通过显微注射、电穿孔、粒子轰击、细胞转化、病毒导入等基因操作技术，将外源片段导入受体或定向改造受体基因得到的用于农业生产或者农产品加工的动物及其产品，包括畜禽、水生动物和节肢动物等。转基因动物研究的基本特征是有目的、有计划、有根据、有预见地改变动物遗传结构，从而改变动物遗传组成，赋予转基因动物新的表型特征，是最有发展前途的生物技术研究领域之一。

在制备转基因动物时，外源基因可能只整合入动物部分组织细胞的基因组，也可能整合进动物所有细胞的基因组中，因而其遗传的稳定性就会有所不同。我们把只有部分组织细胞整合有外源基因的动物称为嵌合体动物(chimera mosaic animal)，而把所有组织细胞均整合有外源基因的动物称为转基因动物。图5-37为转基因鼠生产示意图。

(二) 转基因动物生产技术

1. 生产转基因动物的方法

生产转基因动物的常用方法有：原核期胚胎显微注射法、精子载体法、慢病毒载体法、胚胎干细胞介导法、体细胞克隆介导法、人工染色体介导的基因转移法等。

(1) 原核期胚胎显微注射法　原核内显微注射是由美国人Gordon发明的，是目前应用最

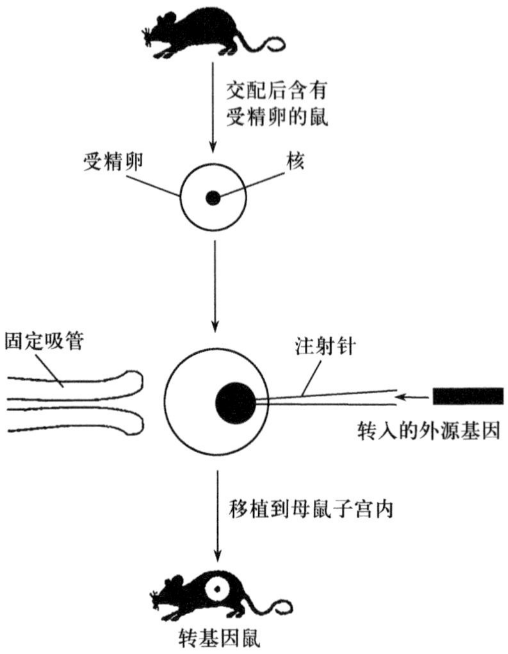

图 5-37 转基因鼠生产示意图

广泛、发展最早的方法之一(图 5-38)。这种方法的优点是外源基因易整合入染色体,导入的基因大,可使用任何载体承载基因片段,也可注射无载体的基因片段,外源基因的长度可达 100 kb,实验周期相对比较短。但其不足之处是:基因整体进入染色体的随机性,使外源基因整合位点和拷贝数无法控制,外源基因随机整合到基因组内常导致宿主 DNA 中的染色体序列丢失、重排、插入、突变,有的甚至造成严重生理缺陷,而且设备昂贵、操作复杂。该方法的外源基因转移整合率小鼠为 6%～10%,猪和羊分别为 0.98%和 1%,鱼类通常可达 10%～15%。

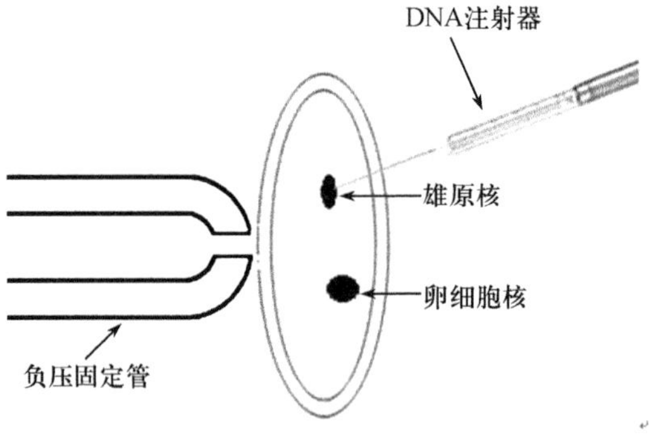

图 5-38 利用显微注射法生产转基因动物模式图

(2) 精子载体法 精子载体法是利用动物精子具有自发结合和内化转运外源 DNA 能力的特点,使其在受精时导入卵母细胞,获得转基因动物。1989 年 Lavitrano 等首次报道把 PSV2-CAT 质粒与小鼠的附睾精子共育后进行体外受精,移植后获得了阳性鼠。目前利用精子载体法已获得了猪、牛、羊、兔、小鼠以及鱼等转基因动物后代,其中小鼠、猪、兔都建立了表达外源基因的转基因体系。以精子作为载体的最大优点是克服了人为机械操作给胚胎造成的损伤，且简单、易行，不需昂贵的显微操作设施及复杂的操作技巧，该方法在转基因家畜生产中具有技术和效率上的优势；主要缺点是实验结果不稳定，可重复性差。其中进入精子核内的DNA结构是否完整、DNA进入核内的精子比例有多少、DNA进入核内的精子受精能力怎样以及其受精后能否成功嵌入胚胎染色体中等，是精子介导基因转移技术能够取得长足发展的最为敏感而又必须解答的问题。

(3) 慢病毒载体法　慢病毒能够感染分裂细胞和非分裂细胞，因而被发展成为重要的转基因载体。慢病毒感染宿主细胞后，病毒RNA反转录为DNA后可以整合到宿主细胞的染色体上并长期稳定表达。1987年Salter等用鸡白血病病毒作为载体生产转基因鸡，1989年Bosselman等用网状内皮组织增生病毒作为载体将*GH*基因导入牛胚胎，1995年Biery等用劳斯肉瘤病毒(RSV)为载体生产出转基因牛，2003年Hofmann等利用慢病毒载体法首次成功制备绿色荧光蛋白转基因猪，又于2005年制成转基因牛。2006年Michael等使用慢病毒载体法制备能够发荧光的转基因山羊。2007年Ryu等提议利用慢病毒载体感染精原干细胞(SSCS)，再将其注射到大鼠睾丸中，拓宽了慢病毒载体法的思路。2008年我国第三军医大学基础医学部以慢病毒为载体，制备了增强型绿色荧光蛋白(EGFP)转基因小鼠。慢病毒载体法用于制作转基因动物的优点是方法简单，不受胚胎发育阶段的影响，而且外源基因多位点、单拷贝整合效率高，特别适用于转基因家禽的生产。但是存在病毒载体构建复杂，转入的外源基因的大小受到限制，安全性需提高，可能会造成基因沉默等问题。

(4) 胚胎干细胞介导法　胚胎干细胞是早期胚胎内的细胞团经体外培养建立起来的多能细胞系，具有全能性，在一定条件下可发育成完整个体。因此，把外源基因导入干细胞后，经过选择，把阳性细胞注入另一胚胎囊胚腔中，或与另一胚胎卵裂球聚合，再经过选育即可得到转基因动物(图5-39)。在转基因领域，胚胎干细胞是公认的研究基因转移、基因定点整合极具前途的实验材料，利用这种方法制作转基因小鼠的阳性率接近100%，遗憾的是第一代一般是嵌合体，要通过杂交繁育才能得到纯合目的基因的个体。截至目前，只有小鼠干细胞的建系方法比较成熟。

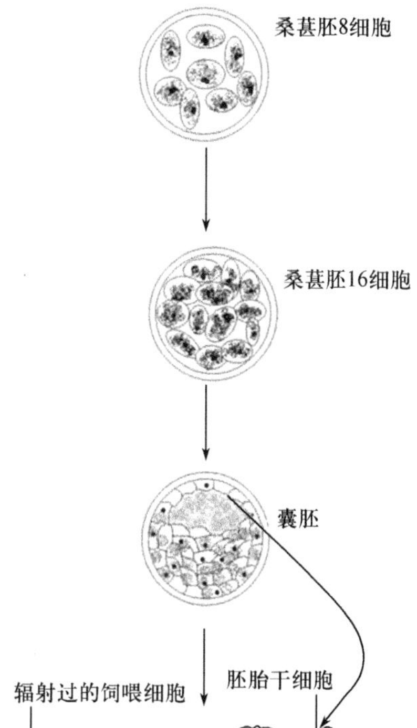

图5-39　胚胎干细胞介导转基因动物生产模式图

(5) 体细胞克隆介导法　体细胞克隆介导法首先要筛选出已整合了目标基因的细胞，建立转基因细胞系，然后再用去核卵母细胞作为受体，用转基因细胞系的细胞核作为供体，通过核移植产生重植胚胎(图5-40)。Wilmut研究小组在取得克隆绵羊“多莉(Dolly)”后，同年12月又获得了能表达治疗人血友病的凝血因子Ⅸ转基因克隆羊“波利(Polly)”。利用体细胞核移植制备转基因动物，虽然胎儿的死亡率高，但其得到转基因动物的总效率高于原核显微注射法。其产生的转基因后代遗传背景及遗传稳定性一致，不需选配就可建立转基因群体。

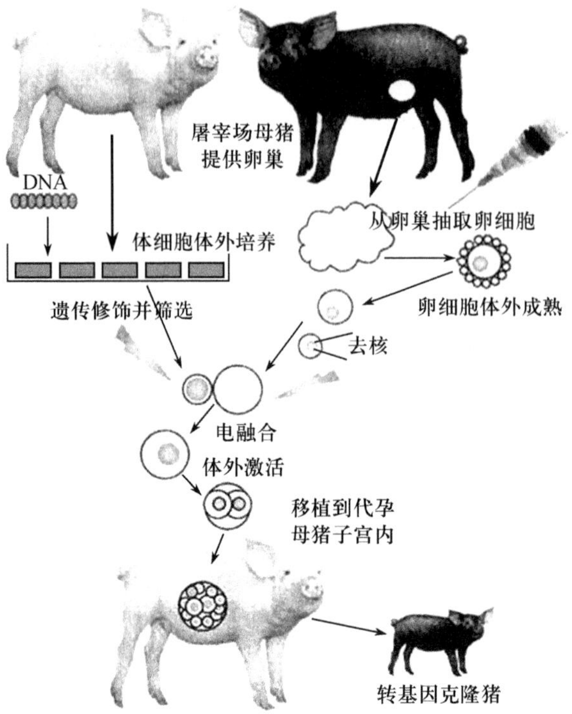

图 5-40　体细胞克隆介导生产的转基因猪

(6) 人工染色体介导的基因转移法　人工酵母染色体载体(YAC)是近年发展起来的新型载体。具有克隆百万碱基对(Mb)大片段外源基因的能力,可以保证巨大基因的完整性,保证所有顺式作用因子的完整并与结构基因的位置关系不变,从而提高较长外源片段在转基因动物中的整合率。其技术途径有二:一是 ES 细胞转染 YAC 后体外筛选,阳性 ES 细胞囊胚腔注射;二是 YAC 的原核显微注射。1996 年 Berm 通过此法获得转基因兔。1997 年,Fujiwara 等建立了 210 kb 人类乳清蛋白 YAC DNA 转基因小鼠。

(三) 转基因动物检测的方法

以转基因鼠为例,说明转基因动物检测的方法。经转基因步骤获得的仔鼠出生后采样提取 DNA。将制备好的 DNA 样品点到尼龙膜或硝酸纤维素膜上,再用所注射的基因作为成探针,进行斑点杂交,检测出带有外源基因的小鼠。然后采集血样或外源基因表达的器官组织用以制备 RNA。用外源基因作为探针与制备的 RNA 进行 Northern 分子杂交,检查外源基因是否转录成 mRNA。接着对带外源基因的小鼠进行放射免疫测定,以检测由外源基因合成的蛋白质。可用原位杂交法测出外源基因在染色体上的整合部位,还可将带外源基因的小鼠进行繁殖,检查基因是否进入生殖系统,以及在后代中的传递情况。对其他动物,除了收集受精卵的方式、注射外源基因和胚胎移植不同之外,其余的检测方法都是相同的。

(四) 转基因动物的应用前景

转基因动物作为一项只有 30 几年研究历史的生物高新技术成果,涉及农牧业、生物医学和药物产业等诸多方面,显示出了广阔的应用前景与重大的应用价值,将对环境、健康等影响 21 世纪人类生存的重大问题的最终解决发挥不可估量的作用。目前转基因动物的应用研究主要有以下几个方面:①利用转基因改良动物品种;②建立诊断及治疗人类疾病的动物模型;③利用转基因动物作为生物反应器;④利用转基因动物作为人体器官移植供体。例如转基因育种,即通过转基因技术将外源基因导入动物受精卵内组成一个新的融合基因,使外源基因在动物体内整合与表达,产生具有新遗传特性的动物。转基因技术育种可以避开物种间杂交不育的生殖隔离,在较短时期内培育出常规方法不能育成或难以育成的动物品种,从而加快动物改良进程,使选择效率提高,改良机会增多,因而极具研究和应用价值。

虽然转基因动物至今还没有真正进入产业化和市场化,但随着理论和技术不断完善,转基因动物及其相关产品必将对人们的健康和社会发展产生巨大的影响。从目前的发展趋势可以看出,转基因动物的研究和应用将是21世纪生物工程技术领域最活跃、最具有实践应用价值的技术之一。随着相关法规的出台,无疑会加速和正确引导转基因工程产品的研究和开发,相信在不久的将来,转基因动物生产将会成为生产行业中的一项新兴产业。因此,充分利用转基因技术的潜在价值,实现转基因技术实用化、商业化和转基因动物的产业化,是21世纪生物科学工作者努力的目标。

七、动物胚胎干细胞技术

干细胞是一类未成熟分化的细胞,具有长期自我增殖、自我更新和多向分化的潜能,在一定条件下,它可以分化成多种功能细胞。根据干细胞所处的发育阶段,其分为胚胎干细胞(embryonic stem cell,ES细胞)和成体干细胞(adult stem cell)2类。根据干细胞的发育潜能,又可将之分为3类:全能干细胞(totipotent stem cell,TSC)、多能干细胞(pluripotent stem cell)和单能干细胞(unipotent stem cell)。众多类型的干细胞中研究热点首推ES胞。它是一种从囊胚内细胞团(inner cell mass,ICM)细胞或胎儿原始生殖细胞(primordial germ cell,PGC)分离的一种多能性细胞,具有与胚胎细胞相似的形态特征和分化潜能,在体外培养过程中可维持未分化状态、正常二倍体核型及无限增殖能力。无论是在体外还是在体内环境,ES细胞都能被诱导分化为机体所有的细胞类型。多能性和无限增殖是ES细胞最显著的2个特性。ES细胞的分离培养建系是胚胎生物技术领域的重大成就,同时ES细胞也是现代生物技术研究的热点和焦点,具有非常重要的研究价值和潜在的应用价值。

(一)胚胎干细胞概述

ES细胞研究源于畸胎瘤干细胞(teratocarcinoma stem cell,TSC)或胚胎瘤细胞(embryonic carcinoma cell,ECC)。1958年,Steven将小鼠早期胚胎移植到小鼠精巢或肾脏被膜下获得了ECC,由来源于3个胚层的多种细胞和组织无序排列构成。随后,ECC成为研究哺乳类动物发育和遗传以及细胞诱导分化的实验模型。研究人员通过尝试不同诱导因子和培养条件,成功地将ECC诱导分化为神经细胞、肌肉细胞、软骨细胞和上皮细胞等3个胚层的多种类型的细胞。1974年,Brinster将ECC注射到胚泡腔后发现,ECC参与受体胚胎的发育,获得了嵌合体。1981年,Mintz等也培养得到具有与生殖腺嵌合能力的ECC,但ECC种系间的嵌合率低,仅13%,且ECC具有肿瘤源性,生成的嵌合体在成年后易出现肿瘤,建成的ECC系有异常核型。因此,ECC作为正常细胞分化的模型并不理想。

1981年,Evans和Kaufman在ECC研究的基础上,通过对延迟着床的小鼠早期胚胎进行体外培养,首次分离得到小鼠ES细胞,并以二人名字首字母命名为EK细胞,建立了ES细胞系。小鼠ES细胞系的建立为其他动物ES细胞的分离和体外培养开辟了通道。目前已在大鼠、仓鼠、牛、绵羊、水貂、兔、鱼、鸡、恒河猴等物种上建立了ES细胞系或类ES细胞系。

2006年，日本人Yamanaka等把Oct3/4、Sox2、c-Myc和KIf4这四种转录因子引入小鼠胚胎或皮肤成纤维细胞，发现可诱导其发生转化，产生的“诱导多能干细胞”(induced pluripotent stem cell，iPS细胞)在形态、基因和蛋白质表达、表观遗传修饰状态、细胞倍增能力、类胚体和畸形瘤生成能力、分化能力等方面都与干细胞极为相似。诱导多能干细胞是指通过基因染技术将某些转录因子导入动物或人的体细胞，体细胞能直接重构成为胚胎干细胞样的多潜能细胞。iPS细胞技术的诞生将干细胞研究推进到了一个新的高度，极大地丰富了干细胞的研究内容，迄今已先后在小鼠、猕猴、大鼠和猪中取得了成功。

iPS细胞不仅在自我更新和多向分化潜能等方面都与ES细胞极其类似，而且比获得ES细胞更方便，仅需一小部分体细胞即可诱导产生，尽管iPS细胞还不能完全代替ES细胞，但是它回避了历来已久的伦理争议，解决了干细胞移植医学上的免疫排斥问题，是再生医学理想的种子细胞，也可作为临床药物筛选细胞模型和人类疾病治疗细胞模型。此外，由于iPS细胞可在体外长期稳定的传代培养，所以它是转基因技术中理想的种子细胞。如果将其用作基因打靶受体细胞，则可在转基因动物的生产中有着广阔的应用前景，特别是对于至今尚未真正建立ES细胞系的物种而言，iPS细胞有可能成为其ES细胞的理想代替细胞并应用于科学研究和生产实际。虽然iPS细胞技术还存在安全性差和诱导效率低等问题，但是随着研究的不断深入，iPS细胞技术将会更加成熟，并将在生命科学领域发挥更大的作用。这一发现不仅进一步解决了免疫排斥和伦理学问题，深化了对细胞多能性和基因组重编程的认识，而且在药物筛选及疾病治疗方面具有巨大应用价值，进一步推动了全世界干细胞研究的热潮。

(二) 胚胎干细胞的形态与功能特征

1. 形态学特征

ES细胞体积小，核大，有一个或几个核仁，核质比高，核型正常，胞质结构简单，散布着大量核糖体，胞浆少，细胞界限不明显。体外培养时，细胞排列紧密，呈集落状生长，边缘折光性强，集落边缘可见少量已分化为扁平上皮细胞或梭形的成纤维细胞。用碱性磷酸酶(AKP)染色法染色，ES细胞呈棕红色，周围的成纤维细胞则呈淡黄色。小鼠ES细胞的直径为7～18 μm，猪、牛和羊的ES细胞颜色较深，直径为12～18 μm。总体来说，ES细胞具有与胚胎细胞相似的形态特征。

2. 功能特征

ES细胞在功能上具有发育全能性及不断增殖的能力。全能性是指ES细胞在解除分化抑制的条件下具有参与包括生殖腺在内的各种组织发育的潜力或发育成完整动物体的能力。其实质是细胞基因组中决定蛋白质编码的所有基因按一定时空顺序依次表达。ES细胞是能在体外大量增殖的全能性细胞，可为细胞的遗传操作和细胞分化研究提供丰富的实验材料。如果ES细胞能与去核的卵母细胞融合发育成重构胚，且重构胚经过胚胎移植发育形成个体，则表明ES细胞具有全能性。例如，Campl将绵羊类ES细胞注射到去核卵母细胞中，获得重构胚，经过胚胎移植，获得了羔羊，证明了绵羊的类ES细胞具有发育全能性。

ES细胞的多能性是指其具有发育成多种组织的能力，参与部分组织的形成。例如，利用骨髓基质细胞或其条件培养液，可诱导ES细胞在体外分化为造血干细胞，在维A酸(RA)培养液中经悬滴培养形成拟胚体，再继续贴壁培养，可见拟胚体周围有许多由内皮细胞排列而成辐射状血管样结构；ES细胞在RA与双丁酰基环腺苷酸(dbcAMP)共同作用下可以分化为神经胶质细胞；在RA诱导下，ES细胞可分化为肌细胞；ES细胞经悬滴培养形成的拟胚体在二甲基亚砜、胰岛素、三碘甲状腺原氨酸、胎牛血清与RA共同作用下可分化为脂肪细胞。

ES细胞多能性的检测方法很多，主要有以下4种：①类胚体形成检测，即将ES细胞培养在不含分化抑制物的培养基中，以形成类胚体。②体外诱导分化为三胚层细胞，即将ES细胞在特定培养基中进行培养，可定向分化成任一胚层的特定组织。③畸胎瘤实验，即将ES细悬液注射入同源动物或免疫缺陷动物皮下或肾囊，可形成包含3个胚层细胞在内的畸胎瘤。④嵌合体实验，即将ES细与胚胎细胞共同或者将ES细胞注射到囊胚腔，ES细会参与多种组织发育。例如，Kaufman首次用小鼠ES细胞与囊胚嵌合，获得了第一个生殖腺嵌合体小鼠，表明ES细胞具有发育的多能性。

(三) 胚胎干细胞分离培养的技术要点

ES细胞分离培养的原理是使具有全能性的ICM或PGC与分化抑制物共同培养，使之大量增殖而又保持未分化状态，这样代代相传，从而使ES细胞或者PGC能够成千上万倍地扩增。以下简要介绍ES细胞分离培养的主要技术程序。

1. ES细胞培养体系

ES细胞培养体系主要有3种，即条件培养体系、分化抑制因子培养体系和饲养层培养体系。条件培养体系是指将细胞培养一段时间后，回收培养液来培养ES细胞。分化抑制因子培养体系是指将分化抑制因子白血病抑制因子(LIF)或白细胞介素-6等按一定浓度直接添加到细胞培养液中培养ES细胞。饲养层培养体系是目前最常用的ES细胞培养体系，饲养层一般由小鼠成纤维细胞无限系(STO)或小鼠原始胚胎成纤维细胞(PMEF)制备而成。经过丝裂霉素C等有丝分裂抑制剂处理后的STO或PMEF与ICM或PGC共同培养就可以分离出ES细胞。经过丝裂霉素C处理的STO或PMEF虽然失去了分裂能力，但是仍能存活并可以分泌EGF、LIF等。这些因子不仅有助于ES细胞的增殖，而且能抑制细胞的凋亡和分化。此外，也可以用绵羊、山羊的输卵管或子宫上皮细胞以及牛的颗粒细胞、子宫成纤维细胞等作为分化抑制培养基。

2. ICM及PGC的选择和分离

许多早期胚胎都可以作为建立ES细胞系的材料，如小鼠的桑葚胚(2日龄)、囊胚(3日龄)和扩张囊胚(4～6日龄)，猪的囊胚(7～10日龄)，绵羊的囊胚(7～9日龄)，山羊的囊胚(7～8日龄)，牛的桑葚胚(6～7日龄)、囊胚(7～8日龄)，兔的囊胚(4～5日龄)，水貂的囊原(8～10日龄)，仓鼠的囊胚(3日龄)等。根据所选胚胎的发育段，早期胚胎ES细胞分离常用普通分离法、免疫外科法、延迟着床法、热休克法和离散卵裂球法等方法。常用的PGC分离方法有机械法和消化法。分离的PGC还要进行纯化，常用的方法有离心法、流式细胞仪分离法和免疫磁力法。

3. ICM及PGC的培养和ES细胞的分离传代

在5% CO_2、37～39 ℃的条件下，将ICM或PGC置于饲养层或条件培养基中进行培养，培养液一般为DMEM+15% FBS。在培养液中可添加多种细胞因子或分化抑制物，如LIF、EGF、IGF等。在进行体外培养时，当ICM增殖后或PGC出现ES细胞样克隆后即可传代。ES细胞的增殖速度很快，小鼠的ES细胞每7～8 h倍增一次，猪的ES细胞每20 h倍增一次，羊的ES细胞每40～50 h倍增一次，牛的ES细胞每18～24 h倍增一次。在传代时，一般是先用加有 EDTA 的胰酶消化，再用微吸管将其打散单个细胞，然后移入新的饲养层进行培养，待出现新的克隆，在其分化之前可再进行传代。

4. ES 细胞的鉴定及保存

ES 细胞的鉴定方法主要有形态学鉴定、AKP 染色、表面抗原检测、核型分析、体外分化实验、嵌合体实验、核移植等。ES 细胞保存方法一般是程序化冷冻保存。冷冻保护液一般为 DMEM+30%～50% FBS+10% DMSO。冷冻过程为 4 ℃ 30 min→−20 ℃ 1～2 h→−70 ℃过夜→第 2 天放入液氮中长期保存，解冻一般在 37 ℃水浴中快速进行，解冻后，立即用新的培养液替换冷冻保护液，随后转入 CO_2 培养箱中进行培养。

（四）胚胎干细胞技术存在的主要问题

自 1981 年建立了小鼠的 ES 细胞系以来，尽管 ES 细胞研究取得了重大的进展，但是 ES 细胞的研究在总体上还处于初级阶段，许多问题还有待进一步解决。

1. 分离培养系统问题

ES 细胞的分离培养体系仍沿袭传统的方法，分离成功率很低。需要建立新的或者完善已有的 ES 细胞分离和培养体系，特别是建立无饲养层无血清培养体系，以避免人 ES 细胞的研究中一切动物源成分可能带来的安全问题，提高了 ES 细胞培养体系的稳定性和可重复性。在人的 ES 细胞的研究中已经成功地建立起无饲养层无血清的培养体系，但是在其他物种的研究中，ES 细胞的培养仍然离不开饲养层和血清。因此，ES 细胞的分离培养体系仍然是此研究领域亟待解决的问题之一。

2. 分化与临床应用问题

对 ES 细胞的诱导分化不仅可以研究细胞分化的分子机理，而且可以修复组织损伤。然而，目前还无法对 ES 细胞实施专一性的诱导分化，无法在体外分化发育成完整的器官，可用于诱导分化的化学物质种类有限。ES 细胞在诱导分化后被用于异体移植不仅存在免疫排斥现象，而且还可能导致畸胎瘤。因此，ES 细胞分化的分子调控机制以及如何对移植的细胞进行监控和评估等一系列问题还有待于进一步研究。

3. 新来源的 ES 细胞问题

近十几年来，发展迅速的治疗性克隆、iPS 细胞等技术在利用病人正常细胞进行组织自我修复方面具有巨大的应用前景。这些方法不仅可以降低或消除传统 ES 细胞所面临的免疫排斥问题，而且可以避免过多的伦理道德问题。然而，这些方法涉及的体细胞核重编程的机理尚未阐明，诱导效率仍然较低，诱导出的细胞致瘤性的概率很大。因此在这些新型的干细胞真正应用于临床前，还有很多问题尚待解决，尤其需要深入研究 iPS 细胞的产生机理。

4. 伦理道德问题

ES 细胞研究和应用一直牵涉许多法律、宗教和伦理学问题，除寻找可以产生多能性细胞的其他途径以外，还需要加强 ES 细胞研究相关规范和监控。因此保证 ES 细胞的研究在有效的监控下进行，任重道远，需要全世界科学家和各国的共同努力，最终使 ES 细胞的研究造福于人类。

（五）胚胎干细胞技术的应用前景

ES 细胞特有的生物学特性决定了其在生物学领域有着不可估量的应用价值。在基础生物学方面，ES 细胞对于细胞分化和个体发育的分子机理具有重要的研究价值；在医学方面，ES 细胞是再生医学种子细胞的重要来源之一，同时在药理和毒理研究方面，ES 细胞也具有重要作用;在动物生产方面,核移植、嵌合体、转基因动物研究方面进行了意义重大的结合。总体而言,ES细胞在良种家畜繁育、生产转基因动物、哺乳动物发育模型、基因和细胞治疗等方面有着广阔的应用前景。

1. 组织和器官的修复

ES细胞最具有诱惑力的应用前景是修复,甚至替换功能丧失的组织和器官。ES细胞具有发育分化成机体所有类型组织细胞的潜力,因此,有可能通过移植由ES细胞定向分化而来的特异组织细胞或器官来治疗各种相关疾病。随着治疗性克隆和iPS细胞等技术的发展和完善,利用病人自身的正常细胞就可以产生相应的多能干细胞,这样产生的多能干细胞移植到病人体内不会产生免疫排斥反应。目前,使用iPS细胞技术修复组织器官已经取得了一定的进展,研究人员从Ⅰ型血友病小鼠模型上取健康的体细胞在体外将其诱导成iPS细胞,然后将其定向分化成肝脏细胞,并移植到Ⅰ型血友病小鼠的肝脏,移植后的细胞成功替代病变的肝脏细胞发挥作用,成功治愈了小鼠的Ⅰ型血友病,此项研究为病人利用自身的正常细胞产生干细胞,然后对损伤组织器官进行"自我"修复奠定了基础。

2. 克隆的供体细胞与转基因的载体

ES细胞具有无限增殖且不改变其基因型和表型的特点。如果以ES细胞作为核供体进行核移植,就可以在短时间内获得大量基因型和表型完全相同的个体。ES细胞与胚胎进行嵌合既可以解决哺乳动物远缘杂交的困难,生产出珍贵的动物,又可以进行异种动物克隆,有助于保护珍稀野生动物。目前真正建系的ES细胞只有小鼠、大鼠、恒河猴和人,这就限制了ES细胞在转基因克隆上的应用。新产生的iPS细胞技术在一定程度上解决了这个问题。此项技术可以在相对较短的时间内建立多能干细胞系,以用于转基因克隆的研究。

目前,生产转基因动物常用的方法是原核注射法,外源基因的整合、表达和筛选工作在个体水平上进行不仅工作烦琐、周期长、成功率低,而且产生的后代也常出现遗传性状分离的现象。而利用ES细胞作为基因载体,特别是利用基因打靶技术,得到基因整合的细胞,然后直接进行核移植或者通过与胚胎嵌合获得嵌合体动物,ES细胞在嵌合体中分化发育成全能性的生殖细胞,即可得到携带目的基因的转基因动物。一个优良的ES细胞系不仅可以用于各种目的基因的转化,而且外源基因的整合数目、整合位点、表达程序以及稳定性等都可以在细胞水平上进行加工、筛选,从而在很大程度上加快了动物遗传工程的进程。目前已经有以ES细胞作为外源基因载体生产转基因动物的相关报道。

3. 类器官转分化研究

类器官是指在体外用3D培养技术对干细胞或器官祖细胞进行诱导分化形成的在结构和功能上都类似目标器官或组织的三维细胞复合体。其具有稳定的表型和遗传学特征,能够在体外长期培养。根据干细胞的不同来源,类器官可简要分为组织干细胞衍生的类器官、多能干细胞(包括胚胎干细胞和诱导多能干细胞)衍生的类器官和肿瘤干细胞衍生的类器官。目前,类器官在生物学基础研究、构建疾病模型、肿瘤研究、组织再生修复、基因治疗以及药物筛选等方面显示了广阔的应用前景。

4. 干细胞体外育种

干细胞体外育种技术正在以更早、更高效的育种潜力而逐渐被认可。该技术通过将干细胞与生殖细胞诱导分化、体外受精、基因组选择等结合,分离ES细胞后,根据育种目标,对胚胎干细胞进行选择,并将其在体外转分化为功能性配子进行新一轮的体外受精(IVF)。干细胞体外育种技术可实现改变以往出生初选、断奶再选等选择时限和技术路线，显著缩短世代间隔并增强选择强度，迅速实现 30～40 倍的遗传进度。假设在牛中进行 IVF 程序，然后进行 ES 细胞分离，大约需要 4 周，生殖细胞的分化需要 2～3 月，那么通过干细胞体外育种进行的繁殖需要 3～4 个月，这将意味着世代间隔的显著减少。此外体外育种（*in vitro* breeding，IVB）可与其他现代技术相辅相成，以在更短的时间内对遗传改良产生更大的影响。

5. 新药的研制与开发

从理论上讲，ES 细胞可以分化成机体任何组织的正常细胞，为开发新药提供大量标本，因而可用于筛选药物作用点和筛选毒素等，从而加快药品研发及其安全性检验的研究进程。ES 能模拟体内细胞对药物的反应，从而提供更好的药物筛选模型。例如，将人 ES 细胞分化成心肌细胞，将有助于心脏病药物的开发等。ES 细胞用于创建动物模型，目前已经建立了 500 余个与癌症和心血管疾病等人类疾病相关的小鼠模型，以用于药物筛选。

6. 其他研究方面

嵌合体（chimera）在生物学是指在同一个体中基因型相异的细胞或组织混合存在的状态。将 2 枚胚胎（同种或异种动物胚胎）的细胞融合共同发育成为一个胚胎，称为嵌合胚胎；再将其移植给受体，妊娠产仔，如果该仔畜具有以上 2 种动物的细胞则称为嵌合体动物。目前，在大鼠、兔、羊、牛、马等动物中均有获得合体。不同物种也可以形成嵌合体。例如，将 2 个来自异种动物的胚胎嵌合成一个胚胎，就可以培育出异种嵌合体动物，像绵羊-山羊嵌合体既有绵羊的特征，又有山羊的特征。此外大鼠-小鼠嵌合体、牛-水牛嵌合体、马-斑马嵌合体都已培育成功。动物早期胚胎嵌合的方法主要分为聚合法与囊胚注入法。嵌合体技术是胚胎工程的重要组成部分。作为一种特殊的研究手段，嵌合体技术在发育生物学、细胞生物学、胚胎学、病理学、免疫学、医学等领域具有重要意义。嵌合体之所以被公认为评估干细胞多向分化潜能的金标准，主要基于它们能检测正常发育组织中的细胞谱系。在猪等大动物体内，通过胚胎干细胞的异种嵌合技术实现异种再造器官，将为器官移植中供体器官严重短缺提供新的方法。但嵌合体研究也存在一些问题，例如，嵌合体组织器官的特异抗原性为将来利用嵌合体生产人用器官造成了很大障碍；又如，种间嵌合体胚胎细胞分化、发育具有局限性。此外，嵌合体研究也存在一定的伦理问题，尤其是人与动物之间的嵌合问题引起了学术界和公众的高度关注和广泛争议。

胚胎干细胞能参与个体发育，并能产生包括生殖系在内的各种类型的细胞，表明 ES 细胞类似胚胎的 ICM 细胞不仅具有发育全能性，而且具有对调节正常发育所有信号的反应能力。在特定的体外培养条件和诱导剂的共同作用下，ES 细胞可以经过一定的前体细胞阶段发育成属于三个胚层谱系的各种高度分化的体细胞，如神经细胞、肌肉细胞、白细胞以及成纤维细胞等。因此，ES 细胞既可以作为研究特定类型细胞分化的模型，研究某些前体细胞起源和细胞谱系演变的实验体系，又可以作为基因和细胞治疗的载体，使细胞工程学迈上了一个新的台阶。

【项目小结】

- 输精与受精
  - 输精前的准备
    - 输精前的准备
    - 输精的基本要求
  - 各种动物的输精方法
    - 母牛的输精
    - 母猪的输精
    - 母马的输精
    - 母羊的输精
    - 母鸡的输精
    - 母兔的输精
  - 受精过程
    - 动物射精类型
    - 精子的运行
    - 受精卵在输卵管中运行
    - 精子和卵子受精前的变化
    - 异常受精
  - 胚胎移植技术
    - 胚胎移植的概念
    - 胚胎移植的意义
    - 胚胎移植的生理学基础
    - 胚胎移植的基本原则
    - 胚胎移植的操作程序
  - 配子与胚胎生物工程技术
    - 体外受精技术
    - 动物克隆技术
    - 胚胎嵌合技术
    - 转基因动物技术

【自测训练】

一、名词解释

受精　　精子获能　　供体　　受体　　透明带反应　　精子顶体反应　　卵黄封闭作用

二、填空题

1. 猪在一个情期内，采用两次输精，其间隔时间为(　　)h。
2. 母牛最常用的输精方法是(　　　　)。
3. 采用混合精液输精，可以(　　)母猪受胎率。
4. 精子获能先在母畜子宫内进行，最后在(　　)内完成。
5. 冷冻精液输精前活力大于(　　)为宜。
6. 液态保存的精液，输精前活力大于(　　)为宜。
7. 牛胚胎的收集，多采用(　　)法。
8. 牛的胚胎收集，一般在配种后(　　)天。

三、问答题

1. 如何确定牛、羊、猪、马适宜的输精时间？
2. 牛、羊、猪、马、兔输精的技术要点是什么？
3. 输精前要做好哪些准备工作？
4. 精子获能在什么部位进行？
5. 胚胎移植的基本原理和基本程序有哪些？
6. 供体与受体选择有什么不同？
7. 胚胎鉴别分级的依据是什么？
8. 透明带反应和卵黄封闭作用在动物繁殖上有什么意义？

项目 6

妊娠与妊娠诊断技术

兽医产科学的奠基人和开拓者——陈北亨

陈北亨出生于山东青岛，1950 年，他婉言谢绝了条件和待遇十分丰厚的美国 3 所大学和 2 家研究机构的邀请，怀着对祖国的眷恋和热忱，毅然踏上了归国之旅，成为新中国第一批海外归来的学子。他回到祖国当时艰苦和落后的大西北，在兰州任教，创立了中国兽医产科学，成为我国兽医产科学的奠基人和开拓者之一。21 世纪初，虽然他已 80 高龄，但仍组织全国高校 18 名著名专家学者，撰写了代表学科最新成就的《兽医产科学》。

【知识目标】

(1) 了解胚泡附植的规律和胎膜、胎盘的结构特点。
(2) 掌握妊娠母畜的生理变化特点。
(3) 掌握母畜妊娠诊断的操作要领。

【能力目标】

(1) 能推算母畜的预产期。
(2) 能用外部观察法、阴道检查法和仪器检查法判断母畜是否妊娠。
(3) 能够进行直肠检查判定母畜妊娠时期。

【学习任务】

任务 6-1　胚 胎 附 植

一、妊娠的识别与建立

精子与卵子在母畜的输卵管结合后形成受精卵。受精卵进一步发育(卵裂)形成了游离的早期胚胎。早期胚胎存活于子宫内，与母体交互发生极为复杂的联系。

妊娠初期，孕体(胎儿、胎膜和胎水构成的综合体)产生的激素传感给母体，母体随即产生一定的反应，从而识别胎儿的存在，由此孕体和母体之间建立起密切的联系。此过程即妊娠的识别。

孕体与母体之间产生信息传递和反应后，双方的联系和相互作用已通过激素的媒介和其他生理因素而固定下来，从而确定开始妊娠。此过程即妊娠的建立。

妊娠的识别和建立是密切相关的。先有孕体的信号，母体产生反应（识别），继而开始相互联系和相互作用，并将此联系固定下来。

二、胚胎附植

早期胚胎在子宫内游离一段时间后，由于体积越来越大，其活动逐渐受到限制，位置慢慢固定下来，同时胚胎的滋养层逐渐与子宫内膜发生组织和生理联系，该过程称胚胎附植（或着床）。

1. 附植时间

胚胎的滋养层与子宫内膜发生紧密联系的时间大体为：牛受精后 45～60 d，马受精后 90～100 d，猪受精后 20～30 d，绵羊受精后 10～20 d。胚胎附植后，胎盘系统逐渐形成，胎儿与母体通过胎盘进行营养及代谢物质交换。

2. 附植部位

胚胎的附植部位是最有利于胚胎发育即子宫血管稠密的地方。

牛羊当排一个卵受精时，胚泡常在排卵侧子宫角下 1/3 处进行附植，排两个卵都受精时则均匀分配到两个子宫角内附植。猪的多个胚胎平均等距离分布在两个子宫角内附植。马产单胎时，胚泡常在子宫角基部附植，产后发情配种（配血驹）受胎时，胚泡往往在上次妊娠空角的基部附植。

在附植前，胚胎进行卵裂和囊胚形成的同时，子宫也发生变化为附植做准备。如子宫肌肉的活动和紧张度减弱；子宫上皮的血液供应增加；子宫液的氨基酸和蛋白质的含量也有改变等，有助于囊胚在子宫内存留。有些蛋白仅在此期出现于子宫液中，如在兔检出的促囊胚蛋白、子宫球蛋白，对胚胎有营养作用。

在附植前的胚胎很容易流产，奶牛在一次配种或受精后卵子受精率为 90%，但只有 55% 产犊，35%受精卵损失，其中 28%发生在受精后 25 d，尤其是 8～17 d。在此期间要特别加强母畜的饲养管理和防流产保胎工作。

三、各种家畜的妊娠期及预产期的推算

妊娠期是指母畜妊娠全过程所经历的时间。妊娠期的长短可因畜种、品种、年龄、胎儿因素、环境条件等的不同而异（表 6-1）。

表 6-1 各种母畜的妊娠期 d

动物种类	平均	范围	动物种类	平均	范围
牛	282	270～285	猪	114	102～140
马	337	317～369	水牛	307	300～320
绵羊	150	146～157	驴	360	340～380
山羊	152	146～161	兔	30	27～33
犬	62	59～65	鹿	235	220～240
猫	58	55～60			

预产期的推算方法如下。

牛:配种月份减3,配种日数加6。

水牛:配种月份减2,配种日数加9。

马:配种月份减1,配种日数加1。

羊:配种月份加5,配种日数减2。

猪:配种月份加4。配种日数减6。也可按“3、3、3”法,即3月、3周加3 d来推算。

任务6-2 胎膜和胎盘

一、胎膜

胎儿的附属膜,是胎儿本身以外包被着胎儿的卵黄囊、羊膜、尿膜、绒毛膜的总称(图6-1)。其作用是胎儿与母体子宫黏膜之间交换养分、气体、代谢产物,以满足胎儿的生长发育,所以对胚胎和胎儿发育极为重要。胎膜是临时性器官,胎儿出生后胎膜即被摒弃。

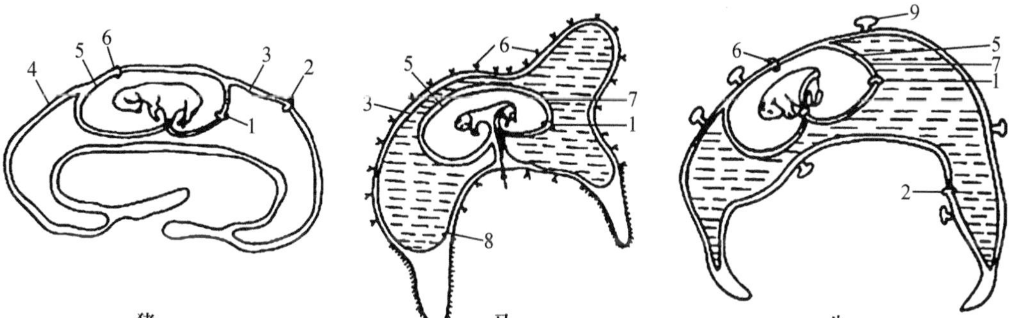

1. 尿膜羊膜 2. 尿膜绒毛膜 3. 尿膜外层 4. 绒毛膜 5. 羊膜
6. 羊膜绒毛膜 7. 尿膜内层 8. 绒毛 9. 子叶

图6-1 猪、马、牛胎膜切面

1. 卵黄囊

胚胎发育初期从子宫中吸收养分和排出废物的原始胎盘。卵黄囊随着尿囊的发育逐渐萎缩退化,最后在脐带中留下一点痕迹。

2. 羊膜

包裹在胎儿外的最内一层透明薄膜,在胎儿脐孔处与胎儿皮肤相连(图6-2)。胎儿和羊膜之间有充满液体的羊膜腔,内部充满羊水,羊水的作用是保护胎儿免受震荡和压力的损伤,同时为胚胎提供各方面自由生长的条件。

羊膜能自动收缩,使处于羊水中的胚胎略微摇摆,从而促进胚胎的血液循环。分娩时羊膜破裂,羊水流出,能够润滑产道。羊膜上分布着有来自尿膜内层的许多血管。随着原囊的发育逐渐萎缩退化。

3. 尿膜

尿膜是构成尿囊的薄膜。位于羊膜之外,分内外两层:内层与羊膜粘连称尿膜羊膜,外层与绒毛膜粘连称尿膜绒毛膜(图6-3)。内外两层之间构成尿囊,尿囊通过脐带中的脐尿管与胎儿膀

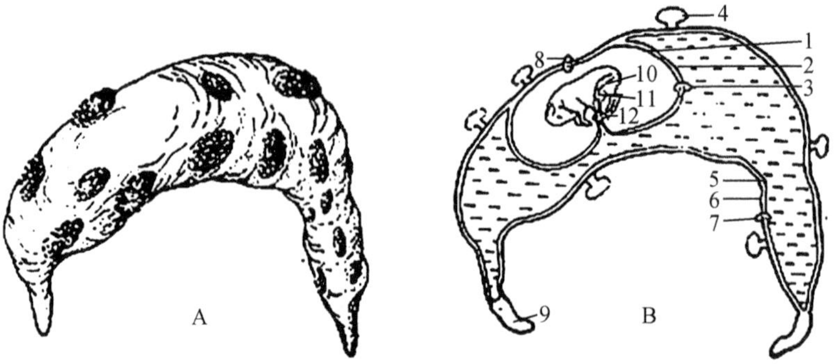

A. 胎膜外观(示子叶型胎盘)　B. 胎膜切面(示详细构造和各层关系)
1. 羊膜　2. 尿膜内层　3. 尿膜羊膜　4. 子叶　5. 尿膜外层　6. 绒毛膜　7. 尿膜绒毛膜
8. 羊膜绒毛膜　9. 绒毛膜坏死端　10. 膀胱　11. 脐尿管　12. 脐带

图 6-2　牛的胎膜囊

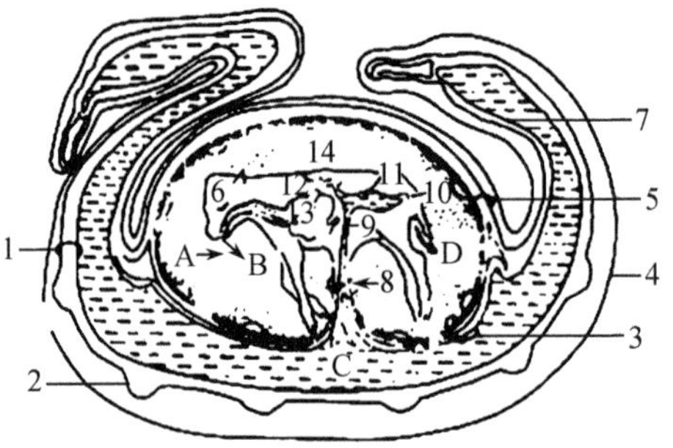

A、B. 羊水从口腔进入　C. 羊水从脐带进入　D. 废物从肛门和尿道排出
1. 尿膜绒毛膜　2. 子叶　3. 尿膜羊膜　4. 子宫　5. 羊膜绒毛膜　6. 胎儿　7. 尿膜腔及尿水
8. 脐带　9. 脐尿管　10. 尿道　11. 膀胱　12. 肾　13. 肺　14. 羊水

图 6-3　牛、羊的胎膜和胎水

(引自徐州亭,2008)

胱相连,尿囊中充满尿水,其作用相当于胚胎体外的临时膀胱,并对胎儿的发育起缓冲保护作用。

尿膜上分布有大量来自脐动脉、脐静脉的血管。牛、羊、猪的尿囊在胎儿的腹侧和两侧包围着羊膜囊,马、驴、兔的尿囊则包围着整个羊膜囊。

4. 绒毛膜

胚胎的最外层膜,包围着尿囊、羊膜囊和胎儿。绒毛膜外表面分布有大量弥散型(马、驴、猪)或子叶型(牛、羊)的绒毛,嵌入子宫黏膜腺窝,形成胎儿胎盘的基础。除马、驴、兔外,其他动物的绒毛膜均有部分与羊膜接触,形成羊膜绒毛膜。

马的绒毛膜填充整个子宫腔,因而发育成两角一体。反刍动物形成双角的盲囊,孕角较为发达。猪的绒毛膜呈圆筒状,两端萎缩成为憩室。

5. 脐带

连接胎儿腹部与胎膜之间的一条带状物,是胎儿和胎盘联系的纽带,被覆羊膜和尿膜。脐带中有两支脐动脉、一支脐静脉(反刍动物有两支),有卵黄囊的残迹和脐尿管。其血管系统和肺循环相似,脐动脉含胎儿的静脉血,而脐静脉是来自胎盘富含氧和其他成分,具有动脉血特征。脐带随胚胎的发育逐渐变长，使胚体可在羊膜腔中自由移动。

二、胎盘

胎盘是指尿膜绒毛膜和子宫黏膜发生联系共同构成的组织，其中尿膜绒毛膜部分称胎儿胎盘，而子宫黏膜部分称母体胎盘。哺乳动物胚胎通过胎盘从母体器官吸取营养。因此，对胎儿来说，胎盘是一个具有很多功能并和母体有联系但又相对独立的暂时性器官。牛的胎膜、胎盘及组织构造见图 6-4。

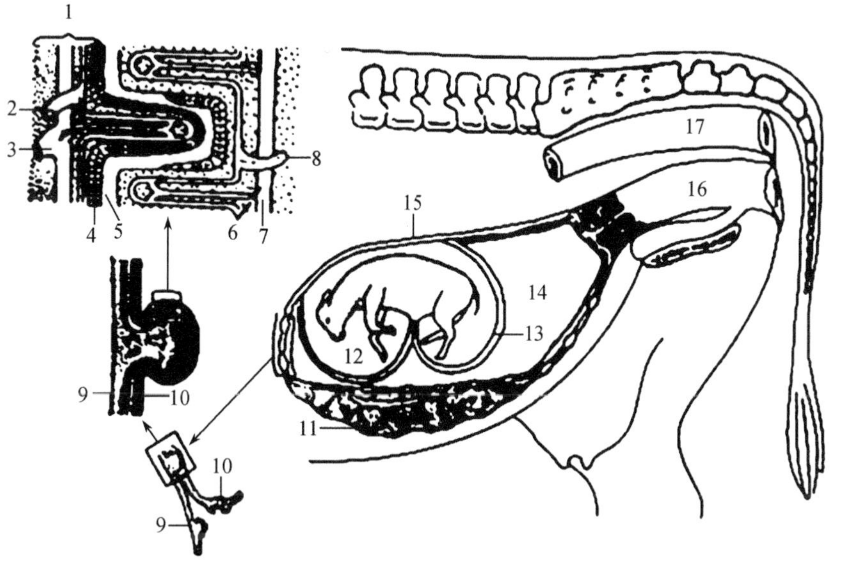

1. 尿膜绒毛膜　2. 胎儿静脉　3. 胎儿动脉　4. 细胞滋养层　5. 子宫腔　6. 基质　7. 母体动脉　8. 母体静脉　9. 子宫壁　10. 尿膜绒毛膜　11. 子叶　12. 羊膜腔及羊水　13. 尿膜羊膜　14. 尿膜腔及尿水　15. 羊膜绒毛膜　16. 阴道　17. 直肠

图 6-4　牛的胎膜、胎盘及组织构造

（引自徐相亭，2008）

（一）胎盘类型

根据绒毛膜表面绒毛的分布一般分为 4 种类型，即弥散型胎盘、子叶型胎盘、带状胎盘和盘状胎盘（图 6-5）。

1. 弥散型胎盘

胎盘绒毛膜上的绒毛分散而均匀地分布在整个绒毛表面，绒毛上部都有动脉、静脉和毛细血管分布。与绒毛相对应的子宫黏膜上皮向深部凹入形成腺窝，绒毛即插入此腺窝中。这种胎盘构造简单，绒毛易从腺窝中脱出，因此，分娩时胎儿胎盘与母体胎盘分离较快，互不受损。马、驴、猪的胎盘（图 6-6）属弥散型胎盘。

2. 子叶型胎盘（图 6-7）

胎盘绒毛膜上的绒毛分别集中形成绒毛丛称胎儿子叶，与其对应母体子宫黏膜形成子宫阜称母体子叶。胎儿子叶上绒毛以其侵蚀性嵌入母体子叶的腺窝中，并与母体子叶的结缔组织相接触。此类型的胎盘，胎儿胎盘与母体胎盘结合得紧密，分娩时不易分离，且易出现母体胎盘的损伤。

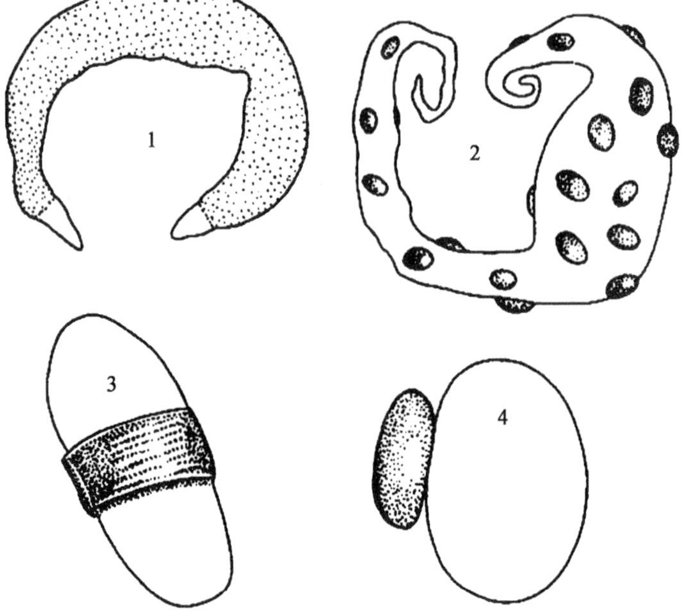

1. 弥散型胎盘　2. 子叶型胎盘　3. 带状胎盘　4. 盘状胎盘

图 6-5　哺乳动物的胎盘类型

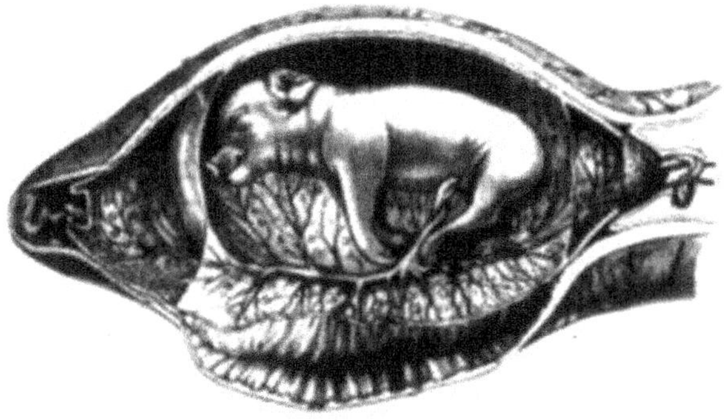

图 6-6　猪的胎盘

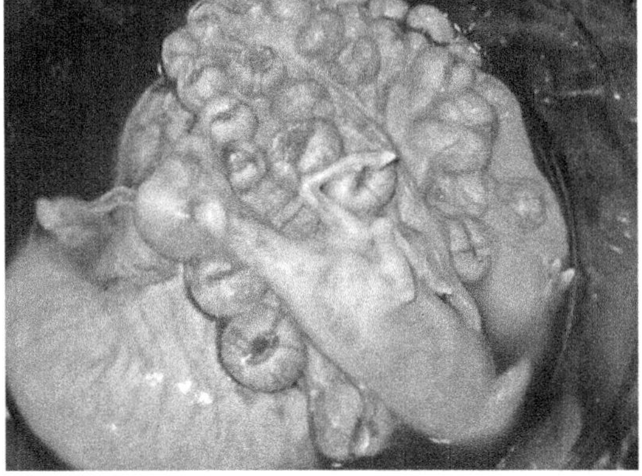

图 6-7　子叶型胎盘

牛的子宫阜凸出，而胎儿子叶凹陷，称子包母。羊的子宫阜凹入，而胎儿子叶凸起，称母包子。不论牛羊，胎儿子叶上的绒毛，都嵌入母体子叶凹下的腺窝内。

牛的子宫阜数目为70～120个，环绕着胎儿发育，羊的子宫阜数目为90～100个，平均分布在妊娠和未妊娠子宫角内。在妊娠时子宫阜比原来的直径增加几倍，位于孕角内的子宫阜比终末端的发育要大。

3. 带状胎盘

以肉食类为代表，猫、犬均属此类。其绒毛膜上的绒毛聚集在绒毛膜的中央，形成环带状，故称带状胎盘。绒毛膜在此区域与母体子宫黏膜接触附着，而其余部分光滑。由于绒毛膜上皮细胞与子宫黏膜深处的血管内皮相接触，分娩时母体胎盘组织脱落、血管破裂，有出血现象。

4. 盘状胎盘

胎盘呈圆形或椭圆形，绒毛膜上的绒毛在发育过程中逐渐集中，局限于一圆形区域，绒毛直接侵入子宫黏膜下方血窦内。人和灵长类属此类型。

(二) 胎盘的作用

胎盘是连接母体与胎儿的纽带，是母体与胎儿间进行气体、营养、代谢产物交换的接口。胎盘是胎儿的防御屏障，胎盘还能分泌某些激素，调节和维持妊娠。

1. 胎盘的运输功能

根据物质的性质及胎儿的需要，胎盘采取不同的运输方式。

(1)单纯弥散　分子自高浓度区移向低浓度区，直到两侧取得平衡。例如二氧化碳、氧、水、电解质等都是以此方式运输的。

(2) 加速弥散　某些物质的运输，如以相对分子质量计算，超过单纯弥散所能达到的速度。估计可能是细胞膜上有特异性的载体，与一定的物质结合，通过膜蛋白的变构，以极快的速度，将结合物从膜的一侧带到另一侧。例如葡萄糖、氨基酸及大部分水溶性维生素以加速弥散的方式运输。

(3) 主动运输　胎儿的某些物质浓度较母体高，该物质仍能由母体运向胎儿，估计可能是胎盘细胞膜内酶的功能作用，才能使该物质穿越胎盘膜，如氨基酸、无机磷酸盐、铁、钙及维生素 D_1、维生素 B_1、维生素 C 等就是这样运输的。

(4) 胞饮作用　极少量的大分子物质，如免疫活性物质及免疫过程中极为重要的球蛋白，可能借这一作用而通过胎盘。

2. 胎盘的代谢功能

胎盘组织内酶系统极为丰富。所有已知的酶类，在胎盘中均有发现。已知人类胎盘含酶800～1 000种，有氧化还原酶、转移酶、水解酶、异构酶、溶解酶及综合酶6大类，一般活性极高。因此胎盘组织具有高度生化活性，具有广泛的合成及分解代谢功能。

3. 胎盘的内分泌功能

胎盘既能合成蛋白质激素如孕马血清促性腺激素、胎盘促乳素，又能合成甾体激素。这些激素合成释放到胎儿和母体循环中，其中一些进入羊水被母体或胎儿重吸收，在维持妊娠和胚胎发育中起调节作用。

4. 免疫功能

胎盘的免疫耐受功能可能与下列因素有关：①胎儿组织能产生大量组氨酸，可以防止血管的局部缺血所伴发的移植排斥；②孕酮可抑制母体胎盘对来自父本的组织相容性抗原的免疫排斥；③胎盘滋养层组织的抗原性很弱，不足以引起母体的排斥反应；④妊娠所引起雌性动物的内分泌系统变化，可有效地抑制母体对胎儿的免疫排斥。

任务 6-3 妊娠母畜的生理变化

母畜妊娠后，胎儿、胎盘及黄体的存在，使整个机体出现形态、生理和内分泌的变化，尤其是生殖器官表现得更为明显。这些变化可为妊娠诊断提供依据。

一、全身的变化

妊娠后，母体的新陈代谢旺盛，食欲增加，消化能力提高，所以在妊娠前半期营养状况得到改善，膘情转好。后期由于胎儿迅速发育，所需营养增多，尽管食欲增大，母体积蓄的营养也要受到消耗，所以膘情下降。如果矿物质尤其是 Ca、P 补充不足，后肢易发生跛行。牙齿也易受到缺钙的影响而磨损较快。

妊娠母畜血液容量增加，心脏负担加重，并出现生理性肥大(主要是左心室)。

妊娠后组织内水分增加，并出现水分分布不匀的变化，尤其是在妊娠后半期，常可发现腹下和四肢出现水肿，马多见。

随着胎儿逐渐增大，腹压增高，而内脏器官的容积减小。因而孕畜排粪尿次数增多，但每次的量不多。由于膈肌受到压迫和胎儿需氧增多，所以呼吸次数增加，并且呼吸方式由胸腹式变为胸式。妊娠后半期(马、牛 5 个月，羊 3～4 个月，猪 2 个月以后)，孕畜腹部膨大，轮廓发生变化。孕畜行动谨慎，容易疲劳和出汗。

二、卵巢的变化

母畜妊娠后，卵巢上的妊娠黄体质地较硬，比周期黄体略大，持续存在于整个妊娠期，分泌较多孕酮，以维持妊娠。但马属动物的妊娠黄体一般在妊娠 160 d 之后便开始退化，7 个月后仅剩遗迹，此时靠胎盘分泌孕酮维持妊娠。

妊娠期间，卵巢上有时会有卵泡发育，虽然有的已接近排卵，但最终变为闭锁卵泡，不能成熟排卵。

随胎儿体积增大，妊娠子宫逐渐沉入腹腔，卵巢也随之下沉，并且两侧卵巢距离靠近。

三、子宫的变化

随着妊娠的进展，子宫体积逐渐增大以容纳胚胎伸展。子宫的扩大首先是由孕角和子宫体开始的。在整个妊娠期，孕角的增长扩大比空角大得多，因此动物怀单胎时孕角和空角始终不对称(图 6-8)。妊娠前半期，子宫体积增大主要是子宫肌纤维的增长，后半期由于胎儿的增大使子宫壁扩张，子宫壁变薄。妊娠末期，牛、羊扩大的子宫占据腹腔的右半部，并超过中线达到左侧，瘤胃被挤

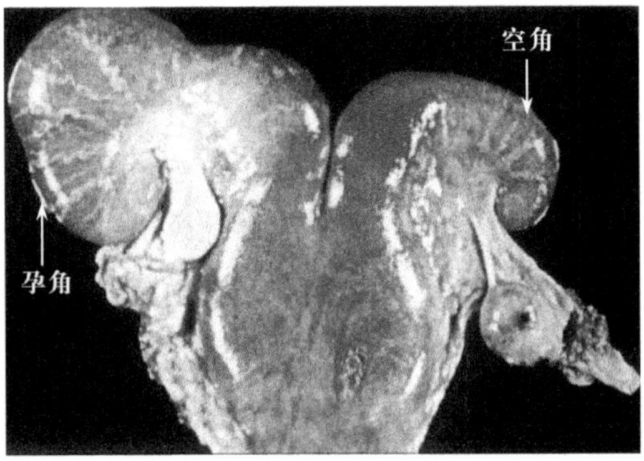

图 6-8 怀孕牛的子宫

向前。马扩大的子宫占据腹腔的左半部。猪扩大的子宫角最长可达1.5～3 m,曲折地位于腹腔底部,因此使腹壁下垂。

子宫颈收缩很紧,质地较硬,牛的子宫颈往往变扁,马的子宫颈细圆。子宫颈内膜腺体数目增多、分泌浓稠的黏液填充于子宫颈管内,称子宫颈栓。因此子宫颈口完全封闭起来,以防外物侵入,保护胎儿的生长发育。子宫颈栓受到破坏后,可发生流产。牛的子宫颈栓每月更换一次,排出的黏液常附着于阴门下角。马属动物的子宫颈栓几乎不更换。妊娠中后期,由于子宫重量增加沉向腹腔,所以子宫颈口往往被牵引而稍微偏向一侧。

由于胎儿发育所需营养增多,子宫动脉血量增加,所以血管分支增多,而且变粗。在妊娠末期,牛、马的子宫动脉粗如食指或拇指。同时由于动脉内膜的皱襞变高,而且因它与肌肉层的联系疏松,所以在血液流过时所造成的脉搏从原来清楚的搏动变为间隔不明显的流水样颤动,称为怀孕脉搏。此脉搏在妊娠后一定时期(3个月)出现。孕角子宫中动脉的变化比空角要显著。

四、阴道的变化

妊娠初期,阴唇收缩,阴门紧闭。随着妊娠期的进展,阴唇水肿程度增加,后期出现明显的水肿。猪、牛表现尤为突出。

妊娠后期,阴道黏膜的颜色变得苍白,黏膜上有从子宫颈分泌的浓稠黏液,比较干涩,插入开膣器较为困难。妊娠末期,阴唇、阴道变得水肿而柔软。

任务6-4 妊娠诊断技术

一、妊娠诊断的意义

配种后,如能尽早进行妊娠诊断,对于保胎、减少空怀、提高母畜繁殖率具有十分重要的意义。通过检查诊断,确定已经怀孕时,要按孕畜对待,加强饲养管理,对役畜要小心使役,维持母畜健康,避免流产;对确诊未孕母畜,要查明原因,及时改进措施,以便在下次配种时进行必要的改进或及时治疗;如果母畜未怀孕又不发情,应及早治疗或淘汰。

二、妊娠诊断的方法

妊娠诊断的方法很多,大体可概括为以下3类。

(1) 外部检查法　包括观察配种后母畜的外部表现(视诊)、腹壁触摸(触诊)、腹壁听音(听诊)。

(2) 内部检查法　包括检查母畜子宫形态及质地变化、胚泡或胎儿的有无、子宫动脉妊娠搏动的存在、阴道黏膜及子宫颈外口的变化。

(3) 实验室检查法　包括检查与妊娠有关的激素(尿液雄激素、乳汁孕酮或孕马血清促性腺激素)水平的变化,检查子宫颈阴道黏液的理化性状,超声波诊断,放射学诊断,活体组织检查,免疫学诊断,等等。

在临床应用时应根据畜种、妊娠期阶段及饲养管理方式等来决定应采取的方法。但必须指出,一般不是孤立采用某种方法,而是把某一种或几种作为主要诊断方法,其他的则作为辅助诊断方法。

（一）外部检查法

1. 观察发情

母畜配种(受精)一个性周期后,应注意观察母畜是否再次发情。如果连续 1～2 个周期不发情,则可能已妊娠。这种方法对发情规律比较正常的母畜有着一定的实用价值,其准确率一般可达 80%以上。但是当母畜饲养管理或利用不当、生殖器官不健康、激素分泌紊乱以及有其他疾病发生时,虽未怀孕,也可能不表现发情。此外,有的母畜虽已怀孕,却会出现发情,这种情况多见于马、驴,少数牛也时有发生。因此,该法只能作为辅助手段。

母畜妊娠后一般表现为食欲增加,毛色润泽,膘情良好,体重增加,性情温顺,到一定时期(牛、马、驴 4～5 个月,羊 3～4 个月,猪 2 个月)后,腹围增大,腹壁向一侧突出(马、驴多向左侧突出,牛、羊多向右侧突出,而母猪则腹部侧向下垂),两侧腹壁不对称,回避公畜,并拒绝公畜爬跨。群牧的母畜则有离群、行动谨慎、怕拥挤、防踢等行为表现。

已妊娠母畜外阴部干燥收缩紧闭,有皱纹出现,阴道黏膜苍白、干燥、无分泌物。妊娠后期,母畜乳房增大,尻部下塌较深,外阴出现充血膨大松弛等症状。

观察发情的缺点是:不易做出早期妊娠诊断,对少数生理异常的母畜易出现误诊,因此常作为妊娠诊断的辅助方法。

2. 听胎儿心音

利用听诊器在母畜外腹壁距子宫最近的部位检查有无胎儿心音,这种方法只适用于妊娠中后期,胎龄越长准确率越高。

3. 触诊

对母牛触诊可用手掌压迫其右腹壁,对马、驴则压迫其左腹壁,如为妊娠中后期,当手掌压迫腹壁时可明显地感觉到有胎儿的反射性撞击。触诊母羊时,检查人员面向羊尾端,用两腿夹住母羊的颈部,使母羊不能前后移动。双手紧贴下腹部,前后滑动触摸,检查子宫内有无硬块,有时可摸到黄豆大小的子叶。触诊母猪时先使母猪侧卧,然后用一只手或双手在最后 2 对乳头的上腹壁由前向后滑动,触摸有无硬块,如母猪已孕,可摸到若干个大小相似的硬块。母羊妊娠直肠触诊法见图 6-9。

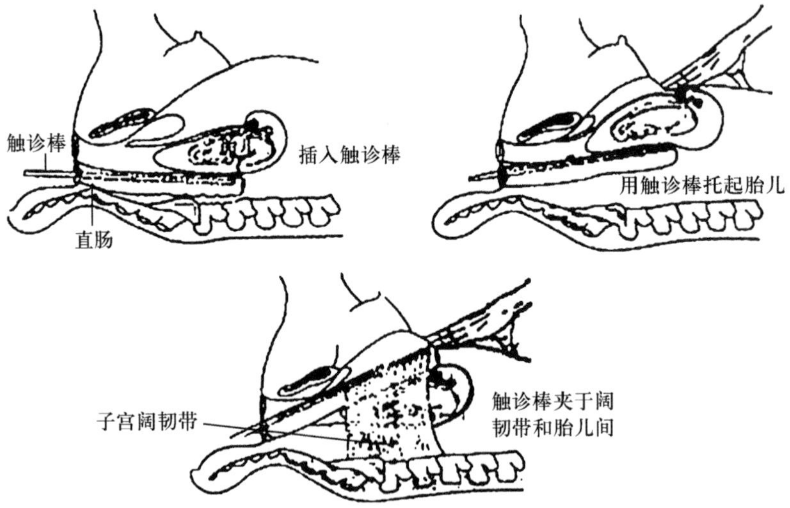

图 6-9　母羊妊娠直肠触诊法

（二）内部检查法

内部检查法主要指阴道检查法和直肠检查法。

1. 阴道检查法

阴道检查法是大家畜配合直肠检查进行的辅助诊断方法，是小家畜妊娠检查的诊断方法之一。此法是用阴道开膣器插入母畜阴道，观察其阴道黏膜的颜色、干湿状况，黏液的浓稠度、透明度和分泌量，子宫颈的形状、位置及开口处的黏液状况等。母畜妊娠后，阴道黏膜苍白、表面干燥、无光泽、干涩，插入开膣器时阻力较大。子宫颈口关闭，有子宫栓存在。随着胎儿的发育和子宫重量的增加，子宫颈往往向一侧偏斜。此法的不足是：当母畜患有持久黄体，子宫颈及阴道有炎症时，易造成误诊，不能做出早期妊娠诊断；如操作不当易造成流产。此法只能作为妊娠诊断的辅助方法。牛阴道检查见图 6-10。

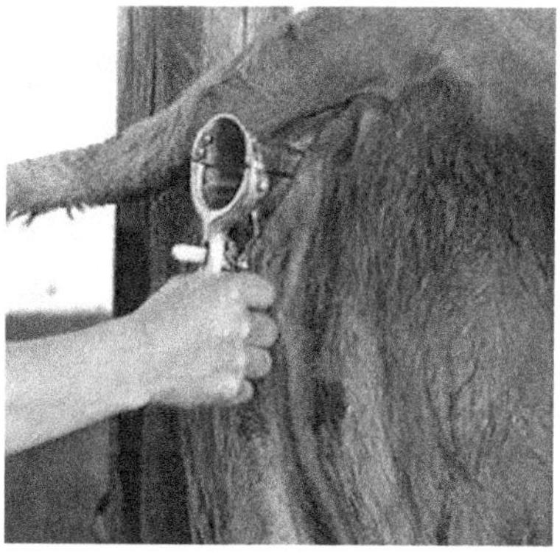

图 6-10　牛阴道检查

2. 直肠检查法

直肠检查法是判断大家畜（牛、马）是否怀孕的最基本且可靠的方法。通过用手隔着直肠壁触摸卵巢、子宫、子宫动脉的状况及子宫内有无胎儿存在来进行妊娠诊断。其优点是：准确率高，在整个妊娠期均可用。但在触诊胚泡或胎儿时，动作要轻，以免造成流产。

（1）妊娠母牛的直肠检查　见图 6-11 和图 6-12。配种后 18～25 d，如果母牛仍未出现发情，子宫角变化不明显，一侧卵巢上有黄体存在，可初步诊断为妊娠。

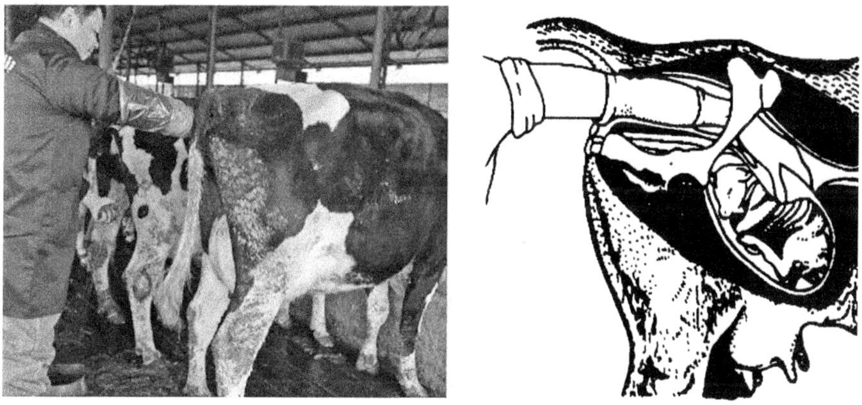

图 6-11　母牛的妊娠诊断

妊娠 30 d，两侧子宫角不对称，孕角比空角略粗大，松软，有波动感，收缩反应不敏感，空角较厚且有弹性。

妊娠 60 d，子宫角和卵巢下沉，孕角比空角约大 2 倍，孕角波动感明显，角间沟稍平坦，此时一般可确诊（图 6-13）。

妊娠 90 d，孕角大如排球，波动明显，子宫开始沉入腹腔（初产母牛下沉时间稍晚），偶尔可摸到胎儿，孕角子宫动脉根部开始可以感到微弱的妊娠脉搏（图 6-14）。

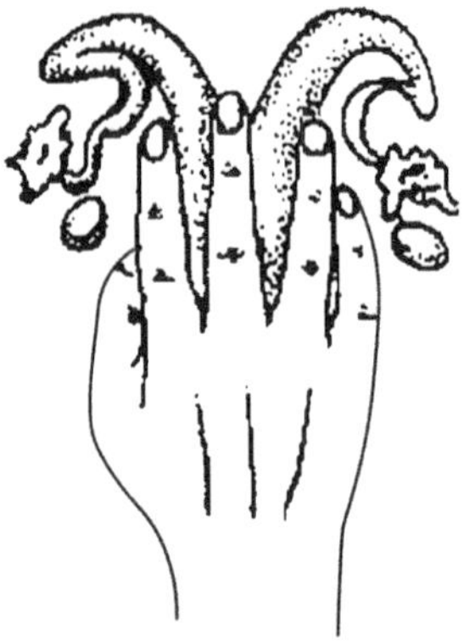

图 6-12 直肠检查触摸子宫方法

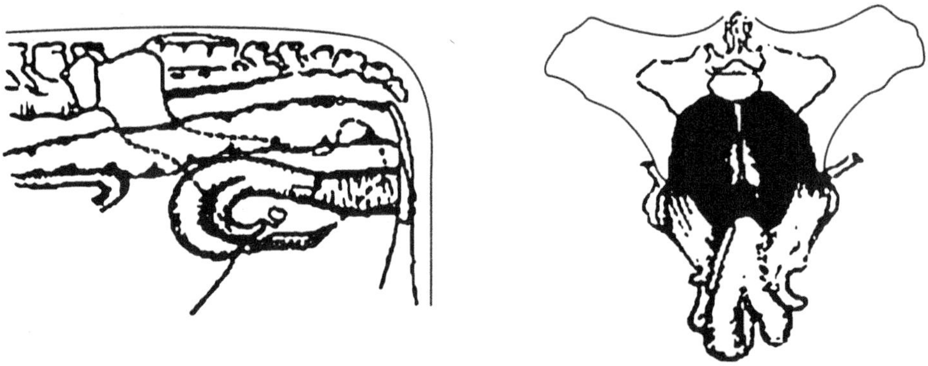

图 6-13 牛妊娠 60 d 的子宫(左侧面观和正面观)

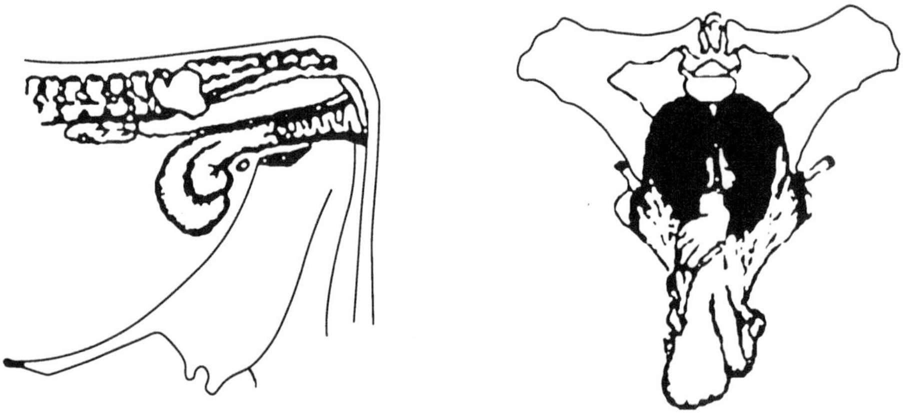

图 6-14 牛妊娠 90 天的子宫(左侧面观和正面观)

妊娠 120 d,子宫全部沉入腹腔,只能摸到子宫的背侧及该处的子叶,形如蚕豆状,妊娠脉搏明显。

母牛妊娠 3 个月后,子宫动脉的怀孕脉搏即可作为诊断的重要标志。寻找子宫动脉的方法是将手伸入直肠后,手掌贴着骨盆顶向前滑动,越过岬部以后,可以清楚地摸到腹主动脉最后一对粗大的分支,即左、右髂内动脉。子宫动脉和脐动脉共同起于髂内动脉的起点处(图 6-15)。

子宫动脉从髂内动脉分出后不远即进入阔韧带内，所以触摸感觉是游离的。用双指轻轻捏住子宫动脉，压紧一半就可感觉到典型的颤动。

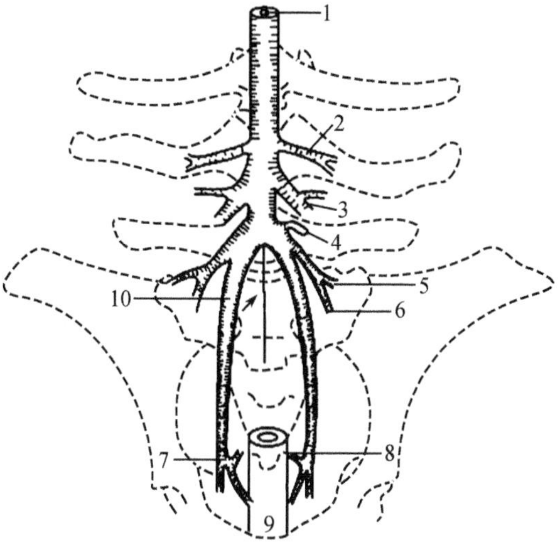

1. 腹主动脉　2. 卵巢动脉　3. 髂外动脉　4. 肠系后动脉　5. 脐动脉　6. 子宫动脉
7. 尿生殖动脉　8. 尿生殖动脉子宫支　9. 阴道　10. 髂内动脉

图 6-15　母牛子宫动脉解剖位置

(2) 妊娠母马的直肠检查　妊娠 14～16 d，少数马的子宫角收缩呈圆柱状，子宫角壁增厚，用手触摸有硬化感觉，一侧卵巢有黄体存在。

妊娠 17～25 d，子宫角硬化更明显，轻捏尖端捏不扁，实心感较强，在子宫的基部，胚泡向下突出，胚泡明显，如鸽子蛋大小。空角弯曲增大，一般只有一个弯曲，此时胚泡有波动感。

妊娠 25～35 d，孕角变粗缩短，空角稍细而弯曲，子宫角坚实，胚泡大如鸡蛋，柔软有波动，此时可确诊。

妊娠 36～45 d，胚泡增长速度较快，胚泡如拳头大，波动感明显。

妊娠 46～55 d，胚泡直径达 10～12 cm，孕角由于重量增加而开始向腹腔下沉。

妊娠 60～70 d，胚泡快速增长，大如排球。

妊娠 80～90 d，胚泡大如篮球，两子宫角几乎全部被胎儿所占据，以后胚泡继续增大下沉，4 个月左右只能摸到胚泡的后部，有时可摸到胎儿。

(3) 羊的直肠检查　羊的直肠检查现多用触诊棒进行。检查时，将停食一夜的被检母羊仰卧保定、向盲肠灌入 30 mL 左右的温肥皂水，排出盲肠内宿粪，将涂有润滑剂的触诊棒插入肛门，贴近脊柱，向直肠插入 30～35 cm，然后一只手将触诊棒的外端轻轻压下，直肠内一端稍微挑起，以托起胚泡，同时另一只手在腹壁触摸，如触到块状实体，说明母羊已妊娠，如反复诊断均只能摸到触诊棒，说明未孕。此法适用于配种 60～85 d 的孕羊检查，配种已达 115 d 时要慎用。

(三) 实验室检查法

1. 超声波诊断法

超声波诊断是把超声波的物理特点和动物组织结构的声学特点密切结合的一种物理学诊断方法。它是以高频声波对动物的子宫进行探查，碰到母畜子宫不同组织结构出现不同的反射，然后将其回波放大后以不同的形式转化成不同的信号显示出来，以探知胚胎的存在。此法适用于马、牛、羊、猪。目前应用的诊断仪主要有 A 型超声诊断仪、B 型超声诊断仪和(图 6-16)超声多普勒检测仪 3 种。

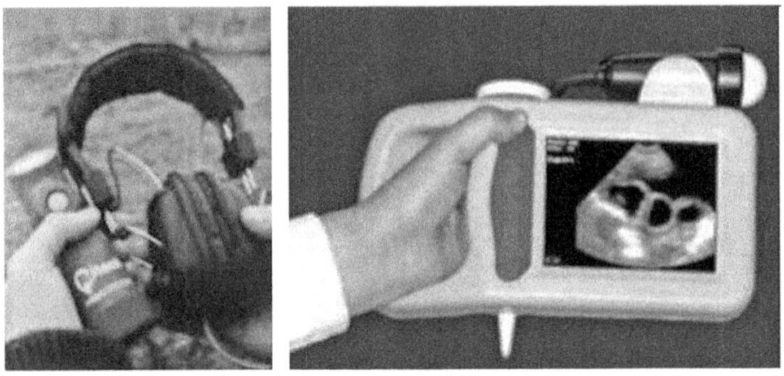

A型超声诊断仪　　B型超声诊断仪

图 6-16　超声诊断仪

(1) B 型超声诊断法　是将回声信号以光点明暗的形式显示出来。回声强，光点就亮，回声弱光点就暗。光点反映组织内各界面反射强弱及声波衰减的规律，这样由点到线到面构成一幅被扫描部位组织或脏器的二维断层图像，称为声像图。超声波在家畜体内传播时，穿透子宫、胚泡或胎儿等，由于脏器或组织的声阻抗不同，界面形态不同，以及脏器间密度较低的间隙，造成各脏器不同的反射规律，形成各脏器各具特点的声像图。如图 6-17 所示为猪 B 超声波诊断仪检查位置。

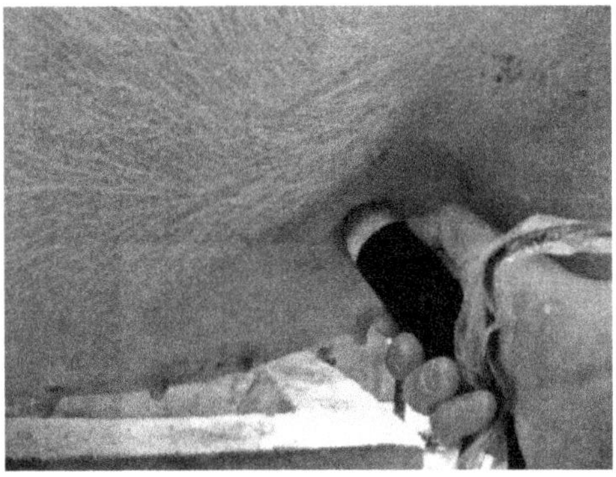

图 6-17　猪 B 超声波诊断仪检查位置

用于动物妊娠诊断的超声显像仪型号虽多，但都属于线阵(方形图像)或者是扇形(扇面形图像)两类中的一种。用 B 型超声诊断仪对配种后 28～30 d 的奶牛妊娠诊断准确率达 98.3%，对配种后 25 d 的母猪妊娠诊断准确率达 99.75%。图 6-18 为母猪超声诊断图像结果。

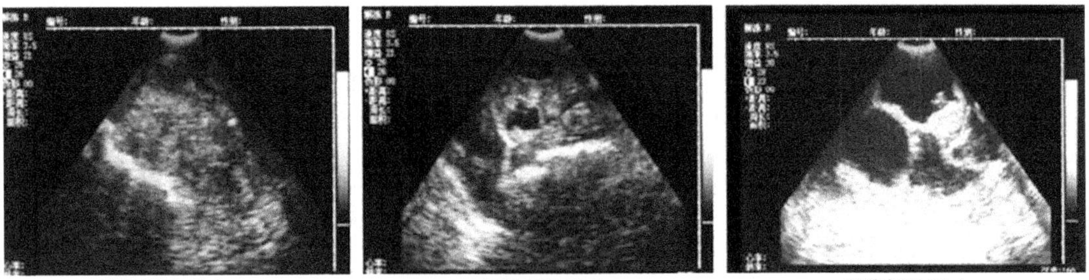

母猪怀孕17 d　　母猪怀孕19 d　　母猪怀孕30 d

图 6-18　母猪超声诊断

(2) A型超声诊断法 此法是利用超声的方向性好，以及在母体内传播过程中当遇到腹壁、子宫壁、胎水和胎儿等，由于它们的声阻抗不同而产生反射，其反射回声信号在示波屏上以波的形式(妊娠波型)显示出来(图6-19)。能够检测出妊娠早期的胎囊、少量胎水、胎体及胎心搏动。用A型超声诊断仪对配种后20～30 d的奶牛妊娠诊断准确率达90%，对配种后30～60 d的母猪妊娠诊断准确率达99%。

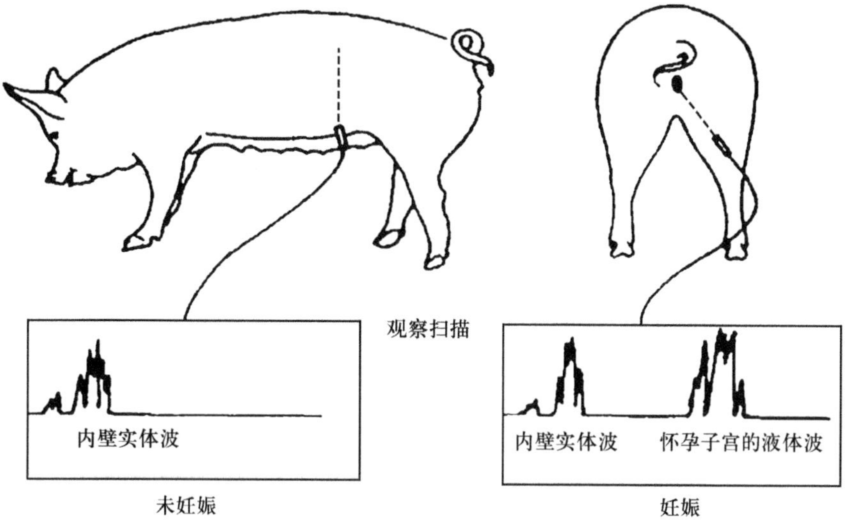

图6-19 超声波妊娠诊断

(3) 超声多普勒探查法 超声多普勒探查法即D型(Doppler)检测法。此法是应用多普勒效应的原理，即超声探头和反射体之间做相对运动时，其回声频率就会发生改变，此种频率的改变称为频移。频移的程度与相对运动速度成正比，当两者做对向运动时，频率就会增加，其频率增减的数字即频差可用检波器检出，再经低频放大，功率放大而推动扬声器发出多普勒信号音。利用超声多普勒检测仪探查妊娠动物，当发射的超声遇到搏动的母体子宫动脉、胎儿心脏和胎动时，就会产生各种特征性多普勒信号，从而进行妊娠诊断。超声波胎儿心跳测定仪，由主机和探触器组成。将探触器贴在猪腹部(右侧倒数第二个乳头)体表发射超声波，根据胎儿心跳感应信号，或脐带多普勒信号音而判断是否妊娠。用超声多普勒检测仪探查妊娠动物，对配种后20～30 d各种家畜妊娠诊断准确率分别为：奶牛90%～100%，黄牛97.9%，母猪84.4%。

2. 测定孕酮

母畜体内孕酮的主要来源是黄体，因此体内孕酮水平的变化可作为监测母畜生殖活动的精确“指示剂”。由于妊娠黄体的存在，在相当于下一个情期到来的时间，其血中(血浆)和奶中(乳汁或乳脂)孕酮含量要远远高于未孕母畜。因此，测定母畜血浆或乳汁中的孕酮浓度可以进行早期妊娠诊断。

采乳样比采血样方便，目前测定乳中孕酮水平的较多，而乳中孕酮水平受乳脂含量的影响，故测定脱脂乳孕酮水平比测定全乳更准确。对于非乳用母畜，可以采集尿液、唾液、被毛或粪便进行孕酮水平测定。因为动物的尿液、唾液、被毛和粪便中的孕酮水平与血样或乳样中的孕酮水平有很强的相关性。

3. 测定硫酸雌酮

硫酸雌酮是母畜胚泡分泌雌酮的代谢物在子宫内膜中转化而来的，硫酸雌酮进入血液循环在妊娠早期达到可测水平。母猪配种后 15～30 d，妊娠母猪血清和尿中硫酸雌酮含量明显上升，而未孕母猪含量一直保持低水平。以母猪血浆中硫酸雌酮含量 1 ng/mL 为判断是否妊娠的标准。此外，硫酸雌酮的含量与母猪的产仔数呈正相关关系，可初步预测产仔数的高低。因此，测定血清、尿液及粪便中的硫酸雌酮浓度可进行早期妊娠诊断。测定硫酸雌酮的浓度常用酶免疫测定法，其灵敏度和特异性很高。

4. 测定早孕因子(EPF)

家畜妊娠时，垂体释放催乳素而作用于黄体，产生了一种特殊的糖蛋白即早孕因子。早孕因子可以由血小板激活因子诱导产生，是一种新的妊娠特殊蛋白。它通过抑制母体的细胞免疫使胎儿免受免疫排斥得以在母体内存活。所以，早孕因子被认为是与早期妊娠相关的物质。小鼠配种后 6 h 即可发现多种免疫抑制性早孕因子，母牛在受精后 24～48 h 可检测出血清中的早孕因子，从而对母畜进行超早期妊娠诊断。早孕因子的出现和持续存在能够特异性地代表受精和孕体发育，在胚胎死亡或移去的短时间内消失。测定早孕因子可用 EIA 和 RIA 法，还可用 $CuSO_4$ 溶液使血中早孕因子发生凝集，可定性地分析出血中是否存在早孕因子，以达到确定妊娠的目的。

5. 妊娠特异蛋白 B 测定法

妊娠特异蛋白 B(pregnancy specific protein B，PSPB)是一种分子量为 41 800 的蛋白质，由某些动物在妊娠期间的胎儿滋养层外胚层双核细胞产生，在血液中可检测。用放射免疫法对奶牛血清 PSPB 检测，发现 PSPB 在受孕奶牛中可检测到。Sasser 对 5 头奶牛在整个妊娠期间的血液 PSPB 浓度的监测发现，血液 PSPB 含量随妊娠时间而渐增。当妊娠 20 d 左右时，PSPB 浓度就开始升高；当妊娠 30 d 左右时，PSPB 溶液大于 1 ng/mL；在妊娠 3 个月、妊娠 6 个月时，PSPB 浓度分别为(9±0.6)ng/mL、(35±6)ng/mL，在产犊前 2 d，PSPB 浓度达到最高(542±144)ng/mL，所以测定 PSPB 含量可预测奶牛妊娠时间。

6. 血清酸滴定法

在室温下，将受检母体血清与适当浓度盐酸混合，一定摩尔浓度的硝酸滴定至适当 pH，将溶液静置，透射光下观察，根据颜色变化进行早孕诊断。当用该法检测奶牛时，如其溶液呈白色或红黄色絮状沉淀，则为妊娠；若溶液呈红色或无色透明，则为未孕，确诊率为 95.98%。对绵羊的早孕诊断，妊娠与未孕确诊率分别为 89.6%和 90.9%。

7. 碱性磷酸酶(AKP)活力测定法

AKP 广泛分布于动物及人体各种组织和体液。AKP 随妊娠进展而增多，在妊娠动物液中活力较高。据报道，未孕牛每 100 mL 血清 AKP 平均含量为 3.74 mg，妊娠 2 个月的血清 AKP 活力明显增高，并逐月递增。

8. PMSG 放射免疫测定法

PMSG 于母马在妊娠的第 40 天在血液中出现，第 60 天迅增至 500～1 000 IU/mL，该浓度会维持 40～65 d。因此，在母马配种 40 d 后，用 RIA 法测定血液 PMSG，用 PMSG 放射免疫测定法对配种后 40～65 d 母马的妊娠诊断，确诊率达 90%。

【实训操作】

实训6-1　母畜的妊娠诊断

一、实训目的和要求

掌握母畜外部检查的妊娠诊断方法，能通过对母畜阴道的观察结合直肠检查正确判断母畜是否妊娠，初步了解其他各种妊娠诊断方法。

二、实训材料和器械

1. 母畜

妊娠后期的母牛，妊娠2.5个月以上的母羊、母猪，未孕母羊、母猪、母牛。

2. 药品

95%酒精、酒精棉球。

3. 器械

保定架、听诊器、绳索、鼻捻棒、尾绷带、开膣器、额灯或手电筒、脸盆、肥皂、液体、石蜡、毛巾。

三、实训方法和步骤

(一) 外部检查法

外诊包括视诊、触诊。

1. 视诊

怀孕家畜，可以看到腹围增大，肷部凹陷，乳房增大，出现胎动。但不到怀孕末期难以得到确诊。

(1) 牛　由于母牛左后腹腔为瘤胃所占据，检查者站于妊娠母牛后侧观察时，可发现右腹壁突出。

(2) 羊　在妊娠后半期右腹壁表现下垂而突出。

(3) 猪　妊娠后半期，腹部显著增大下垂(在胎儿很少时则不明显)，乳房皮肤发红，逐渐增大，乳头也增大。

2. 触诊

常用于猪、羊。

(1) 猪　触诊时，使母猪向左侧卧下，然后细心地触摸腹壁，妊娠3个月时，在乳房的上方与最后两乳头平行处触摸可发现胎儿。消瘦的母猪在妊娠后期才比较容易摸到。

(2) 羊　检查者在羊体右侧并列而立，或两腿夹于羊的颈部，以左手从左侧围住腹部，右手从右侧抱之，如此用两手在腰椎下方压侧腹壁，然后用力压左侧腹壁，即可将子宫转向右腹壁，而右手则施以微弱压力进行触摸，感觉胎儿好似硬物漂浮在腹腔中，营养较差、被毛较少的母羊有时可以摸到子宫，甚至可以摸到胎盘。

(二) 阴道检查法

1. 准备工作

(1) 保定　母畜保定在保定架内，用绷带缠扎尾部并拉向一侧。如无保定架也可用三角绊保定。

(2) 消毒　对检查用具先用清水洗净后，再以火焰消毒后用消毒液浸泡消毒，之后必须用开水或蒸馏水将消毒液冲净。

母畜阴唇及肛门附近先用温水洗净，最后用酒精棉球涂擦。如需将手伸入阴道进行检查时，消毒手的方法与手术前手的准备相同，但最后必须用温开水或蒸馏水将残留于手上的消毒液冲净。

2. 检查阴道的变化

(1) 检查方法

① 给已消毒过的开膣器前端约 5 cm 处向后涂以滑润剂(液体石蜡等)，并用消毒纱布覆盖备用。

② 检查者站于母畜左侧的侧后方，右手持开膣器，左手的拇指和食指将阴唇分开，将开膣器合拢呈侧向，并使其前端略微向上缓缓送入阴道，待完全进入后，轻轻转动开膣器，使其两片成扁平状态，最后压紧两柄使其完全张开，观察阴道和子宫颈变化。

③ 检查完毕，将开膣器恢复如送入时状态，然后再缓慢抽出，抽出时别将开膣器闭合，否则易于损伤阴道黏膜。

④ 检查完毕将开膣器进行清洗消毒。

(2) 阴道黏膜及子宫颈变化

① 妊娠时阴道黏膜变为苍白、干燥、无光泽(妊娠末期除外)，至妊娠后半期，感觉阴道肥厚。

② 子宫颈的位置改变，向前移(随时间不同而异)，而且往往偏于一侧，子宫颈口紧闭，外有浓稠黏液，在妊娠后半期黏液量逐渐增加，非常黏稠(牛在妊娠末期则变为滑润)。

③ 附着于开膣器上的黏液呈条纹状或块状，灰白色，在马妊娠后半期稍带红色，以石蕊试纸检查呈酸性反应。

阴道检查时的注意事项：对于妊娠母畜开张阴道是一种不良刺激，因此，阴道检查动作要轻缓，以免造成妊娠中断。

(三) 直肠检查法

1. 准备工作

(1) 母畜保定　以六柱栏保定较为方便，左右后肢应分别以足夹套固定于栏柱下端，以防后踢。为防止卧下及跳跃，要加腹带及压绳，尾部向上或向一侧吊起。

(2) 灌肠　一般可先用温水 1 000～2 000 mL 灌肠，以缓解直肠的紧张度并排出粪便，便于直肠检查。

(3) 术者准备　术者剪短指甲并磨光，充分露出手臂并涂以润滑油类，必要时用乳胶手套。

2. 检查步骤和方法

(1) 手呈锥形从肛门进入直肠。当手腕伸入肛门、手向下轻压直肠肠壁，即可触摸到棒状坚实纵向的子宫颈。

(2) 将食指、中指、无名指分开沿着子宫向前摸索，在子宫体前，中指可摸到一纵行子宫角间沟，再向前探摸，食指和无名指可摸到类似圆柱状两侧子宫角。

(3) 沿着宫角的大弯向外侧下行，即可触到呈扁卵圆形、柔软、有弹性的卵巢。

(4) 触摸过程中如摸不到子宫角和卵巢时，应再从子宫颈开始向前逐渐触摸。

(5) 母牛妊娠诊断时须触摸：①子宫角的大小、形状、对称程度、质地、位置及角间沟是否消失；②在子宫体、子宫角可否摸到胚泡并判断其大小，子宫颈粗细、位置及牵引感觉；③有无漂浮的胎儿及胎儿活动状况；④子宫内液体性状；⑤子宫动脉粗细及妊娠脉搏的有无，子叶的大小。

四、实训作业

1. 比较怀孕及未怀孕牛、羊阴道检查的特点，并记录于表 6-2 中。

表 6-2　怀孕及未怀孕牛、羊阴道特点

项目		牛		羊	
		怀孕	未孕	怀孕	未孕
阴道黏膜	颜色				
	湿度				
	光泽				
子宫颈	位置				
	形状				
	松紧度				
阴道黏液	颜色				
	性状				
	数量				
膣垢抹片					

2. 将直肠检查母牛的结果记录于表 6-3 中。

表 6-3　母牛直肠检查的结果

<table>
<tr><td>畜号</td><td></td><td>年龄</td><td></td><td>特征</td><td>胎次</td><td></td><td>检查日期</td><td></td></tr>
<tr><td colspan="2" rowspan="2">检查项目</td><td colspan="7">结果</td></tr>
<tr><td colspan="3">左</td><td colspan="4">右</td></tr>
<tr><td rowspan="2">卵巢</td><td>位置</td><td colspan="3" rowspan="2"></td><td colspan="4" rowspan="2"></td></tr>
<tr><td>黄体</td></tr>
<tr><td rowspan="4">子宫角</td><td>位置</td><td colspan="3" rowspan="4"></td><td colspan="4" rowspan="4"></td></tr>
<tr><td>粗细</td></tr>
<tr><td>质地</td></tr>
<tr><td>角间沟</td></tr>
</table>

续表 6-3

<table>
<tr><td colspan="2" rowspan="2">检查项目</td><td colspan="2">结果</td></tr>
<tr><td>左</td><td>右</td></tr>
<tr><td colspan="2">子叶
胎儿
子宫颈(位置)</td><td></td><td></td></tr>
<tr><td>子宫动脉</td><td>中动脉
后动脉</td><td></td><td></td></tr>
<tr><td colspan="2">诊断</td><td colspan="2"></td></tr>
</table>

五、技能考核标准

<table>
<tr><td rowspan="2">考核内容与分数分配</td><td rowspan="2">操作环节与要求</td><td colspan="2">评分标准</td><td rowspan="2">考核方法</td><td rowspan="2">熟练程度</td><td rowspan="2">时限</td></tr>
<tr><td>分值</td><td>扣分依据</td></tr>
<tr><td rowspan="5">1. 外部检查法
2. 阴道检查法
3. 直肠检查法
(100 分)</td><td>掌握外部检查法的操作要领</td><td>20</td><td>每错或少一步扣 5 分</td><td rowspan="5">单人操作考核</td><td rowspan="5">熟练掌握</td><td rowspan="5">10 min</td></tr>
<tr><td>掌握阴道检查法的操作要领</td><td>20</td><td>每错或少一步扣 5 分</td></tr>
<tr><td>掌握直肠检查法的操作要领</td><td>40</td><td>每错或少一步扣 5 分</td></tr>
<tr><td>熟练程度</td><td>10</td><td>在教师指导下完成时扣 5 分</td></tr>
<tr><td>完成时间</td><td>10</td><td>每超时 1 min 扣 2 分，直至扣 10 分</td></tr>
</table>

【项目小结】

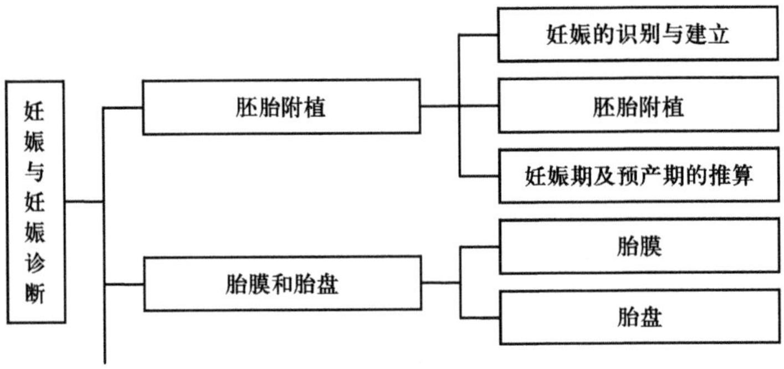

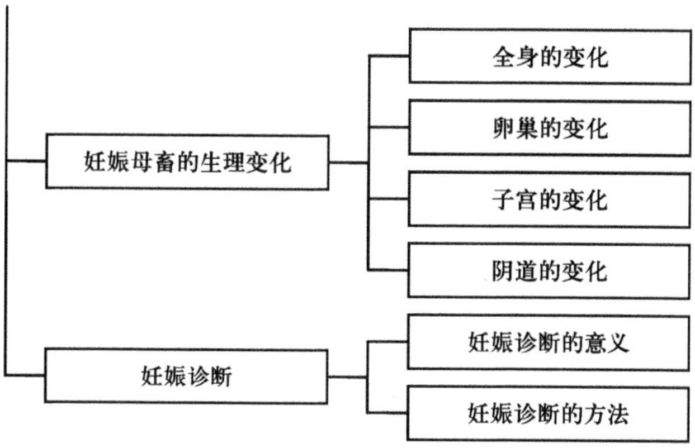

【自测训练】

一、名词解释

妊娠识别　　胚胎附植　　胎膜　　胎水　　胎盘

二、填空题

1. 妊娠识别的实质是________。
2. 除(　　)之外,其他家畜的黄体,在整个妊娠期都必须存在。
3. 牛的胎盘属于(　　)。
4. (　　)是广泛应用于牛、马和驴等大家畜早期妊娠诊断最可靠的方法。
5. 猪的胎盘属于(　　)。
6. (　　)是判断大家畜是否怀孕的最基本而可靠的方法。
7. (　　)胎盘,结构比较简单,分娩时胎衣脱落较快。

三、问答题

1. 简述各种动物胚胎附植的部位和时间。
2. 妊娠母畜有哪些生理变化?
3. 各种动物的胎盘结构什么特点?
4. 胎盘有哪些功能? 牛(羊)、猪(马)、猫(犬)的胎盘各有什么特点?
5. 常用妊娠诊断的方法有哪些? 简述牛直肠检查法进行妊娠诊断的要点。

项目7

分娩与助产技术

“世界试管双犊之父”——卢克焕

卢克焕，生于1945年，广西南宁人。1984年开始进行牛卵母细胞体外受精和胚胎移植研究，1987年留学爱尔兰，努力钻研，敢于怀疑，勇于创新，产出了世界上数量最多的试管牛犊群(17头)，1988年获得世界首例完全体外化试管双犊，1992—2001年在奶牛胚胎鉴定和性别控制研究方面做出了重要贡献。随着这些技术的转让，他先后辗转于爱尔兰、英国、新西兰和美国。2001年年底，他毅然告别定居在英国的妻儿，回到广西大学工作，2006年获得世界首例分离Y精子性别控制双犊水牛，2009年获得首批性别控制猪。

【知识目标】

(1) 了解母畜分娩的预兆和分娩过程。

(2) 了解决定母畜分娩的因素。

(3) 掌握胎向、胎位和胎势的概念。

(4) 掌握难产时助产原则。

【能力目标】

(1) 掌握母畜正常分娩的助产方法。

(2) 学会难产的救助方法和难产的预防方法。

(3) 掌握诱发母畜分娩的技术。

(4) 掌握母畜产后护理和新生仔畜护理的方法。

【学习任务】

任务7-1 分娩预兆与分娩过程

分娩是母体怀孕期满，胎儿发育成熟，母体将胎儿及附属物从子宫排出体外的生理过程。

一、分娩预兆

随着胎儿的发育成熟和分娩的临近，母畜的生殖器官、骨盆、行为都要发生一系列的生理变化，以适应排出胎儿和哺育幼仔的需要，这些变化通常称母畜分娩预兆。

（一）乳房变化

分娩前乳房迅速发育，膨胀增大，有的还出现乳房浮肿。牛的乳房变化最明显，分娩前乳房迅速胀大、水肿发亮。约产前10 d乳头表面有蜡状光泽。产前2～3 d充满初乳，若乳汁由乳白色稀薄变成黄色而浓稠时，就快分娩了。当出现漏乳现象后数小时至1 d左右即分娩。

猪在临产前半个月左右，乳房基部与腹壁之间出现明显界限，产前3 d左右，中部两对乳头挤出少量清亮的液体，在分娩前0.5～1 d，可在前、后部乳头挤出初乳，有的则有漏乳现象。

马分娩前2个月，左右乳房发育迅速，并在乳房基部出现浮肿，在分娩前数小时，乳头变粗，并出现漏乳现象。

（二）阴部变化

分娩的数天到1周左右，阴唇逐渐变松软、肿胀、发亮，阴唇皮肤皱褶展平，从阴道流出黏液由浓稠变稀薄，尤其以牛、羊最明显。猪阴唇肿大开始于产前3～5 d。只有母马和奶山羊的阴唇变化较晚，在分娩前数小时到十多小时才出现显著变化。

（三）骨盆变化

临产前数天骨盆韧带松软，牛骨盆韧带分娩前1～2周开始软化，分娩前1 d荐坐韧带后缘很软，尾根两侧下陷，称“尾根塌陷”，另外，荐髂韧带同样也很软。

（四）行为变化

在分娩前都有较明显的精神状态变化，出现食欲不振、精神抑郁、来回不安或离群寻找安静地点的现象。

猪在分娩前6～12 h有衔草做窝的现象；牛产前会不安鸣叫；马、驴产前会起卧不安，时常举尾、顾后或踢腹；兔产前数小时开始扯咬胸部被毛和衔草做窝；羊产前数小时精神不安，前蹄刨地，喜欢接近其他羔羊。

（五）体温变化

奶牛的体温从产前1～2个月就开始逐渐上升，可缓慢地提高到39～39.5 ℃，临产前12 h左右，体温则下降0.4～1.2 ℃，在分娩过程和产后又逐渐恢复到产前的正常体温。这种体温变化规律只有进行系统观察才能发现。其他家畜分娩前后的体温变化也有类似的规律。

二、分娩过程

母畜的整个分娩过程是从子宫肌和腹肌出现阵缩开始，至胎儿和附属物排出为止。可分为子宫颈开口期、胎儿产出期和胎衣排出期三个阶段。

1. 子宫颈开口期

从子宫有规则地出现阵缩开始，到子宫颈口完全开张，子宫颈与阴道之间的界限消失为止。这一期的特点是仅有阵缩而无努责；经产母畜较安静，等待分娩；初产母畜则食欲减退，起卧不安，举尾徘徊，频频排尿。

在开口期的初期，子宫阵缩较弱，约15 min出现一次，持续15～30 s，随后收缩频率、强度和持续时间不断加强，使胎儿的姿势由屈曲变为伸直，使胎水和胎儿前置部分向子宫颈方向移动，并逐渐使胎儿的前置部分进入子宫颈管和阴道。在开口期末期，牛、羊有时有胎膜囊露出阴门外，猪则有大量黏液从阴门流出。

2. 胎儿产出期

胎儿产出期是指由子宫颈口充分开张至胎儿全部排出为止的时期。在这一时期，母畜的阵缩和努责共同发生作用，其中努责是排出胎儿的主要力量。马分娩胎儿产出期如图 7-1 所示。

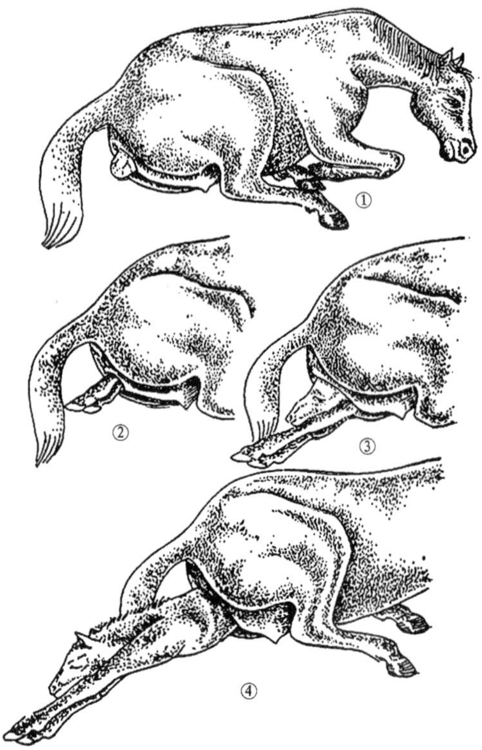

图 7-1 马分娩胎儿产出期

在这一时期，母体的临床共同表现是极度不安、起卧频繁、前蹄刨地、后肢踢腹、回顾腹部、拱背努责、嗳气。然后胎儿前置部分以侧卧胎势通过骨盆及其出口，此时，母体四肢伸直，努责的强度和频率都达到了极点，努责数次后，休息片刻，又继续努责。

在产出期中，胎儿最宽部分的排出需要较长的时间，特别是头部，当胎儿通过骨盆腔时，母体努责表现最为强烈。正生胎向时，当胎头露出阴门外之后，产畜稍微休息，继而将胎儿胸部排出，然后努责缓和，其余部分随之迅速被排出，仅把胎衣留于子宫内。此时，不再努责，休息片刻后，母体就能站起来照顾新生幼仔。

牛的胎儿产出期为 6 h(图 7-2)，猪为 3～4 h，绵羊为 4～5 h，山羊为 6～7 h。

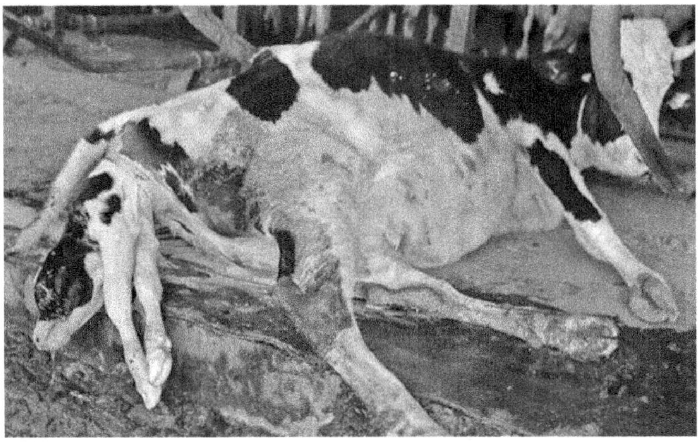
图 7-2 牛的胎儿产出期

3. 胎衣排出期

胎衣排出期是指从胎儿被排出开始至胎衣完全排出的持续时间。胎衣是胎膜的总称，包括部分断离的脐带。胎儿被排出之后，母体就开始安静下来，几分钟之后，子宫再次出现轻微的阵缩及微弱的努责而使胎衣排出。奶牛分娩排出胎衣如图 7-3 所示。

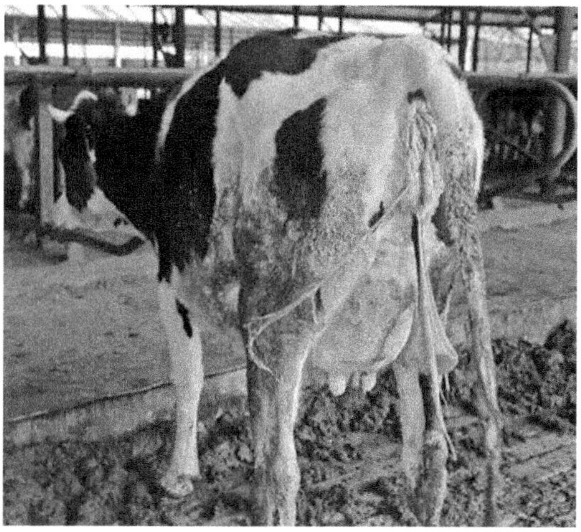

图 7-3 奶牛分娩排出胎衣

胎衣的排出，主要是由于子宫的强烈收缩，从胎儿胎盘和母体胎盘中排出大量血液，减轻了绒毛和子宫黏膜腺窝的张力。当胎儿排出后，胎儿胎盘血液循环即告停止，绒毛体积缩小，与此同时母体胎盘需血量减少，血液循环减弱，子宫黏膜腺窝的紧张性降低，使两者间的间隙扩大，再借露在体外的胎膜牵引，绒毛便容易从腺窝脱出而分离。因绒毛从腺窝中脱落时，母体胎盘的血管不受到破坏，因此，各种家畜在排出胎衣时都不会出现流血现象。

各种家畜分娩各期所需时间见表 7-1。

表 7-1 各种家畜分娩各期所需时间*

动物	开口期	胎儿产出期	胎儿产出间隔	胎衣排出期
牛	2～8(0.5～24)h	3～4 (0.5～6)h	20～120 min	4～6 (<12)h
水牛	19 min	4～5 h	—	—
绵羊	4～5 (3～7)h	1.5(0.25～2.5)h	15(5～60)min	0.5～4 h
山羊	6～7 (4～8)h	3(0.5～4)h	5～15 min	0.5～2 h
猪	2～12 h	—	2～3(1～10)min(中国猪种) 11～17(10～30)min(引进猪种)	30 min 10～60 min
马	10～30 min	10～20 min	20～60 min	5～90 min
犬	6～12 h	3～4 h	10～30 min	5～15 min/仔

* 平均值范围(变动范围)

牛、羊在怀双胎时，胎衣往往是在两个胎儿出生后才被排出。怀双胎的山羊，胎衣是在全部胎儿排出之后，一次或分多次被排出。多胎家畜的猪，胎衣排出比较特殊，通常胎衣分两批翻着被排出。第一批是在一侧子宫角的胎儿产完或连续产出的期间被排出；第二批胎衣是在胎儿全部产出之后被排出。

【实训操作】

实训7-1 母牛分娩接产与初生犊牛的护理

一、实训目的和要求

通过观察母牛的分娩与接产的全过程，掌握母牛的分娩接产的各项准备工作，熟悉和了解母牛的临产症状，掌握分娩接产方法，熟悉和掌握初生犊牛的护理技术等。

二、实训内容与方法

（一）接产技术

1. *产房的准备*

妊娠母牛在产前2周进入产房。产房应预先打扫干净，用20%的石灰水或5%石炭酸溶液消毒，铺上干净而柔软的垫草。产房夏季应防暑，冬季应防寒、防贼风。

2. *药品及器材的准备*

（1）药品　消毒药液如甲酚皂、新洁尔灭、碘伏、10%碘酒、75%酒精，经消毒的液体石蜡或食用油，催产剂、止血剂及局部止血药等。

（2）器材　产科器械一套，产科绳数根，止血钳、听诊器、注射器械、注射针等。此外，还有一般用具如毛巾、纱布、药棉、剪刀、肥皂、水桶、橡胶或塑料围裙等。

3. *临产母牛的准备*

母牛在进入产房前，先去尾毛，用温水洗净母牛外阴、尾巴、尾根、肛门及臀部两侧的污物。用纱布绷带或软棉绳把尾巴系于一侧，用消毒药水消毒外阴部。

4. *接产人员的准备*

接产人员应穿戴工作服、帽、长筒胶靴，系围身，洗净并消毒手臂。

5. *接产的步骤和方法*

（1）依次用温水和消毒液清洗和消毒（最后用酒精棉擦干）产畜外阴及其周围，用绷带包扎牛尾根，将尾系于体侧。产出期到来时，接产员迅速穿好工作服，清洗及消毒手臂。准备或者进行产道内诊，以清楚胎位、胎势、胎向、产道通畅情况及产力状态。

（2）注意观察产程的阶段，正确选定助产时机，给产畜以恰当协助。在开口期完成之后，产畜表现为极度不安，起卧不定，回视腹部，喘气或呻吟，阵缩与努责变得强而有力、发作频繁、间歇短促。随着时间的推移，球样胎水囊泡出现于阴道前庭或露出到阴门之外，并随同产力的发作与休止时隐时现，进退不定，但胎泡越来越大，隔着胎膜可以看到胎儿的前置部位。

正常生产时，胎儿在产出期的姿势大多数情况为纵头向，上胎位，两前肢伸入产道，颈部伸展，头部位于两前肢之间之上（图7-4）；少数情况为纵尾向上胎位，两后肢伸入产道（图7-5）。

当胎儿的口唇部或头部及两蹄尖已经露到阴门之外，羊膜囊尚未破裂时，要及时撕破胎膜，清除胎儿口鼻黏液，稍做牵引，抽出胎儿。当遇到胎位不正常，两后肢伸进产道或伸露到阴门之外时（此时蹄底向上，与跟腱和前肢区别），一定要积极进行助产，以免由于脐带被挤压于母体骨盆前缘或者胎体与骨盆之间，而造成胎儿血液循环障碍，供氧不足或者再反射性引起吞咽活动，误咽胎水，最后导致胎儿的窒息和死亡。如果遇到产力微弱，母畜无力娩出胎儿；胎儿

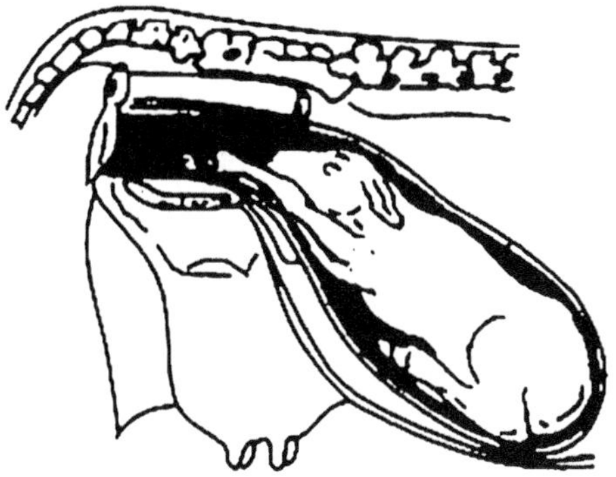

图 7-4 头位正常娩出姿势(头位,上胎向)

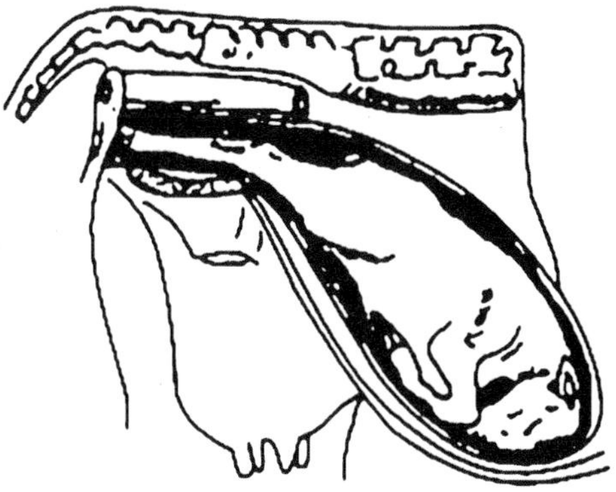

图 7-5 尾位正常娩出姿势(尾位,上胎向)

过大或骨盆狭窄;胎头通过阴门困难,分娩迟迟无进展;受某种原因影响而有难产趋势时(此时需稍加整复一一理顺),都必须及时牵引抽出胎儿。抽出胎儿时按下列要求进行。

在产力发作的同时进行牵引;沿着母体骨盆轴的方向,胎儿的肩或髋部通过产道时,以交互牵引两前肢的方法抽出;胎儿的较宽部位通过阴门时,助手要双手捂住,以防阴门撕裂。如果胎儿的腹部已经露到阴门之外,助产人员要在减缓抽出速度的同时,保护(握住)脐带,防止脐带过早和过短断裂。

(二) 犊牛护理技术

初生犊牛的护理关系到犊牛培育的成败,必须掌握好以下 3 个环节。

1. 清除黏液

犊牛出生后首先要做的工作是清除口及鼻孔的黏液,以免影响呼吸。其次是用干净毛巾擦净犊牛体表部位的黏液,以免犊牛受凉,特别是气温较低时。但肉用犊牛出生后体表部位的黏液可以让母牛舔食,也可用麸皮擦遍犊牛的体躯,以方便舔食干净。

2. 正确断脐

在擦净犊牛体躯后,犊牛往往会自然扯断脐带,如果未断,应在距犊牛腹部 10～12 cm 处用消毒剪刀剪断,挤出脐带中的黏液并用 5%碘酊消毒,以防发生脐带炎。一般情况下,脐带约 1 周干燥而脱落。

3. 及早哺足初乳

初乳是母牛产犊后 5～7 d 所产生的乳,其中干物质含量特别是免疫球蛋白、维生素 A 和矿物质含量均比常乳高。生后 36 h 犊牛几乎丧失对初乳中免疫球蛋白的吸收能力。所以犊牛出生后要及早让其哺食初乳,最好在 2 h 之内喂足 2 L 初乳。5～7 d 内初乳的日喂量应高于常乳,可喂到体重的 1/6。日喂次数一般不少于 3 次,挤出的初乳应立即哺喂,如乳温下降应水浴加热到 36～38 ℃。温度过高会导致初乳凝固,过低会导致犊牛下痢。如遇母牛产后患病或死亡,应用同期分娩母牛的初乳喂犊牛,如没有同期分娩的母牛初乳,则可用常乳加 20 mL 鱼肝油、50 mL 泻油和 250 mg 土霉素,连喂 5 d,以后土霉素降至 125 mg/d。

三、实训作业

结合实训的实际情况及学生个人的实习经历,写出所实训内容的实训体会,主要总结实训中出现的问题及处置方案。

四、技能考核标准

<table>
<tr><th rowspan="2">考核内容与分数分配</th><th rowspan="2">操作环节与要求</th><th colspan="2">评分标准</th><th rowspan="2">考核方法</th><th rowspan="2">熟练程度</th><th rowspan="2">时限</th></tr>
<tr><th>分值</th><th>扣分依据</th></tr>
<tr><td rowspan="5">1. 接产的准备
2. 接产的步骤和方法
3. 初生犊牛护理
(100 分)</td><td>产房准备、物品和用具、消毒和人员准备</td><td>20</td><td>每错或少一步扣 3 分</td><td rowspan="5">单人操作考核</td><td rowspan="5">熟练掌握</td><td rowspan="5">40 min</td></tr>
<tr><td>母牛临产症状观察、接产的操作要领</td><td>40</td><td>每错或少一项扣 5 分</td></tr>
<tr><td>初生犊牛护理</td><td>20</td><td>每错或少一步扣 3 分</td></tr>
<tr><td>熟练程度</td><td>10</td><td>在教师指导下完成时扣 5 分</td></tr>
<tr><td>完成时间</td><td>10</td><td>每超时 1 min 扣 2 分，直至扣 10 分</td></tr>
</table>

任务 7-2 决定分娩的因素

分娩时，排出胎儿的动力是依靠子宫肌和腹肌的强烈收缩，但分娩的顺利与否，主要取决于产力、产道和胎儿。

一、产力

产力是指将胎儿从子宫中排出的力量，是由子宫肌和腹肌有节律的收缩共同形成的。阵缩是子宫肌有节律的收缩，是分娩过程中的主要动力。努责由腹肌、膈肌的收缩引起，是分娩的辅助动力，当母畜横卧分娩时更为明显。

分娩时，阵缩由弱到强，由无规律到有规律，子宫肌呈间歇性收缩，使胎盘血液循环和氧气供应不会因子宫肌持续收缩而发生障碍造成胎儿窒息。在分娩时，母体所发生的阵缩和努责密切配合，共同协作产生强大的收缩力使胎儿顺利排出。

二、产道

产道是分娩时胎儿由子宫内排出所经过的道路，可分为软产道和硬产道。

1. *软产道*

软产道包括子宫颈、阴道、前庭及阴门这些由软组织构成的通道；分娩时软产道变得柔软、松弛，以适应胎儿的产出。

2. *硬产道*

硬产道即骨盆，由荐骨、前三个尾椎、髂骨及荐坐韧带构成。骨盆可分为以下 4 个部分。

(1) 入口　是骨盆的腹腔面，斜向前下方，由上方的荐骨基部、两侧的髂骨及下方的耻骨前缘所围成。骨盆入口的形状大小和倾斜度对分娩时胎儿通过的难易有很大关系。入口较大而倾斜，形状宽而圆阔，则胎儿容易通过。

（2）出口 由上方的前三个尾椎、两侧的荐坐韧带后缘和坐骨弓围成。

（3）骨盆腔 是骨盆入口和出口之间的腔体，它的大小取决于骨盆腔的垂直径和横径。牛的骨盆腔见图7-6。

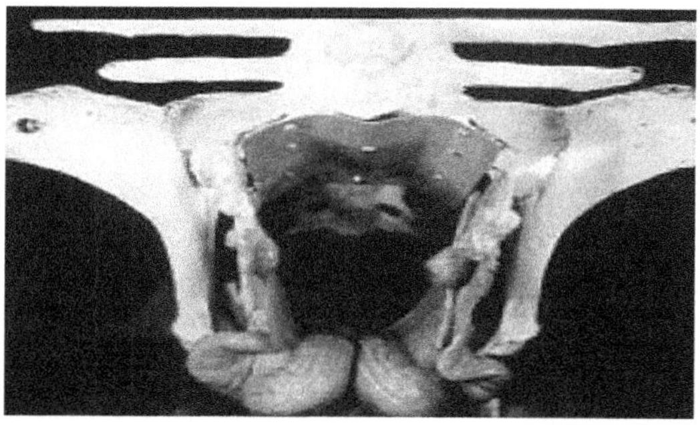

图7-6 牛的骨盆腔

（4）骨盆轴 是通过骨盆中心的一条假想线，它代表胎儿通过骨盆腔时所走的路线，骨盆轴越短越直，胎儿通过越容易。几种动物的骨盆轴位置与形状见图7-7。几种动物骨盆结构特点见表7-2。

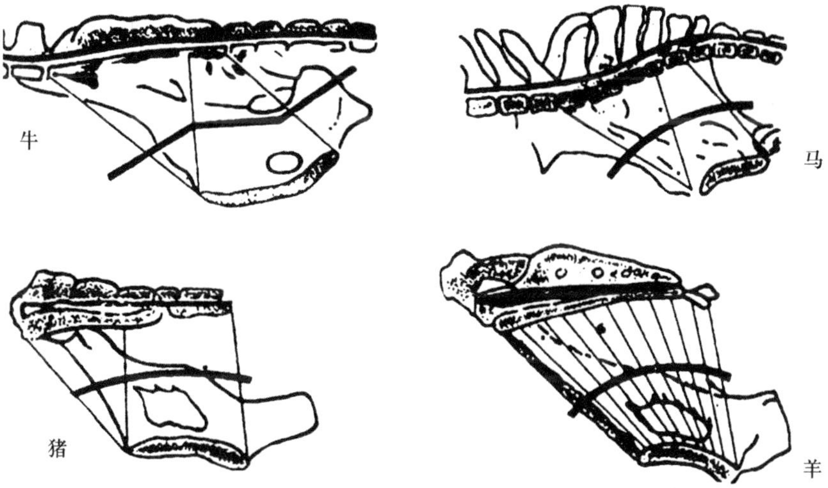

图7-7 几种动物的骨盆轴位置与形状

表7-2 几种动物骨盆结构特点

项目	动物种类			
	牛	马	猪	羊
入口	竖长椭圆形	圆形	近乎圆形	椭圆形
出口	较小	大	很大	大
倾斜度	较小	大	很大	很大
骨盆轴	曲线形	浅弧形	较直	弧形
分娩难易度	较难	易	很容易	易

三、胎儿

胎儿因素包括胎儿与母体产道之间、胎儿本身各部位之间的相互关系以及胎儿的大小。

1. 胎向

胎向指胎儿纵轴与母体纵轴的关系，有以下 3 种情况。

(1) 纵向　胎儿的纵轴与母体纵轴互相平行。正生时，胎儿方向与母体方向相反，头和前肢先进入骨盆腔(图 7-8、图 7-9)；倒生时，胎儿的方向与母体的方向相同，胎儿的后肢和臀部先进入骨盆腔。

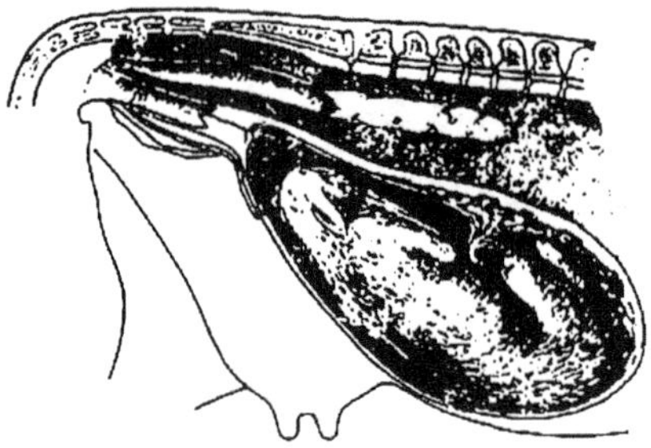

图 7-8　分娩前牛胎儿在子宫内的情况

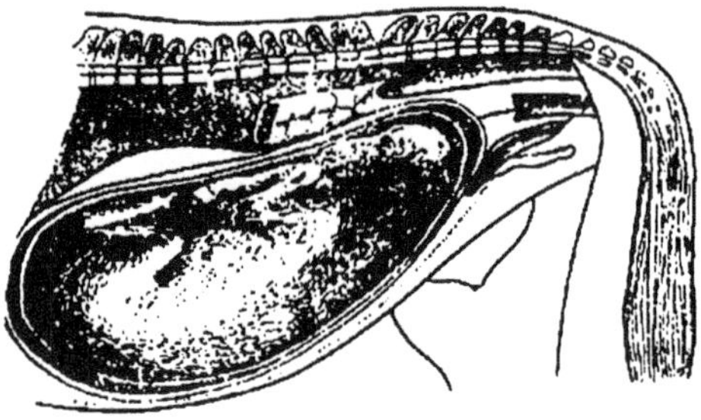

图 7-9　分娩前马胎儿在子宫内的情况

(2) 横向　是指胎儿横卧在母体子宫内，胎儿的纵轴与母体的纵轴呈水平交叉，又可分背部向产道或腹部向产道两种。背部向着产道的称为背部前置横向(背横向)，腹部向着产道的称为腹部前置横向(腹横向)。

(3) 竖向　竖向是指胎儿的纵轴与母体的纵轴呈上下垂直状态，胎儿的背部向着产道的，称为背竖向，如果胎儿的腹部向着产道的即称为腹竖向。

2. 胎位

胎位即胎儿在母体子宫内的位置，也就是胎儿的背部与母体背部或腹部的关系。上位是正常的，下位和侧位是反常的。

(1) 上位(背荐位)　胎儿伏卧在母体子宫内，胎儿的背部在上，向着母体的背部和荐部(图 7-10)。

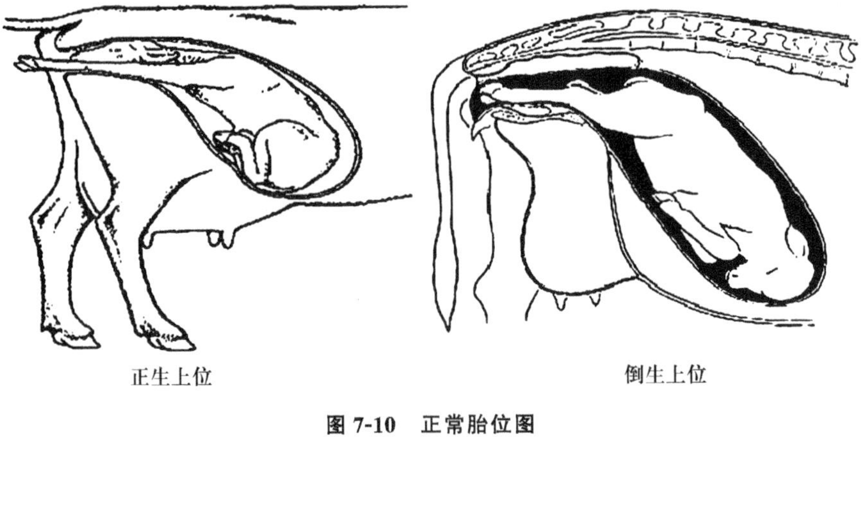

正生上位　　倒生上位

图 7-10　正常胎位图

（2）下位（背耻位） 胎儿仰卧在母体子宫内，胎儿的背部在下，向着母体的腹部和耻骨（图 7-11、图 7-12）。

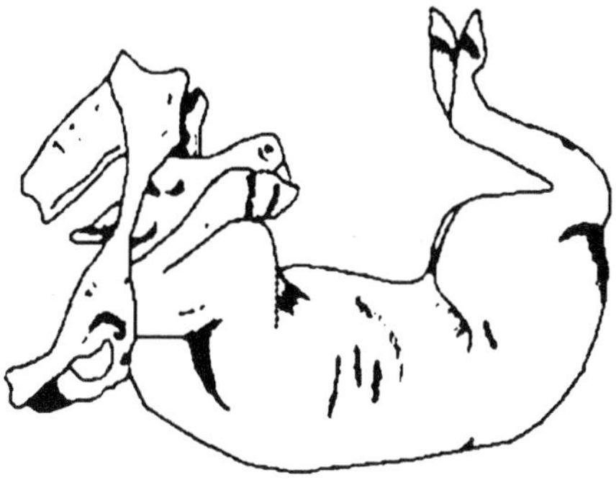

图 7-11 正生下位

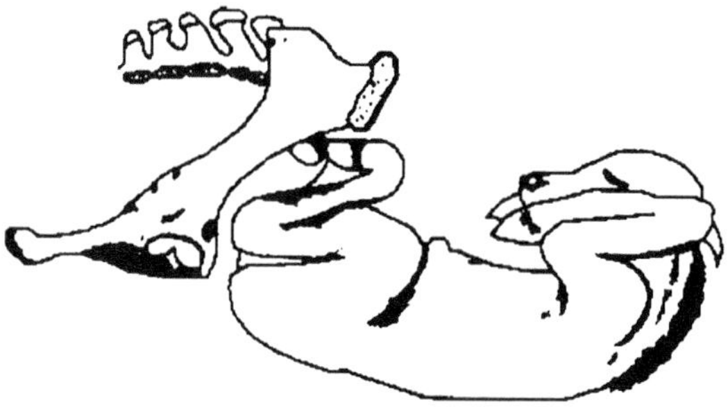

图 7-12 倒生下位

（3）侧位（背髂位） 胎儿侧卧在母体子宫内，胎儿的背部偏于一侧，朝向母体左侧或右侧腹壁或髂骨。看侧转程度，一般小于 90°，可以通过子宫收缩时的矫正及进入产道时的位置改变，转为上位。大于 90°，则难以矫正。

四、胎势

胎势是指胎儿在母体子宫内的姿势以及胎儿各部分屈伸的程度（弯曲或伸展）。通常，胎儿在子宫内体躯微弯，四肢屈曲，头部向着腹部俯缩。在分娩前牛的胎向是纵向，近似侧位，全身弯曲呈长椭圆形。山羊、绵羊和牛相似，怀双胎时两子宫角各一胎儿；马的胎儿多数呈正生，但也有极个别是倒生，胎势同牛；猪是多胎动物，胎位、胎向稍有变动，但胎势与其他家畜相似，多为上位。母畜分娩时胎向不变，但胎位和胎势必须改变后才能产出。因子宫收缩或胎儿窒息所引起的反射性挣扎，可使胎儿由下位或侧位转为上位，胎势也有弯曲变为伸展。正常分娩过程中胎位和胎势变化示意图见图 7-13。

五、前置

前置又称先露，是指胎儿先进入产道的部分。如正生时称头前置或前躯前置，倒生时称后躯前置。正常的胎势是，在正生时两前肢和头颈伸直，头颈放在两前肢上面；倒生时，两后腿伸直。这种胎势容易通过骨盆，不会发生难产。牛、羊和马等母畜在分娩时，通常是纵向的，头呈前置，为正生，否则会引起难产。牛的正生率约占 95%，羊约占 70%，马和驴可高达 98%～99%。多胎动物正生和倒生都是正常的。大家畜倒生虽也属于正常，但倒生时难产发生率较高。腹部前置和背部前置分别见图 7-14 和图 7-15。

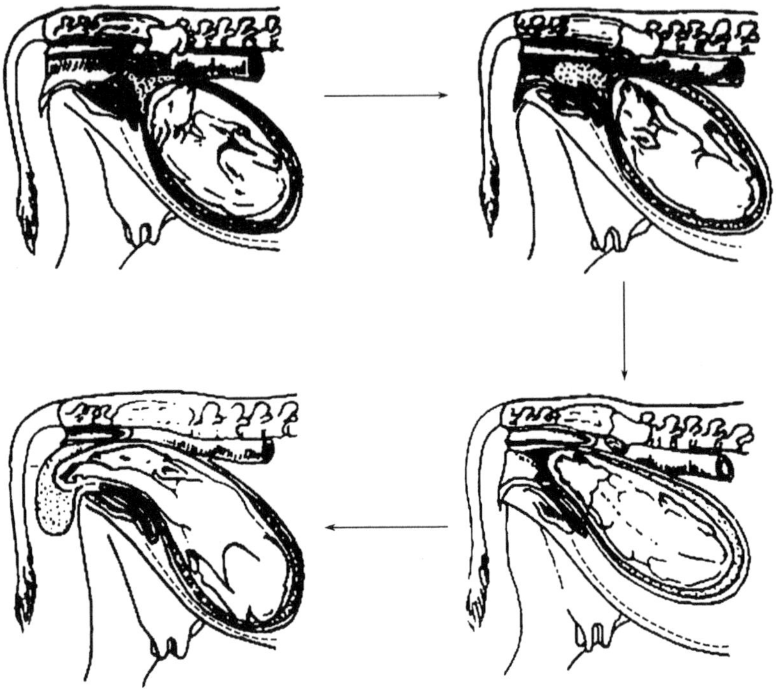

图 7-13 正常分娩过程中胎位和胎势变化示意图

图 7-14 腹部前置

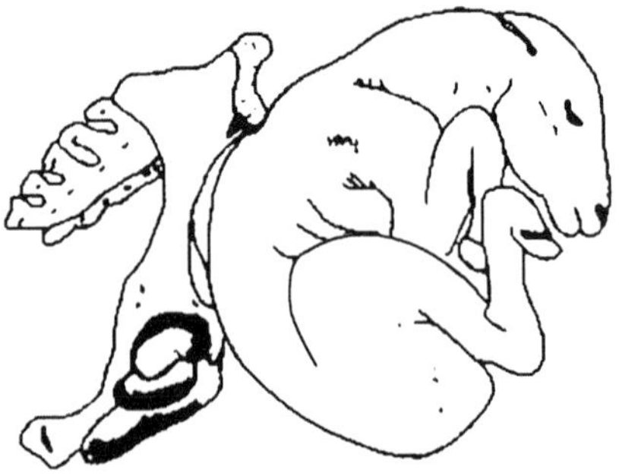

图 7-15 背部前置

任务 7-3 分娩助产技术

一、助产前的准备

农牧场应根据现有条件和经济能力准备好产房或分娩栏,小动物应备好分娩箱(或窝),产房要求宽敞,清洁干燥,光线充足,通风良好而无贼风。墙壁、饲槽及褥草要经常消毒。产房内的褥草不宜过长,铺得不要太厚,以免仔畜被缠于内被母畜压死或挤死。褥草要经常更换,早春和晚秋分娩时要特别注意保温工作,产房内的温度不要低于 15～18 ℃,否则会延长母畜的分娩时间,仔畜死亡率增加。要在分娩前 1～2 周将待产母畜转入产房,以便让母畜熟悉环境,安定母畜情绪。每天要观察检查待产母畜的健康状况，注意分娩预兆。

产房内准备好接产用具及药械，并把它们放在较固定的地方。要准备的用具和药械有肥皂、毛巾、刷子、棉花、纱布、注射器、针头、体温计、听诊器、细绳、产科绳、大塑料布、照明设备、70%酒精、3%～5%碘酊、0.1%新洁尔灭和催产药等。有条件最好准备一套常用的产科器械。

二、正常分娩的助产

母畜正常分娩时，一般不需人为干预。助产人员的主要任务是监视分娩状况和护理仔畜。如果胎膜未破，姿势正常，产力尚可，可以稍加等待；若是胎膜已破，姿势异常，产力不佳，均应尽快助产。

1. 消毒和检查

助产人员穿好工作服及胶围裙和胶靴，消毒手臂，当孕畜迫近临产时，将其外阴部清除干净，消毒，并对其进行健康检查(呼吸、心跳、体温)，若有异常，先处理防虚脱。

2. 校正胎儿

为防止难产，当胎儿前置部分进入产道时，可将事先消毒好的手臂伸入产道检查，以确定胎儿的胎向、胎位和胎势是否正常，以便对胎儿的反常胎势做出早期诊断，及早发现，尽早矫正，这不仅能避免难产，甚至还可急救胎儿。正生时，胎儿的三件(唇和二蹄)俱全，则可等其自然产出。

3. 撕破羊膜

当头或唇部已露出阴门外，若还覆盖羊膜，应撕开，尤其倒产时，应马上撕开，正产时去鼻口的黏液，防羊水吸入，若绒毛膜没破，则不急于扯破羊膜。

如在分娩时羊水已流出，而胎儿尚未排出，母体的阵缩和努责又较微弱，助产人员抓住胎头和两前肢的腕部，随着母体的努责频率，沿着骨盆轴的方向缓缓拉出胎儿，切不可强行拉出，以免带出子宫，造成子宫脱落。如发现胎儿两蹄先露出，蹄叉朝上，即为倒生，要迅速拉出胎儿，因为倒生，胎儿脐带可能被挤压在胎儿和骨盆之间，妨碍脐带内的血液流通，供养中断使胎儿出现反射性呼吸，吸入羊水而使胎儿窒息。

如果发现母体努责及阵缩微弱，无力产出胎儿，或产道狭窄，或胎儿过大通过阴门困难等情况，而使胎儿产出缓慢时，要迅速拉出胎儿。

4. 断脐

胎儿产出后，要迅速擦去口、鼻内的黏液，而后进行断脐，如脐带被自行挣断，一般可不结扎，但必须用3%～5%碘酊溶液或5%碳酸溶液浸泡脐带消毒，以防感染或发生破伤风。马、驴脐带较长，产出后脐带不断，为了使胎盘血液更多地流入幼驹体内，可消毒后用左手或右手向幼驹腹部挤压脐带。使脐带血管的血液尽可能多地流入幼驹体内，这对增进幼驹健康有好处，然后距脐带基部5～10 cm处结扎脐带并剪断，用3%～5%碘酊浸泡消毒。

5. 擦干

新生幼仔断脐消毒后，要擦干全身，然后将幼仔放在产畜前面让其舔干幼仔身上的黏液(羊水)，产畜舔入羊水可增强子宫肌的收缩力，以利于胎衣排出。

母猪若产出时间过长，在两胎儿之间努责后，下一个胎儿仍不排出，助产人员应将胎儿拉出。如无阵缩力，可皮下注射垂体后叶素2～3 mL。动物分娩后要及时供给足够的温盐水或温麸皮水。排出的胎衣，要立即拿走，防止母畜吞食胎衣引起消化扰乱。特别要防止母猪产后吞食胎衣现象发生，否则会产生吞食仔猪的恶癖。产畜产后要观察数小时，看是否出现强烈的努责现象，如果在产后仍有强烈的努责，则有可能引起子宫脱出，要采取相应的措施加以预防。

三、难产及其助产

(一) 难产的分类

发生难产的原因不同，常见的难产可分为产力性难产、产道性难产和胎儿性难产三大类，前两类是由母体异常引起的，后一类是由胎儿的异常所造成的。

1. 产力性难产

产力性难产包括子宫阵缩及努责微弱、阵缩及破水过早和子宫疝气等引起的产力不足而导致的难产。

2. 产道性难产

产道性难产包括子宫捻转，子宫颈、阴道及骨盆狭窄，产道肿瘤等引起的难产。

3. 胎儿性难产

胎儿性难产包括胎儿过大或过多(图 7-16)、胎儿姿势不正(头、前后肢不正)、胎儿位置不正(侧位或下位)、胎儿方向不正(横向或竖向)等引起的难产。

在上述 3 种难产中，以胎儿性难产最为多见，在牛的难产中约占 75%，在马、驴的难产中可达 80%。在胎儿性难产中，由于马、牛、羊胎儿的头颈及四肢较长，容易发生姿势不正，其中主要是胎头和前肢姿势反常(图 7-17)。而在猪中，因头颈短，发生姿势不正者较少，多为胎儿过大引起的难产。

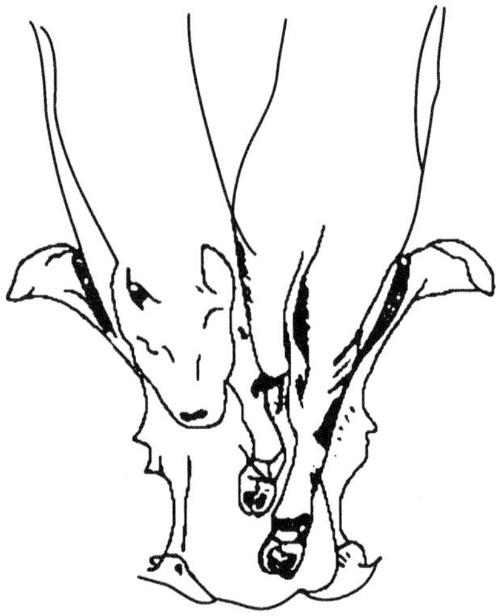

图 7-16 双胎难产

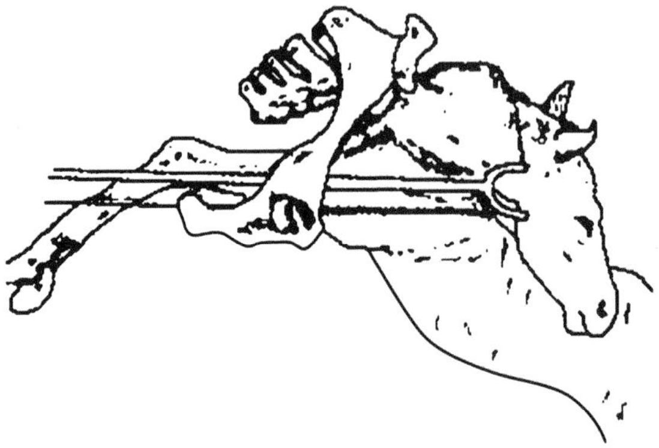

图 7-17 头颈侧弯

在临床上，难产的出现往往并不是由单一因素引起的，如子宫颈狭窄伴以胎儿姿势反常；前肢和头部姿势可能同时发生胎位不正等。在各种动物中，牛的骨盆比较狭窄，骨盆轴不像马那么直而短，分娩时不利于胎儿通过，所以难产要比马羊多见。

(二) 难产的检查

为了判明难产的原因，除了检查母畜全身状况外，必须重点对产道及胎儿进行检查。

1. 产道检查

主要检查产道是否干燥，有无损伤、水肿或狭窄；子宫颈开张程度；硬产道有无畸形、肿瘤；并注意产道内液体的颜色和气味。

2. 胎儿检查

不仅了解胎儿进入产道的程度，是正生还是倒生，胎势、胎位、胎向是否正常。还要判定胎儿是否存活。

如胎膜未破切忌人为撕破胎膜，可隔着胎膜触诊胎儿。如胎膜已破应将手伸入胎膜内进行触摸。鉴别胎儿死活的方法是：正生时，可将手伸入胎儿口腔，或轻拉舌头、或轻压眼部、或牵扯刺激前肢，注意有无生理反应，如口吮吸、舌收缩、眼转动、肢伸缩等，也可触诊颌下动脉或心区，有无搏动。倒生时，最好触到脐带查明有无搏动；或将手伸入肛门，或牵拉后肢，注意有无收缩反应。

（三）难产时助产原则

难产的助产目的，不仅要保全母畜性命，救活胎儿，而且还要注意保持母畜的繁殖机能，避免产道感染和损伤，必要时可舍仔保母。实践中，动物难产的种类较多也很复杂，所以助产时应根据具体情况因势利导。但不论采取哪一种方法，必须遵守一定的操作原则。发现母畜难产时，应首先查明难产的原因和种类，然后进行对症救助。

(1) 产力不足引起的难产，可注射催产素催产或拉出胎儿的前置部分，将胎儿拉出体外。

(2) 硬产道狭窄、子宫颈有疤痕、胎儿过大引起的难产，可实行剖宫产术；软产道轻度狭窄造成的难产，可向产道内灌注液体石蜡，然后缓慢拉出胎儿，并注意保护会阴防止撕裂。

(3) 胎儿过大引起的难产，可随母畜的努责，强行拉出胎儿，如拉不出来可实行剖宫产，如胎儿死亡，可施行截肢手术。胎向、胎位、胎势异常造成的难产，应先矫正然后拉出胎儿。矫正胎儿的反常姿势应尽量将胎儿推回子宫内进行(图 7-18)，矫正困难时可实行剖宫产术或截胎术。

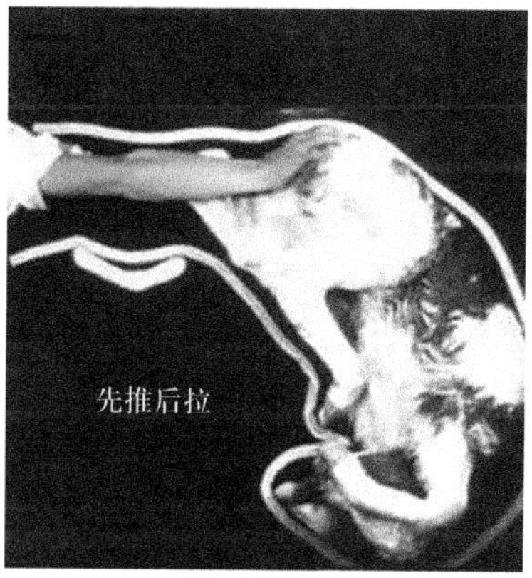

图 7-18 助产示意图

（四）难产预防

难产虽不是常见的疾病，但极易引起仔畜死亡，而且若处理不当，使子宫和软产道受到损伤或感染，轻者影响生育，重者危及生命。因此积极预防难产，对动物的繁殖具有重要的意义。

(1) 切忌母畜配种过早，否则由于母畜尚未发育成熟，分娩时容易发生骨盆狭窄，造成难产。

(2) 妊娠期间，对母畜合理饲养，给予完善的营养，以保证胎儿的生长和维持母畜的健康，减少分娩时发生难产的可能性。怀孕末期，适当减少蛋白质饲料，以免胎儿道大。

(3) 安排适当的使役和运动，提高母畜对营养物质的利用，使全身及子宫肌的紧张性提高，分娩时有利于胎儿的转位，防止胎衣不下及子宫复位不全等。

(4) 做好临产检查，对分娩正常与否做出早期诊断。检查时间：牛从开始努责到羊膜绒毛膜露出或排出胎水这段时间。马、驴从尿膜囊破裂，尿水排出之后，胎儿的前置部分进入骨盆腔时。检查方法：将手臂及母畜的外阴部消毒，手伸入阴门隔着羊膜触诊胎儿，如羊膜已破可将手伸入羊膜内进行触诊。如果摸到胎儿是正生，前置部分正常，可任其自然排出。如有异常应及时进行矫正，因为此时胎儿的躯体尚未进入骨盆腔，难产程度不大，胎水还没流尽，子宫内润滑，矫正比较容易。如马、牛的胎头侧弯是较常见的，在产出期开始时，这种反常只是头稍为偏斜，尚未达到严重程度，此时可稍加扳动，即可将胎头拉直，继而把胎儿拉出，即可避免难产的发生。

四、产后期母畜及新生仔畜的护理

（一）产后期

产后期是指胎衣排出到母体生殖器官恢复原状的持续时间。在这期间最重要的是子宫内膜的再生、子宫的恢复和重新出现性周期。

1. 子宫内膜的再生

母畜分娩后，子宫内排出一些变性脱落的母体胎盘、部分血液、残留的胎水、白细胞和子宫分泌物等，这些混合物称为恶露。恶露最初是呈红褐色，以后变为淡黄色，最后为无色透明。如果恶露排出时间延长，则说明子宫内可能有病理变化。

恶露排出时间，牛为 10～12 d，如果超过 3 周仍有分泌物排出，则视为病态；马为 2～3 d；绵羊的恶露不多，5～6 d 即停止；山羊较多，约 2 周；猪恶露也很少，2～3 d 便停止排出。

牛子宫表面上皮于产后 12～14 d，子宫阜表面上皮组织开始增殖再生。多数正常牛在产后 1 个月左右才能全部完成这一过程。猪的子宫上皮再生过程是于产后第 1 周开始，第 3 周完成。

2. 产后子宫的复原

母畜胎儿和胎盘分娩出以后，子宫复原到未孕时的大小即子宫复原。子宫的复原过程是渐变的，由于子宫肌纤维的回缩，在产后前几天子宫壁由薄变厚，容积逐渐恢复原状。

母牛子宫的复原一般需 30～45 d，羊的子宫基本复原是在产后 17～20 d，猪子宫复原要在产后 25～28 d。

3. 卵巢机能的恢复

母牛卵巢中的黄体在分娩后才被吸收，产后第一次发情较晚，奶牛产后发情一般在 40～60 d。产后母牛哺喂犊牛时，或增加挤奶次数，发情周期的恢复更为延长，将母牛和犊牛分开时则时间缩短。母猪分娩后黄体很快退化，产后 3～6 d 便可出现无排卵发情，绝大多数母猪在哺乳期间，发情及排卵都受到抑制。母猪在产后 35～40 d 表现发情，即仔猪断奶后 3～7 d 出现发情。母羊多在产后的 2～3 个月即羔羊断奶后发情。

（二）产后母畜的护理

分娩后母畜生殖器官发生了很大变化。分娩过程中母畜产道还可能受到损伤，以致降低机体的抵抗力；分娩后子宫内沉积大量恶露，易引起病原微生物的侵入和繁衍。因此要加强产后母畜的护理。

（1）母畜分娩时由于脱水严重，一般都发生口渴现象。因此产后应及时供给足够的温盐水或温麸皮盐水，以增强母畜体质，有利恢复健康。

（2）分娩后要注意观察胎衣及恶露排出情况，注意防止阴道、子宫脱出。

（3）母畜产后最初几天，要喂一些品质好、易消化的饲料，满足机体营养需要。

（4）对奶牛，产后最初几天，要控制挤奶量，防止产后瘫痪的发生；在乳房水肿严重时，限制青绿多汁饲料的喂量。

（5）在高温季节，为防止母畜子宫、产道发生炎症，最好在母畜产后立即注射抗生素。对个别炎症严重的个体可用高锰酸钾、呋喃西林、青链霉素等药物进行灌洗子宫的处理。

（三）新生仔畜的护理

新生仔畜是指断脐至脐带干缩脱落这个阶段的幼畜。

1. 注意观察脐带

新生幼畜断脐后，通常1周左右就干缩脱落，仔猪生后24 h左右脐带即干缩。在脐带干缩脱落的前后，要注意观察脐带的变化状况，遇有滴血或流尿现象，要及时进行结扎，这是脐带血管闭锁不全引起的现象。在此期间勿使仔畜互相舔吮脐带，以防脐带感染发炎。

2. 保温

新生仔畜的体温中枢尚未发育完全，皮肤的调温机能也很差，体内能源物质储备少，对极端温度反应敏感。尤其在冬季，应密切注意防寒保温，如采用红外线保姆箱（伞）、火坑（墙、炉）、暖气片或空调等，确保产房温度适宜。

3. 早吃初乳

初乳不仅含有丰富的营养（大量的维生素A有利于防止下痢；大量的蛋白质无须经过消化，可直接吸收）及较多的镁盐（软化和促进胎粪排出），而且含有大量抗体，可增强抵抗力。因此，让幼畜尽早吃上初乳。对猪、兔等多胎动物，要帮助幼畜固定乳头，防止个别个体吃不到初乳。

4. 预防疾病

由于新生仔畜本身抵抗力弱，加之环境、营养、免疫、遗传和难产等因素的影响，常常容易在出生后不久便出现一些病理现象。例如孱弱、便秘、拉稀、脐带不能闭合、溶血病、腹痛、仔猪低血糖症等，为此应采取积极的防治措施。

（四）假死胎儿的急救

胎儿在母体内生长发育正常，但在出生后，身体柔软，不呼吸或呼吸缓慢，有的张嘴出气，气管及肺有啰音，脐带基部和心脏仍在跳动，这种现象称为“假死”或窒息。此时如不采取措施进行急救，往往会引起真死。新生仔畜假死的急救可采用以下措施。

1. 折动急救

先掏除和擦净其口腔内和鼻部的黏液，然后，一只手托住仔猪臀部，一只手托住肩部，将仔猪轻轻折动，做人工呼吸，直到恢复呼吸为止，如图7-19所示。

2. 提后腿急救

对猪、羊等假死小动物，可倒提后肢抖动，并轻轻拍打胸腹部，使呼吸道黏液排出，至出现呼吸，如图7-20所示。

3. 温水法

擦净仔畜口鼻及呼吸道中的黏液和羊水后，将胎体放入40～60 ℃温水中，右侧卧，头外露，左手托颈，胎儿背向自己，右手有节奏地沿胸廓由上而下按摩，至出现呼吸正常为止。可用于各种动物。

4. 按摩胸部急救法

使胎儿右侧卧，右手以60～80次/min的速度有节奏按压心胸部，至心跳出现为止，适用于大动物。

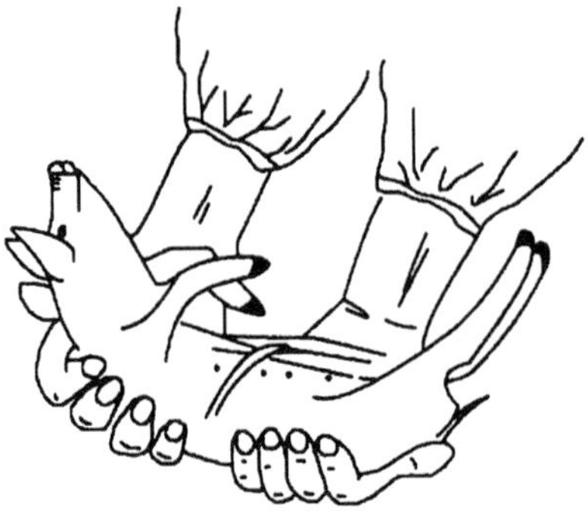

图 7-19 折动急救假死仔猪

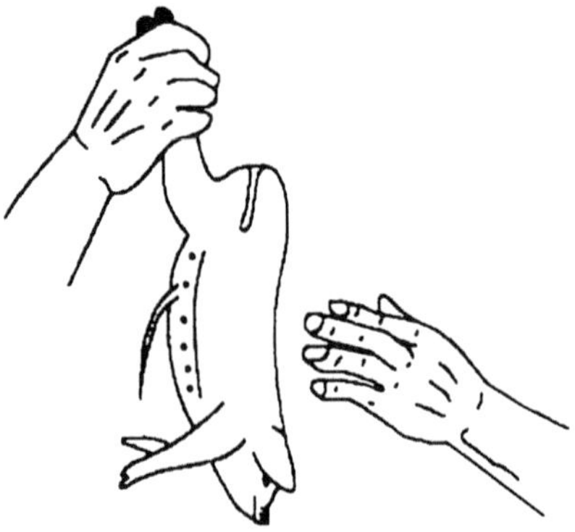

图 7-20 假死仔猪急救

在采取上述急救措施的同时，可配合使用刺激呼吸中枢的药物，如皮下或肌内注射 1%山梗菜碱 0.5～1 mL 或 25%尼可刹米 1.5 mL，也可酌情使用其他强心剂。

【实训操作】

实训 7-2 母畜的难产助产技术

一、实训目的

了解难产的分类，掌握难产助产的方法。

二、实训材料与器械

1. 动物

临产母畜。

2. 药物与试剂

消毒药物（酒精、碘酒、甲酚皂溶液等）、液体石蜡。

3. 器械

肥皂、绷带、毛巾、剪刀、产科绳等产科器械。

三、实训方法与步骤

根据分娩母畜的种类和数量，将学生分为相应的小组，由教师带领边讲解，边观察，边操作。

1. 难产的检查

(1) 检查前先了解开始分娩时间，是初产或经产、胎膜是否破裂，有无羊水流出，腹围及母畜大小。初产母畜多因产道狭窄而难产；经产母畜的难产多由于胎畜的位置、方向、姿势不正。

(2) 检查产道是否有黏膜水肿、表面干燥和有无损伤，并注意损伤的程度及有无感染。

(3) 通过产道检查胎畜时，应注意胎位是否正常以及胎畜生死情况。

(4) 母畜的全身情况，如心跳过弱或亢进，节律不齐，必须输液或强心等。

2. 助产前准备

(1) 将母畜处于前低后高的体位站立保定,如不能久站可行侧卧保定。

(2) 将胎畜露出部分及母畜的会阴、尾根处洗净,再以 0.1%高锰酸钾液消毒。

(3) 所需器械应做好消毒,并备有 2~3 条长约 3 m、直径约 0.8 cm 的柔软坚韧棉绳用于牵拉胎畜。

3. 难产助产的注意事项

(1) 先将胎畜送回产道或子宫腔内,再矫正胎畜的方向、位置、姿势。

(2) 强行牵拉胎畜时,术者要配合母畜努责的节律告诉并指导助手牵拉胎畜的力量、方向和时间,以免损伤产道。

(3) 为了滑润产道和保护黏膜,对难产母畜的产道可注入消毒的液体石蜡。

(4) 矫正胎位无望以及子宫颈狭窄、骨盆狭窄时,应及时进行剖腹取胎手术;若胎畜已死并拉出确有困难时,可用隐刃刀或绞胎器肢解分块取出。

4. 难产的助产

(1) 产力性难产的助产　术者将手伸入产道,按照上述注意事项,强行将胎畜拉出。或用催产办法,注射催产素注射液,牛 8~10 mL,羊 1~5 mL,必要时待 20~30 min 后可重复注射一次。

(2) 胎畜姿势不正助产　头颈侧弯、胎畜前腿已伸出产道,而头颈弯向一侧,不能产出,术者将手伸入产道检查即可摸到。如果胎小,产道润滑扭转不难时,可用手将其头扳正。反之,胎大,产道干燥,扭转严重,先将已伸出的两肢推回,同时将弯向一侧的头颈扳正。头颈下弯,头颈弯于两前肢之间或侧面,不能顺利产出,助产时,将伸出产道的胎肢送回子宫后,术者的手沿着胎畜的腹侧伸入,至胎畜嘴唇端时以手兜着胎畜嘴唇和下颌,然后用助产叉顶住胎畜的肩部,此时,术者的手在将胎头拉出伸直的同时,另一手用助产叉将胎畜躯干推回子宫,使作用力相反,才能扳正胎头。头向后仰或头颈扭转,造成的难产,如胎头稍偏,用手握住唇部将头拉正位即可。如胎头后仰或扭转严重,先将胎畜推进子宫,并进行矫正后,再以正位拉入产道。前肢以腕关节屈曲伸向产道引起难产时,将胎畜推回子宫,术者手伸入产道,握住不正前肢的蹄子,尽力向上抬,再将蹄子拉入骨盆腔内,就可拉直前肢。后肢姿势不正,多发于倒生胎畜的后腿髋关节屈曲,伸向前方,称坐生,此时,和前肢的矫正方法相同,如果胎畜不大,可不矫正,强行拉出,但不要拉尾巴,最好拉大腿根。当上述各种不正胎位、姿势矫正后,再慢慢将胎畜拖出,如一人拉出有困难,可用消毒的产科绳套住胎畜的某一部位,令助手顺产道方向牵拉。

5. 助产后的护理

(1) 预防感染。排出胎畜后,用 0.1%新洁尔灭溶液或高锰酸钾溶液冲洗产道及外阴周围,还可将青霉素粉或土霉素粉撒入产道。

(2) 如有出血,可肌内注射麦角新碱或止血剂。

(3) 内服　桃仁 64 g,芒硝、大黄各 130 g,桂皮、甘草各 32 g,水煎一次灌服,可防止产后子宫痉挛性疝痛。

(4) 胎衣滞留时,应按胎衣不下治疗。

(5) 产后多喂给易消化、营养丰富的青饲料。

四、实训作业

写出母畜难产助产的心得体会。

五、技能考核标准

<table>
<tr><th rowspan="2">考核内容与分数分配</th><th rowspan="2">操作环节与要求</th><th colspan="2">评分标准</th><th rowspan="2">考核方法</th><th rowspan="2">熟练程度</th><th rowspan="2">时限</th></tr>
<tr><th>分值</th><th>扣分依据</th></tr>
<tr><td rowspan="6">1. 难产的检查
2. 助产前准备
3. 助产的方法
4. 助产后的护理
（100 分）</td><td>难产检查的内容和操作要领</td><td>20</td><td>每错或少一项扣 5 分</td><td rowspan="6">单人操作考核</td><td rowspan="6">熟练掌握</td><td rowspan="6">40 min</td></tr>
<tr><td>母畜保定、消毒、器械准备</td><td>15</td><td>每错或少一项扣 5 分</td></tr>
<tr><td>助产的操作要领</td><td>30</td><td>每错或少一项扣 5 分</td></tr>
<tr><td>护理的内容和方法</td><td>15</td><td>每错或少一项扣 5 分</td></tr>
<tr><td>熟练程度</td><td>10</td><td>在教师指导下完成时扣 5 分</td></tr>
<tr><td>完成时间</td><td>10</td><td>每超时 1 min 扣 2 分，直至扣 10 分</td></tr>
</table>

任务 7-4 诱发分娩技术

一、诱发分娩的意义

诱发分娩或引产，是在妊娠末期的一定时间内，采用外源激素处理，诱发孕畜在比较确定的时间内提前分娩，产出正常的仔畜的技术。

根据配种日期和临产表现，很难准确预测孕畜分娩开始的时间。采用诱发分娩技术，可使大多数孕畜分娩发生在预定的日期和白天，减少护理分娩母畜的劳力和时间；做好护理准备，减少或避免新生仔畜和孕畜伤亡。

在实施同期发情和配种的情况下，诱发分娩可使孕畜诱发同期分娩，为新生仔畜的寄养提供了更多机会。胎儿在妊娠后期的生长速度很快，对肉用猪和牛采取诱发分娩可减少因胎儿过大引起的难产。在羔皮用羊，为取得花纹更美观的羔羊裘皮，或兽医防疫要求生产无特定病原畜群时，也可实施诱发分娩。

当前，在规模猪场多采用诱发分娩技术。但诱发分娩技术也有其局限性，如使用不当会造成产死胎、新生仔畜死亡、成活率低、体重降低、胎衣不下发病率增加、母畜泌乳力下降、生殖机能恢复延迟等不良反应。因此，诱发分娩技术也只能使猪预产期提前 3 d(112～113 d)；牛、羊、马的预产期提前 1 周之内。超过这一期限，会造成上述不良后果。

诱发分娩技术控制分娩的时间，也只能使被处理动物集中在投药后 20～50 h 内分娩，而很难控制在更严格的时间范围内。

二、诱发分娩的机理

诱发分娩是根据妊娠和分娩机理，通过激素处理来终止妊娠和启动分娩，从而达到控制分娩的目的。常用的激素有促肾上腺皮质激素(ACTH)、糖皮质激素和前列腺素。

使用ACTH时应注意动物所处的妊娠阶段和胎儿质量。如使用过早或胎儿已经死亡,都不能引起胎儿肾上腺皮质的应答,而使诱发分娩失败。一般不单独或大剂量使用雌激素,否则会使子宫和产道过分浮肿而发生难产。一般也不建议牛、羊使用OXT,特别是子宫颈没开张时,应用OXT会导致子宫破裂。

三、诱发分娩的方法

1. 猪的诱发分娩

根据母猪分娩机理,有4类激素可被用来进行诱发分娩:促肾上腺皮质激素作用于胎儿;对胎儿或母体施用皮质激素类似物;向母体施用$PGF_{2\alpha}$及其类似物;临产前12 h向母体注射催产素;由于猪的有效诱发分娩处理时间不能早于妊娠的111~112 d之前,所以预产期只提前1~2 d。

诱发母猪分娩可在妊娠112~113 d,在母猪颈部肌内注射前列腺素类似物——氯前列烯醇200 μg,30 h内多数母猪分娩。从注射到产仔间隔时间为(23.94±4.4) h,窝平均产仔数及产死仔数与对照组差异不显著。肌内注射15-甲基-$PGF_{2\alpha}$ 5~10 mg可取得同样效果;另一种控制分娩时间的方法是在妊娠112 d时注射氯前列烯醇,次日再注射催产素50 IU,数小时后即可分娩。

2. 牛的诱发分娩

在妊娠第200天前,牛黄体为孕激素的主要来源。如果在此阶段注射$PGF_{2\alpha}$,母牛很快发生流产。妊娠第65~95天之前是结束不必要或不理想妊娠的好时机。在第150~250天,孕牛对$PGF_{2\alpha}$相对不敏感,注射后母牛不一定流产。此后越接近分娩期,母牛对$PGF_{2\alpha}$的敏感性越高,到第275天时注射$PGF_{2\alpha}$,2~3 d即可分娩。从妊娠第265~270天起,一次肌内注射20 mg地塞米松或5~10 mg地塞米松,母牛一般在处理后30~60 h分娩。

3. 羊的诱发分娩

绵羊胎盘从妊娠中期开始产生孕激素,从而对$PGF_{2\alpha}$变得不敏感,用$PGF_{2\alpha}$诱发分娩的成功率不高,如果用量过大则会引起大出血和急性子宫内膜炎等并发症。因而,难以广泛应用$PGF_{2\alpha}$诱发分娩。在妊娠第141~144天,注射15 mg $PGF_{2\alpha}$能使母羊在3~5 d内产羔。妊娠第144天时,注射12~16 mg地塞米松或倍他米松,或2 mg地塞米松,可使多数母绵羊在40~60 h内产羔。

山羊在整个妊娠期都依赖黄体产生孕激素。因此,给妊娠山羊注射1.2 mg 15-甲基-$PGF_{2\alpha}$,母羊会在1.5~3 d内流产或分娩。

4. 马的诱发分娩

马在妊娠的不同阶段孕激素产生的部位有很大的差异。第40天之前由妊娠黄体产生;第40~170天由妊娠黄体和副黄体共同产生。第170天后由胎盘产生。因而母马在妊娠各个阶段对$PGF_{2\alpha}$的敏感性有很大差异。在妊娠30 d内对$PGF_{2\alpha}$非常敏感,处理后很快发生流产并且发情,此后则需注射4次或更多次数才能流产。妊娠末期时,马对$PGF_{2\alpha}$再度变得敏感。用$PGF_{2\alpha}$诱发分娩的可靠方法,是每间隔12 h注射2.5 mg $PGF_{2\alpha}$,直到分娩为止。

如果胎儿的前置、胎势和胎位都正常,注射40 IU OT后约30 min可使母马产驹。更为安全的给药方案是间隔15 min注射5 IU OT,注射3次之后将用药量增加到每次10 IU,直到分娩开始为止。当马子宫颈没有“成熟”时，可先注射雌激素，12～24 h 后再注射 OT。从妊娠的第 321～324 天起，连续 5 d 每天注射 100 mg 地塞米松，可使母马在 3～7 d 后分娩。

【拓展知识】

二维码 7-1　分娩发动的机理

【项目小结】

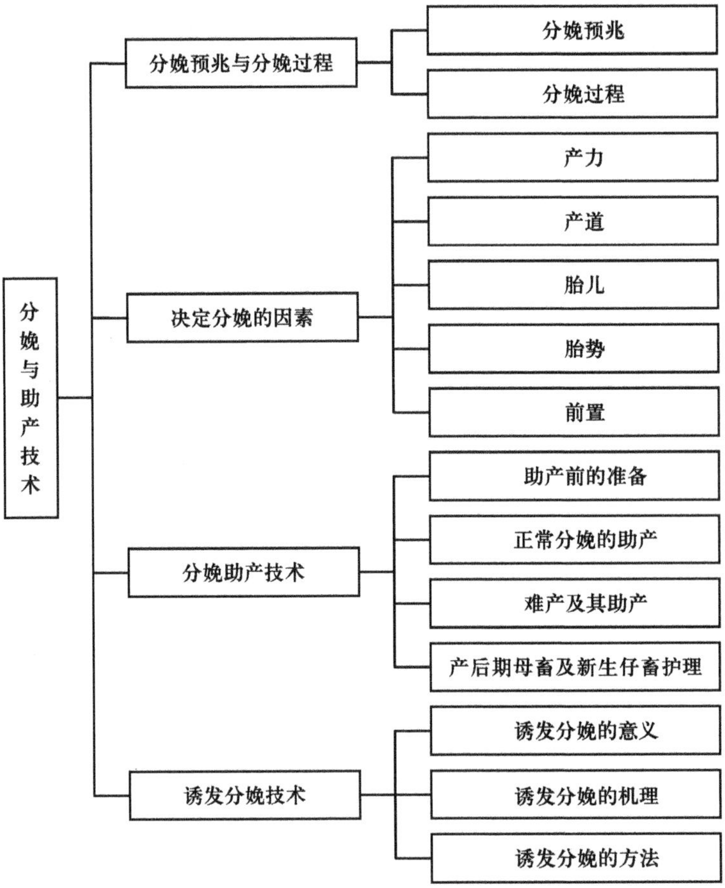

【自测训练】

一、名词解释

分娩　　分娩预兆　　产力　　骨盆轴　　胎向　　胎位

胎势　　前置　　恶露　　子宫复原　　努责

二、填空题

1. 分娩较难的家畜是(　　)。
2. 分娩母猪恶露排出大约需(　　)d。
3. (　　)是正常胎向。
4. 牛的胎衣排出期超过(　　)h，叫胎膜滞留。
5. 猪产后子宫复原至少要(　　)d。
6. 母畜产后1～3 d排出的乳汁称(　　)。
7. 恶露排出时间过长，表明子宫有(　　)。
8. 分娩开口期的主要力量是(　　)。
9. 分娩胎儿排出期的主要力量是(　　)。
10. 家畜分娩后排出的恶露，最初为(　　)色。
11. 初乳中的(　　)，可促使新生仔畜排胎粪。
12. 产后卵巢上卵泡发育最快的家畜是(　　)。
13. 容易发生胎衣不下的家畜是(　　)。

三、问答题

1. 正常分娩的胎儿胎位、胎势、胎向如何？
2. 简述助产前都要做哪些准备。
3. 简述难产时的助产原则。
4. 简述预防母畜难产可采取哪些措施。
5. 产后母畜及新生仔畜如何护理？
6. 什么家畜最容易发生胎衣不下，应如何预防？
7. 何谓新生仔畜假死？出现新生仔畜假死时，应如何处理？
8. 如何实现母猪白天分娩和集中分娩？
9. 有个商品猪场，经常发生初产仔猪因胎儿过大，分娩时难产而造成仔猪死亡，试问可从哪些方面解决？

项目8

动物繁殖管理

提高动物福利、发展绿色畜牧业是未来的大趋势

动物从野生驯养发展到家养，进而到传统的小规模饲养，再到集约化饲养的阶段，现在发展到了福利养殖的阶段。集约化养殖虽然解决了畜产品供应不足的问题，但也面临着疫病频发等新问题，从而导致消费者对产品质量的担忧。过于追求生产效率而忽视动物的生理、心理需求，导致机体免疫力降低，进而疫苗、兽药使用过多，造成了恶性循环。因此，动物福利要通过做好营养调控、环境调控、疾病防控等畜牧养殖生产系统的各个环节，增强动物自身免疫力，提高动物的繁殖力，生产安全的福利动物产品。

【知识目标】

(1) 掌握动物繁殖力的概念。

(2) 掌握常用繁殖指标的含义及统计方法。

(3) 了解动物正常繁殖力指标。

(4) 了解动物繁殖障碍的种类，明确雌性动物不孕症的原因。

(5) 了解影响繁殖力的因素，掌握提高动物繁殖力的措施。

【能力目标】

(1) 能正确判断动物不孕的原因和类型，掌握动物常见不孕症的治疗方法。

(2) 正确运用常用的繁殖力评价指标。

(3) 运用所学的知识和技能，能制订综合方案，提高动物的繁殖力。

【学习任务】

任务8-1　动物繁殖力及其评价

一、繁殖力的概念

所谓繁殖力是指动物维持正常繁殖机能生育后代的能力，也是雌雄两性动物的生殖力。对种畜来说，繁殖力就是生产力，它能直接影响生产水平的高低。

对雄性动物而言，表现为每次配种能排出一定数量且富有活动力精子的精液，能充分发挥其受精的能力，所以也可称为受精力。雌性动物的繁殖力是一个综合性的概念，表现在性成熟的早晚、繁殖周期的长短、每次发情排卵数量的多少（尤为多胎动物）、卵子受精能力的大小及妊娠情况（胚胎发育、流产等）。概括起来，集中表现在一生或一段时间（1年或1个季节）内繁殖后代多少的能力。

二、评定繁殖力的主要指标

（一）评定哺乳动物繁殖力的指标

雌性动物的繁殖力是以繁殖率来表示的。达到适配年龄后一直到丧失繁殖能力的雌性动物称为适繁母畜。畜群繁殖率是指本年度内出生断奶成活的仔畜数占上年度末存栏适繁母畜数的百分比。

根据母畜繁殖过程的各个环节，繁殖率应该是受配率、受胎率、分娩率、产仔率和仔畜成活率5个方面内容的综合反映。因此繁殖率又可用下列公式表示。

$$繁殖率=受配率\times受胎率\times分娩率\times产仔率\times仔畜成活率$$

1. 受配率

受配率指本年度内参加配种的母畜数占畜群内适繁母畜数的百分率，不包括因妊娠、哺乳及各种卵巢疾病等造成空怀的母畜。受配率主要反映畜群内适繁母畜发情配种的情况。

$$受配率=\frac{配种母畜数}{适繁母畜数}\times100\%$$

2. 受胎率

受胎率指妊娠母畜数占参加配种母畜数的百分率。在受胎率统计中又分为总受胎率、情期受胎率、第一情期受胎率和不返情率。

（1）总受胎率　指本年度末受胎母畜数占本年度内参加配种母畜数的百分比，不包括配种未孕的空怀母畜。其大小主要反映畜群质量和全年配种技术水平的高低。

$$总受胎率=\frac{本年度末受胎母畜数}{本年度内参加配种母畜数}\times100\%$$

（2）情期受胎率　是某一时段或全年妊娠母畜头数占配种情期数的百分比。能及时反映畜群质量和配种水平，能较快地发现畜群的繁殖问题。就同一群体而言，情期受胎率通常总要低于总受胎率。

$$情期受胎率=\frac{妊娠母畜头数}{配种情期数}\times 100\%$$

情期受胎率又分为第一情期受胎率和总情期受胎率。

① 第一情期受胎率:第一情期配种的受胎母畜数占第一情期配种母畜数的百分比。

$$第一情期受胎率=\frac{第一情期受胎母畜数}{第一情期配种母畜数}\times 100\%$$

② 总情期受胎率:配种后最终妊娠母畜数占总配种母畜情期数(包括历次复配情期数)的百分率。

$$总情期受胎率=\frac{最终妊娠母畜数}{总配种母畜情期数}\times 100\%$$

(3) 不返情率　指在一定时间内,配种后再未出现发情的母畜数占本期内参加配种母畜数的百分比。不返情率又可分为 30 d、60 d、90 d 和 120 d 不返情率。30～60 d 的不返情率,一般大于实际受胎率 7%左右。随着配种时间的延长,不返情率逐渐接近于实际受胎率。

$$X\ d不返情率=\frac{配种后\ X\ d未返情母畜数}{配种母畜数}\times 100\%$$

3. 分娩率

分娩率指本年度内分娩母畜数占妊娠母畜数的百分比,不包括流产母畜数。其大小反映母畜妊娠质量的高低和保胎效果。

$$分娩率=\frac{分娩母畜数}{妊娠母畜数}\times 100\%$$

4. 产仔率

产仔率指母畜的产仔(包括死胎)数占分娩母畜数的百分比。

$$产仔率=\frac{产出仔畜数}{分娩母畜数}\times 100\%$$

单胎动物如牛、马、驴、绵羊等因 1 个母体通常 1 次只产 1 头仔畜,产仔率一般不会超过 100%,因此单胎动物的分娩率和产仔率可看作是同一概念多使用分娩率,而不用产仔率。多胎动物如猪、山羊、犬、兔等 1 胎可产出多头仔畜,产仔率均会超过 100%。因此,多胎动物母体的产仔率不能反映分娩母畜数,所以对于多胎动物应同时使用分娩率和产仔率这两个指标。

5. 仔畜成活率

仔畜成活率指本年度内断奶成活的仔畜数占本年度产出活仔畜数的百分比。其大小反映仔畜的培育情况。

$$仔畜成活率=\frac{成活仔畜数}{产出活仔畜数}\times 100\%$$

(二) 评定家禽繁殖力的指标

反映家禽繁殖力的指标有产蛋量、受精率、孵化率和育雏率。

1. 产蛋量

产蛋量指家禽 1 年内平均产蛋枚数。

$$\text{全年平均产蛋量(枚)}=\frac{\text{全年产蛋总数}}{\text{总饲养日}/365}$$

2. 受精率

种蛋孵化后，第1次照蛋确定的受精蛋数占入孵蛋数的百分比。

$$\text{受精率}=\frac{\text{受精蛋数}}{\text{入孵蛋数}}\times 100\%$$

3. 孵化率

孵化率可分为受精蛋的孵化率和入孵蛋的孵化率两种。分别用出雏数占受精蛋数或入孵蛋数的百分比来表示。

$$\text{受精蛋孵化率}=\frac{\text{出雏数}}{\text{受精蛋数}}\times 100\%$$

$$\text{入孵蛋孵化率}=\frac{\text{出雏数}}{\text{入孵蛋数}}\times 100\%$$

4. 育雏率

育雏率指在育雏末成活雏禽数占入舍雏禽数的百分比。

$$\text{育雏率}=\frac{\text{育雏期末成活雏禽数}}{\text{入舍雏禽数}}\times 100\%$$

三、动物的正常繁殖力

（一）牛的正常繁殖力

我国奶牛的繁殖水平，一般成年母牛的情期受胎率为40%～60%，年总受胎率为75%～95%，分娩率为93%～97%，年繁殖率为70%～90%，母牛产犊间隔为13～14个月，双胎率为3%～4%，母牛繁殖年限在4个泌乳期左右。黄牛受配率为60%左右，受胎率为70%左右，分娩率和犊牛成活率为90%左右，因此，年繁殖率为35%～45%。

（二）羊的正常繁殖力

绵羊一般产单羔，但在饲养环境较好的地区，母羊常产双胎或更多，其中湖羊繁殖率最强，其次是小尾寒羊，除初产母羊产单羔较多外，平均每胎产羔2只以上，最多可达7～8只，2年可产3胎或1年产2胎。山羊的繁殖率比绵羊高，多为双羔或3羔。羊的正常繁殖率因品种和饲养管理条件而异，在气候和饲养条件不良的高纬度和高原地区繁殖率较低。一般说来，羊的年受胎率为90%以上，情期受胎率为70%左右，繁殖年限为8～10年。

（三）猪的正常繁殖力

猪的繁殖力很高，中国的猪种一般产仔10～12头，太湖猪平均产仔14～17头，个别可以产仔25头以上，年平均产仔窝数为1.8～2.2窝。母猪正常情期受胎率为75%～80%，总受胎率为85%～95%，繁殖年限8～10年。

（四）马、驴的正常繁殖力

马的情期受胎率一般为50%～60%，全年受胎率为80%左右。马和驴的繁殖率为60%左右。马繁殖年限为15岁，驴为16～18岁。

（五）兔的正常繁殖力

兔性成熟早，妊娠期短，受胎率一般春季较高，夏季较低。1年可繁殖3～5胎，每胎产仔

6～8 只，高的可达 14～16 只，断奶成活率为 60%～80%。

（六）家禽的正常繁殖力

家禽因品种不同差异较大。蛋用鸡的产蛋量最高，一般为 250～300 枚；肉用鸡的产蛋量最低，一般为 150～180 枚；蛋肉兼用鸡的产蛋量居于二者之间。蛋用鸭产蛋量为 200～250 枚，肉用鸭为 100～150 枚，鹅为 30～90 枚。

蛋的受精率一般在 90%以上，受精蛋孵化率在 80%以上，入孵蛋孵化率在 65%以上。育雏率一般达到 80%～90%。

四、影响繁殖力的因素

1. 遗传因素

遗传因素对动物繁殖力的影响较为明显，不同的畜禽、同种畜禽的不同品种及个体的繁殖力均存在差异。如牛、马属单胎动物，在一个发情周期中只排一个卵，排两个卵以上者极少。母猪排卵数较多，存在显著的种间差异，一般来说我国地方品种猪的繁殖性能明显高于外国品种猪，就国内品种猪来说，繁殖力也存在差异。

2. 环境因素

日照长度的改变对季节性发情的动物影响很大。长日照动物如马、驴，其繁殖季节一般从春季开始，春季日照逐渐加长，促使母马发情，公马的精液量也上升。短日照动物如绵羊，其繁殖季节则从秋季日照逐渐缩短时开始。这些情况对于高寒地区和放牧的动物尤为明显。

温度对动物的繁殖力影响也很大。高温能降低公畜禽的精液品质和性欲，可使母畜的发情受到抑制，降低受精卵和胚胎存活率。在妊娠后期，高温可使死胎增多、窝重减小等。

3. 营养因素

营养也是影响动物繁殖力的重要因素。饲料中各种营养物质如蛋白质、维生素 A、维生素 E 和矿物质中的钙、磷、铜、锰、硒等均会影响繁殖力。蛋白质长期缺乏，会使母畜卵巢和子宫发育受阻，不表现发情症状，胎衣不下、难产等产科疾病发病率提高，泌乳力下降。公畜蛋白质缺乏(特别是在配种季节，精液消耗量很大时)，会使精液品质显著下降，密度、精子活力降低。维生素 E 缺乏，会导致公畜睾丸萎缩，精子异常；母畜卵巢功能下降，不孕、流产或死胎增多。钙缺乏易出现产后瘫痪。公猪缺硒，可使睾丸曲精细管发育不良，精子减少，明显影响繁殖性能。

饲料中能量水平过高，畜禽过于肥胖也会影响繁殖力。公畜肥胖会致精液品质下降，性欲及交配能力低下；母畜肥胖会使卵泡发育受阻，影响排卵和受精，受胎率明显下降，胚胎死亡率增高，护仔性减弱。

饲料中的有毒有害物质，会影响精液品质和胚胎发育。例如棉籽饼中的游离棉酚可使精细管发育受阻而引起公畜不育，导致母畜受胎率和胚胎成活率降低。

4. 疾病

动物某些先天性疾病如隐睾症、睾丸发育不良、阴囊疝、生殖器官畸形以及染色体嵌合等均会引起不育和不孕。某些传染病如布鲁氏菌病，生殖器官感染如子宫内膜炎、阴道炎、睾丸炎等也是影响繁殖力的重要原因。

5. 管理因素

随着畜牧业的发展、现代畜禽养殖采用集约化、标准化、专业化的生产模式不但影响畜禽的健康，还会影响生产和繁殖性能。如发情鉴定不准、配种时机不当、妊娠母畜管理不善(惊吓、跌倒、饲喂冰冻饲料等）、分娩时护理不及时等情况均会降低繁殖力。因此，良好的管理是保证动物繁殖力充分发挥的前提，而利用繁殖新技术提高动物繁殖率则是畜牧业生产中极为重要的一环，现代繁殖育种技术与饲养管理技术、饲料营养技术、畜禽环境科学、兽医防疫技术等一起构成现代畜禽养殖技术体系。

【实训操作】

实训8-1　猪场母猪繁殖力计算

一、实训目的要求

使学生熟悉母猪的繁殖力指标及其统计计算方法。

二、实训材料用品

猪场母猪存栏、发情、配种、受胎、产仔、断奶仔猪转群记录。

三、实训方法步骤

（1）根据母猪的发情、配种和受胎记录资料计算猪场的情期受胎率和第一情期受胎率。

（2）根据母猪的产仔记录，计算母猪群平均窝产仔数、窝产活仔数，比较1、2胎母猪的平均产仔数与3、4胎母猪平均产仔数的差异。

（3）根据资料，计算猪场母猪的生产力。

四、实训作业

（1）分析不同胎次母猪平均窝产仔数和窝产活仔数的变化规律。

（2）分析猪场的繁殖力与正常指标、理想指标的差距。

五、技能考核标准

<table>
<tr><th rowspan="2">考核内容与分数分配</th><th rowspan="2">操作环节与要求</th><th colspan="2">评分标准</th><th rowspan="2">考核方法</th><th rowspan="2">熟练程度</th><th rowspan="2">时限</th></tr>
<tr><th>分值</th><th>扣分依据</th></tr>
<tr><td>1. 受胎率计算</td><td>情期受胎率和第一情期受胎率计算</td><td>30</td><td>每错或少一项扣5分</td><td rowspan="5">单人操作考核</td><td rowspan="5">熟练掌握</td><td rowspan="5">30 min</td></tr>
<tr><td>2. 产仔数计算</td><td>母猪群平均窝产仔数、窝产活仔数计算</td><td>30</td><td>每错或少一项扣5分</td></tr>
<tr><td rowspan="3">3. 猪场母猪的生产力计算
（100分）</td><td>母猪的生产力计算</td><td>20</td><td>每错或少一项扣5分</td></tr>
<tr><td>熟练程度</td><td>10</td><td>在教师指导下完成时扣5分</td></tr>
<tr><td>完成时间</td><td>10</td><td>每超时1 min扣2分，直至扣10分</td></tr>
</table>

任务 8-2 动物的繁殖障碍

动物的繁殖障碍是指动物生殖机能紊乱和生殖器官畸形以及由此引起的生殖活动异常现象，如公畜性无能、精液品质低下或无精；母畜乏情、不排卵、胚胎死亡、流产和难产等。繁殖障碍可以降低动物的繁殖力，甚至引起不育或不孕，在生产中必须充分重视并认真解决。不育一般泛指公母畜的不繁殖现象，不孕则专指母畜。有些繁殖障碍是可逆的，通过改善饲养管理或采取相应的治疗措施可以恢复繁殖机能；有些繁殖障碍则是永久性的，无法治愈或恢复。

一、雄性动物的繁殖障碍

（一）生精机能障碍

1. 隐睾

在胚胎发育的一定时期，雄性动物的睾丸通过腹股沟管降入阴囊内，由于胚胎期腹股沟管狭窄或闭合，睾丸未能沉入阴囊，即形成隐睾，不能产生正常精子。单侧隐睾尚有一定的生育能力，双侧隐睾则完全丧失了繁殖力。凡隐睾的公畜都不能作为种用。

2. 睾丸炎

睾丸炎是由布鲁氏菌、结核杆菌及放线菌等感染所致，还可能因外伤等引起。雄性动物患睾丸炎时常表现睾丸肿胀、发热或充血，影响精子生成，精液品质下降，严重时会出现生精障碍。临床上可采取冷敷、封闭、注射抗生素或磺胺药物等方法进行治疗，但对病情严重久治不愈者应及时淘汰。

（二）副性腺机能障碍

雄性动物常患精囊腺炎，多由布鲁氏菌感染所致。病症较轻时，临床表现不明显，重症者会出现发烧、弓背、不爱走动，排粪或排精时有痛感。牛患精囊腺炎时，可见精液中混有絮状物，常伴有出血现象。精囊腺炎可用大量抗生素治疗，如具有传染性，应立即淘汰。

（三）性欲不强

性欲不强是雄性动物常见的繁殖障碍，表现为性欲不旺盛，采精时阴茎久而不能勃起、性反应冷淡等。实践证明，环境的突然改变、饲养场所和饲养员的更换、饲料中严重缺乏蛋白质和维生素、采精技术不佳、对公畜粗暴或鞭打、过于肥胖等，都会引起性欲不强。猪和马较为常见。

（四）精液品质不良

雄性动物的精液达不到输精要求，视为品质不良。主要表现为无精、少精、畸形精子超标、精子活力过低、精液中混有异物（如血、尿、脓汁）等。造成精液品质不良的因素很多，如饲养管理不当、饲料中缺乏蛋白质和维生素、运动不足、性腺及副性腺器官疾病、采精技术不当、采精频率过大等。

二、雌性动物的繁殖障碍

（一）先天性不育

1. 生殖器官幼稚

雌性动物到了初情期后，一直无发情表现，有时虽出现发情，但屡配不孕。生殖器官幼稚主要表现在子宫角纤细，阴道和阴门狭小，卵巢发育不良。通过激素、物理疗法处理后，仍不能正常发情的母畜应及时淘汰。

2. 雌雄间性

雌雄间性分为真雌雄间性和假雌雄间性。真雌雄间性是性腺一侧为卵巢，另一侧为睾丸，常见于猪和山羊。假两性畸形的性腺可能都是卵巢或睾丸，而外生殖器官则属另一性别。雌雄间性的动物不能繁殖后代。

3. 异性孪生

异性孪生不育主要发生于牛。母牛产异性双胎时，其中的母犊约有 94%不育，公犊正常。异性孪生的母犊到了性成熟后，仍无发情表现，阴门狭小，阴道短，阴蒂长，子宫发育不良或畸形，卵巢如黄豆粒或玉米粒大小，貌似公牛，乳房几乎不发育。

4. 种间杂交的后代

一些亲缘关系较近的种间杂交虽能产生后代，但由于生物学上的某种缺陷或遗传因素，多无繁殖能力。如马和驴的杂交后代为骡，虽有生育的报道，但为数极少；黄牛和牦牛的杂交后代为犏牛，其雄性个体无繁殖能力或生殖能力较低，雌性个体则能生育。

（二）管理利用性不育

管理利用性不育多由于过度使役如长途运输、耕种等，或泌乳过多、断乳过迟、促乳素水平过高而引起母畜生殖机能减退或停止。以马、驴和牛多见，而且多伴有饲料不足和营养不良。

对管理利用性不育的预防主要是减轻使役强度，对哺乳母畜应及时断乳，加强乳用母畜的产后管理，给予营养平衡的日粮，保证母畜的营养平衡。

（三）繁殖技术性不育

繁殖技术性不育主要因母畜发情鉴定经验不足或不及时，造成漏配；精液处理不当或人工授精技术水平低、妊娠诊断失误等，自然交配时公畜交配过度等也可引起。这种现象在技术力量薄弱的牧场和农村更严重。

（四）营养性不育

饲养营养不当而使生殖功能衰退或受到破坏而引起的繁殖障碍在母畜后天性不育占很大比例。例如饲料不足、营养不良，饲料营养单纯、缺乏维生素或微量元素，饲料品质不良、腐败变质等。营养不当对育成期、产后期、老年母畜比较敏感，常造成初情期或产后发情延迟、繁殖功能提前终止，或发情表现不明显、卵泡发育不良等而造成不育。

防治措施是饲料原料要多样化，合理搭配日粮，保证饲料质量，适当补充维生素和微量元素，满足动物营养需要。对已经出现营养性不育的，需在调整日粮营养的同时，根据不同表现，应用促性腺激素等促其发情、配种。

（五）卵巢功能障碍

卵巢功能障碍是由营养、气候、疾病等各种因素引起卵巢卵泡发育、排卵、黄体形成、退化功能失调而致繁殖障碍的总称。

1. 卵巢功能减退

卵巢功能减退是指卵巢功能受到扰乱，处于静止状态，不出现周期性活动。包括育成母畜卵巢发育不全、经产母畜卵巢静止以及老龄母畜卵巢萎缩、硬化等病症。

（1）病因　卵巢功能减退多由营养不良或维生素与微量元素缺乏、全身的严重疾病、利用不当（如过劳、哺乳过度等）、产奶量高（奶牛）等引起。其中的卵巢萎缩、硬化还可由卵巢炎引起。

（2）症状及诊断　卵巢功能减退母畜主要表现为长期不发情或有发情但外表征象不明

显，直肠检查发现卵巢较松软或偏小而实，无明显卵泡或黄体发育。

（3）治疗

① 改善饲养管理：改善饲料质量，补充适量的维生素和微量元素，增加运动和日照时间，减少使役，及时断乳等。

② 利用公畜催情：对公、母分群饲养的动物，可利用公畜的异性刺激，促进母畜发情。

③ 激素疗法：对育成母畜，初期可用雌激素配合少量孕激素促进发情表现，也可用 HCG、LRH 等促进卵泡排卵和发情。对经产母畜则可注射 PMSG，马、牛 1 000～1 500 IU，猪 1 000 IU，羊 200～400 IU。或马、牛、猪注射 FSH 100～200 U。也可注射 HCG、LRH，或阴道放置 CIDR。

④ 提早断乳：如需要母猪提早发情配种，可将仔猪提前断奶。断奶后一周内多数母猪可发情。

2. 持久黄体

持久黄体指子宫内无孕体，而卵巢上有一个或数个存在时间超过 30 d 的功能黄体。多见于母牛。

（1）病因　原发性的持久黄体不多，多由子宫疾病，如产后子宫复旧不全、子宫内膜炎、子宫积液、死胎等导致子宫内膜分泌 $PGF_{2\alpha}$，使卵巢黄体不能正常退化而发生。

此外，饲料单纯、缺乏维生素和矿物质，运动不足，也可能使黄体 OXT 分泌不足而干扰 $PGF_{2\alpha}$ 产生，使卵巢黄体不能溶解。

（2）症状及诊断　主要特征是发情周期停止，母畜不发情，直肠检查可发现有一侧（有时两侧）卵巢增大，有圆而突起的黄体，间隔 10～14 d 检查，在卵巢同一部位触到同样的黄体。但必须认真检查子宫，确定没有孕体，才能确诊。

（3）治疗　治疗持久黄体首先要改善饲养管理，同时治疗子宫疾病，才能取得较好效果。理想治疗药物 $PGF_{2\alpha}$，目前多用合成制剂氯前列烯醇，牛肌内注射 0.4～0.6 mg，疗效满意。也可肌内注射 PMSG、FSH 治疗。

3. 卵巢囊肿

卵巢囊肿多见于奶牛和猪，马也可发生，分卵泡囊肿和黄体囊肿（图 8-1），是母畜排卵的障碍。卵巢上持续存在大卵泡不能正常排卵成黄体化。

（1）病因　多发生于产后第一次发情前。确切原因目前还不清楚，一般认为与饲料中缺乏维生素 A 或雌激素含量过高，饲喂精饲料过多而又缺乏运动有关。同时垂体或其他内分泌腺功能失调或激素制剂使用不当，如 FSH 过量，也可引起。另外生殖道炎症，继发卵巢疾病，使排卵受到干扰，也可发生。

（2）症状及诊断　卵泡囊肿表现为发情期延长或持续发情，外阴红肿，直肠检查卵巢上有一个或数个直径>2.5 cm 的卵泡，不能正常排卵。卵泡囊肿的母牛经常追逐爬跨其他母牛，荐坐韧带松弛，臀部肌肉塌陷，表现慕雄狂症状。

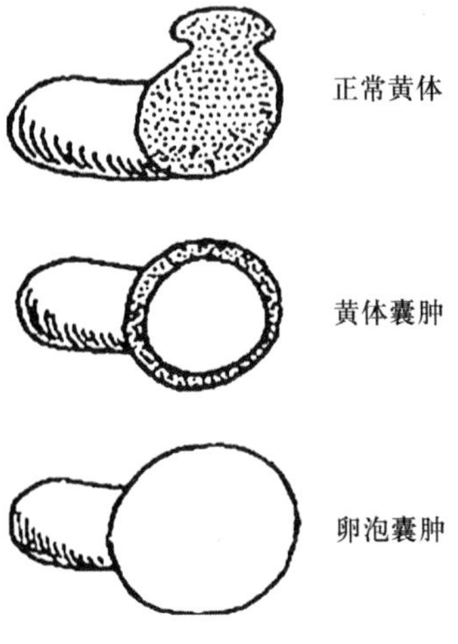

图 8-1　卵泡囊肿和黄体囊肿

后期或经促排卵治疗后常因卵泡壁上皮细胞黄体化而转变为黄体囊肿，表现不发情，直肠检查卵巢上有一个或数个卵泡膜增厚、不那么紧张的黄体化卵泡。猪的囊肿常为许多大的黄体化卵泡。

（3）治疗　卵巢囊肿治疗后容易复发。

① 首先应加强饲养管理、改善母畜的生活环境，防止生殖道的炎症。

② 激素疗法：卵泡囊肿可用促排卵类激素治疗。如肌内注射 LH，牛 200～600 IU；肌内注射 LRH-A_3，牛、马 50～100 μg；静脉注射 HCG，牛、马 1 000～1 500 U。以上激素治疗后，间隔 4～7 d 检查，囊肿没破裂的再注射一次，连续 2～3 次。也可隔日一次肌内注射黄体酮，牛 200～300 mg，连续 5～7 次。

③ 手术治疗：包括挤破、穿刺囊肿。目前多用穿刺法，即一手通过直肠抓住囊肿卵巢，另一手通过阴道把有套管的长注射针送到子宫颈阴道窟窿处，露出针头，穿过阴道壁，双手协同刺破囊肿卵泡。但囊肿被穿刺后，仍要配合肌内注射促排卵类激素，才能取得较好效果。

④ 对部分经促排卵治疗无效而转变为黄体囊肿的，可先用氯前列烯醇溶解黄体，促进发情明显后，间隔 72 h 再用促排卵激素如 LH 促排卵治疗，可取得意想不到的效果。

（六）疾病性不育

1. 子宫内膜炎

子宫内膜炎是动物在产后不同阶段所发生的急性或慢性子宫炎症，包括产后早期恶露排放阶段发生的急性炎症、治疗延误引起的慢性子宫内膜炎、发情周期恢复后的子宫积脓或隐性子宫内膜炎等。临床上以慢性子宫内膜炎多见，动物中以奶牛发病率最高。

（1）病因　多由分娩助产感染、继发胎衣不下、子宫外翻、流产等引起。也有因人工授精操作不规范感染所致。栏舍不卫生、营养不良时更严重。

引起子宫内膜炎的病原菌主要是化脓性链球菌、葡萄球菌、大肠埃希菌。

（2）症状及诊断　根据临床症状及病理变化可分为卡他性子宫内膜炎和脓性子宫内膜炎。

卡他性子宫内膜炎属子宫黏膜的浅层炎症，病理变化较轻，一般无全身症状。发病时母牛发情周期一般正常，但发情持续期延长。发情时外部表现较明显，黏液流出量较多，常混有絮状物，特别是在趴卧时流出量更大，屡配不孕。直肠检查感到子宫角略肥大、松软、弹性减弱，收缩反应不敏感。

脓性子宫内膜炎的病理变化较重，有轻度的全身反应，如体温升高、精神不振、食欲减退等。发情周期紊乱，可见灰白色、黄褐色的脓性分泌物由阴门流出，附于尾根、坐骨结节及臀部形成结痂。阴道检查时发现阴道黏膜充血、子宫颈口开张、有脓汁蓄积或流出。直肠检查时感觉子宫角肿大、下沉，角壁肥厚且不平整，触压有波动，收缩反应消失。

（3）治疗　临床上治疗子宫内膜炎多采用子宫冲洗（图 8-2）结合灌注抗生素的方法。

卡他性子宫内膜炎可用无刺激药物即生理盐水、5%葡萄糖溶液冲洗子宫。一般用量牛为 1 000 mL 左右，马为 1 500～2 000 mL，加热至 40 ℃，边注入边排出。待冲洗液充分排净后，向子宫内注入抗生素。

脓性子宫内膜炎一般选用 5%盐水、0.1%高锰酸钾、0.05%呋喃西林、0.5%甲酚皂溶液等药物冲洗子宫，药液排尽后再用生理盐水冲洗，直至回流液清亮。之后取青霉素 100 万 IU，链霉素 200 万 IU，溶解后灌入牛子宫内。

2. 子宫积水和子宫积脓

（1）病因　子宫积水和子宫积脓一般由子宫内膜炎继发。子宫积水多发生于卡他性子宫内膜炎之后，由治疗不及时，炎性分泌物蓄积而致。子宫积脓常发生于脓性子宫内膜炎之后，

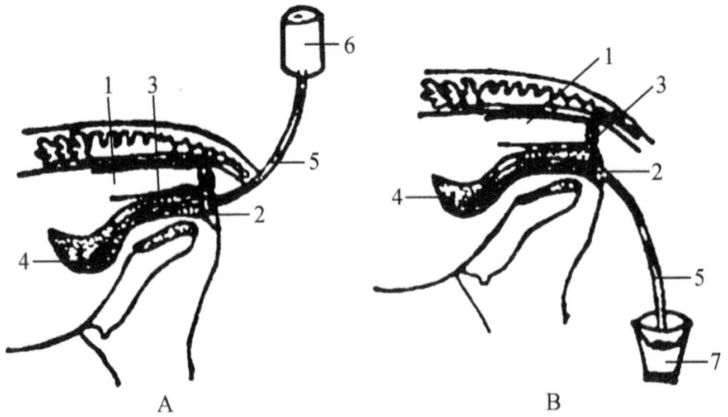

A. 将冲洗液灌入子宫　B. 导出冲洗液

1. 直肠　2. 阴门　3. 阴道　4. 子宫　5. 冲洗管　6. 冲洗漏斗　7. 烧杯

图 8-2　子宫冲洗

牛较为多见。

（2）症状及诊断　患畜表现长期不发情，定期排出分泌物。阴道检查可见于宫颈外口脓肿、开张、有分泌物附着或流出。直肠检查发现子宫显著增大，与妊娠 2～3 个月的状态相似，收缩反应消失，但摸不到子叶，隔数日复查，症状如初可诊断。

（3）治疗　首先应尽力排出子宫内的蓄积物，可注射催产素、前列腺素或雌激素等药物促进子宫开张、收缩，然后按脓性子宫内膜炎的治疗方法处理。

子宫积水和子宫积脓往往会诱发持久黄体，可用前列腺素消除。

【实训操作】

实训 8-2　母牛不孕症的诊治

一、实训目的要求

了解母牛不孕的原因，掌握母牛不孕的临床检查及常用的治疗和投药方法，熟悉治疗措施，制订正确的治疗方案。

二、实训材料用品

1. 实训动物

各类不孕的母牛若干头。

2. 实训器材

手电筒、阴道开膣器、长臂手套、缠尾绷带、手术剪子、镊子、脸盆、玻璃注射器、针头、子宫冲洗器、氦氖激光治疗仪、输精枪等。

3. 药品

75%酒精棉球、5%葡萄糖溶液、0.1%高锰酸钾、碘甘油、甲酚皂溶液、新洁尔灭、相关生殖激素、青霉素、链霉素、生理盐水及消炎软膏等。

三、方法步骤

（一）母牛不孕的治疗方法

1. 阴道洗涤及投药

保定好母牛，以绷带缠尾并系于一侧，外阴部进行常规消毒。用吊桶装满洗液，将吊桶的导管插入阴道进行冲洗，使洗液自行排出，排不尽时，可用开膣器扩张阴道使其排出。

当前庭、阴道黏膜或子宫颈发炎时，也可将软膏或药液直接涂于患处。即先用开膣器打开阴道，再用子宫腔部钳夹取纱布块蘸取药液或软膏于患处涂抹；也可制成拳头大的棉球，外面包以纱布，棉球上浸以药液或撒上粉剂。最后在纱布外面系一条线，使线端留于阴门之外，以便取出。一般将此棉球送入阴道，保持 2～5 h。

2. 子宫冲洗及注药

对有炎症的母牛子宫，在发情期内或配种前可采用冲洗子宫的方法清除子宫内容物和注药治疗。子宫冲洗液种类很多，可根据子宫炎症的具体情况，进行配制和使用。

可用一导管一端插入子宫，另一端与装有洗液的吊桶相接，使洗液自动流入子宫，大动物一次可注入洗液 1 000～2 000 mL，洗前对外阴部应常规消毒。注入洗液后可根据洗液和种类、炎症的情况等让洗液自行排出，或通过直肠按摩子宫，促其蠕动加速残留洗液的排出。对某些子宫下垂洗液难于自行排出者，可用导管插入子宫将洗液导出。当子宫内冲洗液排净后，可注入适量的抗生素或其他消炎药物。

（二）卵巢疾病的诊治

1. 持久黄体

（1）诊断　将母牛牵入保定栏内保定。通过直肠检查找到牛的卵巢，如卵巢单侧或双侧有黄体存在，黄体较大且突出于卵巢表面，呈圆锥状，触摸子宫角无妊娠变化，即可判定为持久黄体。

（2）治疗　多采用前列腺素溶解黄体。取前列腺素（15-甲基 $PGF_{2\alpha}$ 或 $PGF_{1\alpha}$ 甲酯）3～5 mg，肌内注射，隔日再注射 1 次。在注射药物后，可用生理盐水 500～1 000 mL 加温至 40 ℃左右冲洗子宫。

2. 卵泡囊肿

（1）诊断　母牛发情表现特别明显，持续数日不止，大声号叫，精神高度兴奋，坐立不安，如拴系不牢可追逐人畜，具有攻击性。直肠检查时体会卵泡的变化，如发现卵泡直径较大（如乒乓球大小），稍用力触压，母牛回头观望，并用蹄子踏地，发出长叫，即可初步判定。隔几日检查，卵泡变化如初，可确诊为卵泡囊肿。

（2）治疗　治疗卵泡囊肿除加强饲养管理外，主要采用激素治疗，若再配合激光照射效果会更好。

① 促黄体素：取 LH 约 200 IU 肌内注射，隔天 1 次，连用 2 次即可。

② 孕激素：取黄体酮 100 mg，吸入注射器中，在颈部或臀部肌肉丰满处剪毛、消毒，先将针头扎入，再套上注射器，慢慢推入。此法隔天 1 次，连用 7 次为一疗程。

③ 激光照射：用氦氖激光治疗仪照射地户穴（阴蒂中点）或交巢穴（会阴部中心），一般光斑直径调至 2 mm，照射距离 50～70 cm，每次照射 10～30 min。此法每天 1 次，连续 7 d 为一疗程。

(三) 子宫内膜炎诊治

1. 卡他性子宫内膜炎

(1) 诊断依据　母牛发情周期基本正常，每次发情后精液流出量较大，有时混有絮状物。直肠检查感觉子宫角的变化，如子宫角肥厚、松软，收缩反应减弱，屡配不孕，可判定为卡他性子宫内膜炎。

(2) 治疗　取生理盐水或5%葡萄糖溶液1 000 mL，加温至40 ℃左右，装入吊桶中、连接子宫冲洗器。母牛保定后，外阴清洗消毒，按直肠把握输精的方法，把冲洗器插入子宫颈深部或子宫体内，边注入边排出。最后将一定量的青霉素、链霉素灌入子宫内。

2. 脓性子宫内膜炎

(1) 诊断依据　母牛发情周期紊乱，有时从阴门流出灰白色或黄褐色絮状物。把开膣器洗净，用酒精棉球消毒后，加热至40 ℃，打开母牛阴道，检查阴道黏膜是否充血，子宫颈口开张情况及是否有脓汁附着。直肠检查可见于子宫角肥大、增粗、有波动，收缩反应消失。

(2) 治疗　首先用0.1%高锰酸钾或5%盐水等，用量1 500～2 000 mL，加温至45 ℃左右，进行子宫冲洗。待回流无絮状物后，用生理盐水冲洗排尽。用30 mL生理盐水溶解青霉素、链霉素，注入子宫内保留。

四、技能考核标准

考核内容与分数	操作环节与要求	评分标准		考核方法	熟练程度	时限
		分值	扣分依据			
1. 母牛不孕的治疗方法 2. 卵巢疾病的诊治 3. 子宫内膜炎诊治 (100分)	母牛不孕的治疗方法种类和操作要领	20	每错或少一项扣5分	单人操作考核	熟练掌握	30 min
	卵巢疾病的诊断和治疗方法	30	每错或少一项扣5分			
	子宫内膜炎的诊断和治疗方法	30	每错或少一项扣5分			
	熟练程度	10	在教师指导下完成时扣5分			
	完成时间	10	每超时1 min扣2分，直至扣10分			

任务8-3　提高繁殖率的措施

动物繁殖力是畜牧生产的重要经济指标。提高动物繁殖力，首先要做到保证动物的正常繁殖力，并积极采取先进的繁殖技术，充分挖掘优良公、母畜的繁殖潜力，争取达到或接近最高繁殖力。

一、加强选种

选择繁殖性能优良的种畜是提高繁殖力的前提。对种公畜应进行严格的繁殖力检查，选拔健壮、性欲旺盛、交配能力强、精液品质好、对母畜受胎率高和无繁殖疾病的种公畜留作种用，淘汰不合格公畜。选择母畜应注意产犊间隔时间、性成熟的早晚、发情表现强弱、受胎能力大小、母性强弱等。对多胎动物如母猪应注重选择产仔窝数和窝产仔数，这是母猪的重要繁殖力指标。应该指出的是，在选择种母畜时，某些繁殖力指标不应过分追求，如产仔数特别多的母猪产出的仔猪往往个体体重较小、抗病能力弱、生长缓慢，因此，选种时应对各种繁殖力指标进行综合考虑。

二、保证优良品质的精液

优良品质的精液是获得理想繁殖力的重要条件。因此，在生产中应严格注意种公畜的选留、饲养管理及使用。在选留种公畜时、除应了解其遗传性能、繁殖历史及一般生理状况外，对其睾丸的形状、大小、质地，其精液量、密度、活率等均应严格检查。对优良种公畜应加强饲养管理并合理使用，这样才能保证获得质优量足的精液。

目前，在全世界范围内牛的人工授精已普遍采用冷冻精液。输精时采用的冷冻精液必须符合国家标准，严禁使用不符合标准的冷冻精液。

三、做好发情鉴定，适时配种或输精

准确的发情鉴定是做到适时配种和输精以及提高受胎率的保证。母畜在发情期、生殖器官和行为会发生一系列的变化，只有准确掌握各种动物在发情期的内部、外部变化和表现，及时鉴别出处于发情期的母畜，并适时配种或输精，才能提高受胎率。母牛的发情持续期较其他动物短，而外部表现明显，发情鉴定多以外部观察为主，阴道检查为辅，必要时也可进行直肠检查。母猪发情鉴定以观察为主，并结合压背试验，凡有静立反射的母猪即可进行配种或输精。马以直肠检查法为主，羊则常用试情法。

四、减少胚胎死亡和流产

胚胎死亡和流产可能发生于妊娠的任何阶段。早期胚胎死亡常发生在附植前后，死亡的胚胎大多被子宫吸收，之后母畜再发情，因此不易被发现。牛、羊、猪的早期胚胎死亡率相当高，可达20%～40%。引起胚胎死亡的原因很复杂，可能是精子、卵子异常，内分泌失调，子宫疾病，饲养管理不当及某些传染病等。应全面细致分析，找出原因，及时采取措施。一般认为，适当的营养水平和良好的饲养管理条件，可减少胚胎早期死亡和流产。

五、推广繁殖新技术

随着科学研究的深入和现代畜牧业的发展，动物繁殖技术已进入繁殖控制技术阶段，可以人为地改变和控制动物的繁殖过程，调整其繁殖规律，以充分发挥动物的繁殖潜力。人工授精技术已全面推广使用，特别是奶牛冷冻精液的应用大大提高了优良种公畜的繁殖效率，使奶牛的数量及质量大大提高。另外，发情控制、胚胎移植、诱发分娩、早期断奶技术等也已逐渐应用于生产中。

六、消除动物的繁殖障碍

加强饲养管理，尽量减少不孕症的出现。确认动物患不孕症后，要认真分析不育的原因，并采取相应的措施，及时调整或治疗，使动物尽快恢复繁殖力。

对于遗传性、永久性和衰老性不育的动物应尽早淘汰。对于营养性和利用性不育，应通过改善饲养管理和合理利用加以克服。对于传染性疾病引起的不育，应加强防疫，及时隔离和淘汰。对于一般性引起的不育，应采取积极的治疗措施，以便尽快地恢复种畜的繁殖能力。

七、做好繁殖组织和管理工作

提高繁殖力不单是技术问题，而是技术工作和组织管理工作相互配合的结合工作，所以必须有严密的组织措施相配合。

第一，要建立一支有事业心的技术队伍，定期培训，及时交流经验，做好各种繁殖记录。第二，加强对流产母畜的检查和治疗，对于配种后的母畜，要进行早期妊娠检查，以便及时补配；对已妊娠的要做好保胎工作。第三，要做好动物的接产工作，特别注意母畜产道的保护和产后子宫的处理。第四，应保持合理的畜群结构，不同生产类型，基础母畜占畜群的比例有所不同，一般情况下适繁母畜占畜群数量的50%～70%比较合理。

【实训操作】

实训8-3 猪场或牛场繁殖管理调查

一、实训目的和要求

通过对某一猪场或牛场的繁殖管理调查，了解影响动物繁殖率的各种因素及应采取的措施，增加学生对牧场繁殖管理的感性认识，了解当前牧场繁殖管理的现状和存在的问题。

二、实训方法

（1）观察牧场生产情况和询问技术人员，了解牧场饲养管理和繁殖管理情况，分析各项管理措施是否完善。

（2）调查统计可繁殖母畜发情、输精、妊娠、分娩、产仔情况，计算相关繁殖指标。

三、实训内容

（1）调查了解饲养管理情况，包括精饲料组成、青饲料供应以及饲喂制度情况。

（2）调查后备母畜初次发情及初次输精、经产母畜产后发情时间及产后输精情况，了解受胎率情况。

（3）调查了解妊娠、分娩情况，分析存在的问题。

（4）调查统计繁殖率情况，分析影响牧场繁殖率的主要因素和应采取的措施。

四、实训作业

（1）被调查牧场受胎率和繁殖率是多少？

（2）该牧场繁殖管理中有哪些优点？存在哪些不足？要进一步提高该牧场繁殖率应从哪些方面采取措施？

五、技能考核标准

考核内容与分数分配	操作环节与要求	评分标准		考核方法	熟练程度	时限
		分值	扣分依据			
1. 饲养管理情况 2. 配种、受胎情况 3. 妊娠、分娩情况 4. 牧场繁殖率影响因素和措施 （100 分）	饲养管理的调查	20	每错或少一项扣 5 分	单人操作考核	熟练掌握	30 min
	配种、受胎的调查	20	每错或少一项扣 5 分			
	妊娠、分娩的调查	20	每错或少一项扣 5 分			
	影响牧场繁殖率因素分析和应对措施	20				
	熟练程度	10	在教师指导下完成时扣 5 分			
	完成时间	10	每超时 1 min 扣 2 分，直至扣 10 分			

【项目小结】

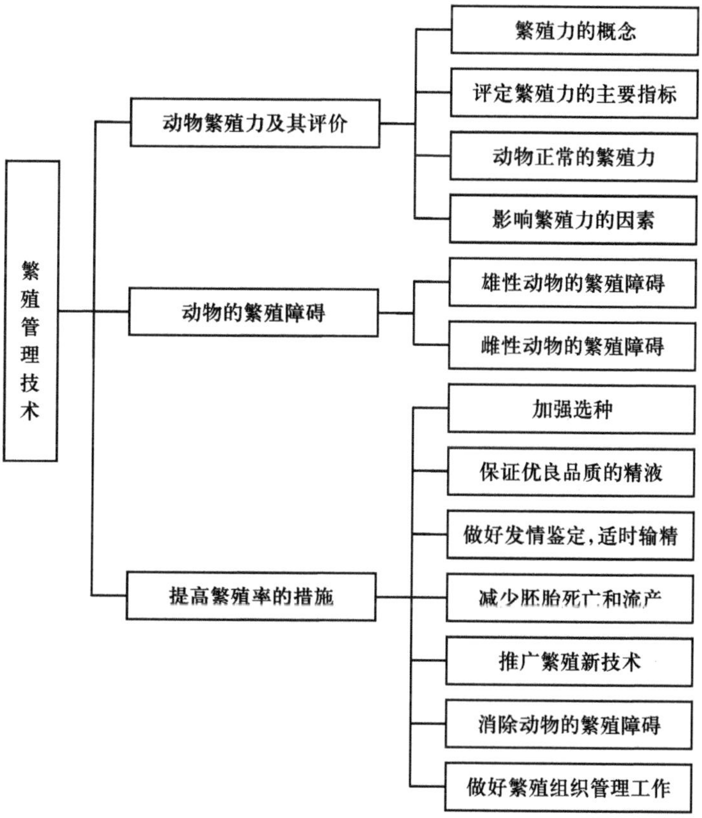

【自测训练】

一、名词解释

家畜繁殖力　情期受胎率　总受胎率　产犊间隔　窝产仔数
持久黄体　子宫内膜炎　不育　不孕

二、简述题

1. 简述母畜繁殖障碍的种类。
2. 简述提高动物繁殖力的途径与方法。
3. 情期受胎率、总受胎率、产仔间隔、窝产仔数与产仔窝数、产羔率的计算方法。
4. 简述影响产仔间隔的因素与缩短产仔间隔的措施。
5. 牛、羊和猪的正常的繁殖力指标是多少?
6. 雌性动物的繁殖障碍主要有哪些类型?
7. 简述卵巢和子宫性疾病的临床症状、诊断方法及防治方法。

三、计算题

1. 某畜牧场上年度终成年母羊存栏数为 2 800 头,已知该场母羊的繁殖率为 140%,计算该畜牧场本年度内出生的羔羊数为多少。

2. 某养猪场在本年度有基础母猪 380 头,春、秋两季参加配种母猪 780 头,其中受某种原因影响有 15 头未妊娠。春、秋两季产仔母猪为 758 头。求该猪场母猪的分娩率。

3. 某乳牛饲养场本年度内饲养适龄母牛 158 头,经查发情配种记录累计发情母牛头数 157 头。求该养牛场母牛的发情率。

4. 已知产仔母畜数为 561 头,受胎母畜数为 568 头,试计算该畜群的分娩率。

5. 某种羊场,秋季繁殖母羊共 540 头,据统计,至 11 月月底受配母羊为 496 头,试计算该场秋季配种率是多少?(提示:写出公式,求出答案)

6. 畜牧场上年度终成年母羊存栏数为 5 600 头,本年度内出生羔羊数为 7 560 只,计算该畜牧场羊的繁殖力为多少。

附　　录

附录一　动物繁殖原理与技术课程指导大纲

课程名称:动物繁殖原理与技术
课程类别:必修
适用对象:动物科学本科专业
学　　分:4 学分
参考学时:54 学时

一、课程性质

动物繁殖原理与技术是动物科学本科专业的专业基础主干课程。本课程是一门综合性、实践性很强的课程。通过本课程的教学,使学生掌握动物繁殖的基本知识和技能,为后续学习专业课程打下较坚实的基础,同时培养学生创新能力和实践能力。本课程的先修课程为动物解剖生理、动物生物化学、动物营养与饲料、动物遗传育种、动物微生物学等。

二、课程学习目标

(一) 知识目标

(1) 了解畜禽生殖器官的形态、结构及生理机能。
(2) 掌握生殖激素的功能和主要生理作用。
(3) 掌握畜禽生殖生理、受精、妊娠和分娩的基本理论。
(4) 了解胚胎生物工程的现状及发展趋势。

(二) 能力目标

(1) 能鉴定母畜发情。
(2) 掌握畜禽采精、精液处理和输精技术。
(3) 掌握畜禽早期妊娠诊断技术。
(4) 能对分娩母畜进行接产、助产。
(5) 能对动物进行繁殖控制,初步学会胚胎移植。
(6) 掌握畜禽繁殖障碍的防治技术。
(7) 掌握评价畜禽繁殖力的方法,初步掌握提高畜禽繁殖力的综合措施。

(三) 素质目标

(1) 具有不断学习专业知识和创新创业能力。

(2) 具有奉献、敬业和吃苦耐劳精神。

(3) 具备良好的职业道德和良好的品德修养。

(4) 具有科学的态度和实事求是的作风。

(5) 具有良好的安全生产意识、质量意识和环保节能意识。

(6) 养成关心畜牧业现状和发展趋势意识,具有较强责任心和使命感。

三、课程设计理念与思路

动物繁殖原理与技术是动物科学本科专业的专业基础课,本课程从养殖企业繁殖岗位职业能力分析入手,以应用能力培养为重点,打破学科体系,以工作过程为导向,以动物繁殖过程为依据,按照“项目-任务”的结构,构建生殖激素功能与应用、采精与精液品质检查、精液的稀释与保存技术、发情与发情鉴定技术、输精与受精、妊娠与妊娠诊断技术、分娩与助产技术和动物繁殖管理8个项目,30个学习任务和22个实训操作,每个项目在岗位群分析的基础上,提出了知识目标和技能目标,项目后设有自测训练,每个任务在讲授知识和基础上,设有若干个专业技能实训,教材内容贴近生产,有利于知识的掌握和技能的训练,使理论内容实践化,实践内容实训化,突出专业技能培养,充分体现了职业性、专业性和应用性的原则。

本课程在教学组织上,结合本地养殖实际,以畜禽繁殖与育种技术为主线,按照“理论指导、现场操作”相结合的原则,大力推行教师、学生和企业技术人员共同参与的现场教学模式,做到培养目标与企业需求相对接,课程内容与岗位能力相对接,学校教学与企业生产相对接。

本课程以学生岗位能力培养为核心、以项目任务教学为形式、以工学结合为途径,创新教学方法和手段,开展“理实一体化”教学,构建融职业能力培养和职业素质教育为一体的课程教学模式。

四、课程基本内容与学时分配

动物繁殖原理与技术课程内容与学时分配表

项目	学习任务	学时分配
项目1 生殖激素功能与应用	任务1-1 生殖激素分类与作用特点	8
	任务1-2 生殖激素的功能与应用	
项目2 采精与精液品质检查	任务2-1 雄性动物性机能发育与性行为	8
	任务2-2 精子的发生与形态结构	
	任务2-3 精液的组成与生理特性	
	任务2-4 采精技术	
	任务2-5 精液品质检查	
项目3 精液的稀释与保存技术	任务3-1 精液的稀释	6
	任务3-2 精液保存	

续表

项目	学习任务	学时分配
项目 4　发情与发情鉴定技术	任务 4-1　雌性动物性机能发育	8
	任务 4-2　卵子发生与卵泡发育	
	任务 4-3　发情与发情周期	
	任务 4-4　发情鉴定技术	
	任务 4-5　发情控制技术	
项目 5　输精与受精	任务 5-1　输精前的准备和输精的基本要求	6
	任务 5-2　各种动物的输精方法	
	任务 5-3　受精	
	任务 5-4　胚胎移植技术	
	任务 5-5　配子与胚胎生物工程技术	
项目 6　妊娠与妊娠诊断技术	任务 6-1　胚胎附植	6
	任务 6-2　胎膜和胎盘	
	任务 6-3　妊娠母畜的生理变化	
	任务 6-4　妊娠诊断技术	
项目 7　分娩与助产技术	任务 7-1　分娩预兆与分娩过程	7
	任务 7-2　决定分娩的因素	
	任务 7-3　分娩助产技术	
	任务 7-4　诱发分娩技术	
项目 8　动物繁殖管理	任务 8-1　动物繁殖力及其评价	5
	任务 8-2　动物的繁殖障碍	
	任务 8-3　提高繁殖率的措施	
	合计	54

五、教学要求与教学设计

动物繁殖原理与技术课程教学设计

学习情景	项目1　生殖激素功能和应用		学时	8
学习目标	知识目标	能力目标		
	1. 掌握生殖激素的概念 2. 掌握生殖激素的种类与作用特点 3. 掌握各种生殖激素的主要功能 4. 掌握生殖激素的应用 5. 了解生殖激素的性质及来源	1. 掌握生殖的使用方法及使用时的注意事项 2. 生产中能正确使用生殖激素来调控动物的繁殖过程		
学习内容	理论知识内容	技能训练内容		
	任务1-1　生殖激素的分类与作用特点 一、生殖激素的概念 二、生殖激素的作用特点 三、生殖激素的分类 任务1-2　生殖激素的功能与应用 一、下丘脑分泌的激素 二、垂体促性腺激素 三、胎盘促性腺激素 四、性腺激素 五、其他激素	1. 常用生殖激素制剂识别及其作用试验 2. PMSG的制备与PMSG及FSH效价测定		
教学要求	1. 明确生殖激素的概念、作用特点 2. 掌握生殖激素的生产应用			
教学方法	讲授法与讨论法结合 引导教学法 多媒体直观教学			
教学重点	各种生殖激素的临床应用			
教学难点	生殖激素的调节作用			

<table>
<tr><td>学习情景</td><td colspan="2">项目 2　采精与精液品质检查</td><td>学时</td><td>8</td></tr>
<tr><td rowspan="2">学习目标</td><td>知识目标</td><td colspan="3">能力目标</td></tr>
<tr><td>1. 了解雄性动物生殖器官的结构与功能
2. 掌握雄性动物精子的产生过程和形态变化
3. 掌握假阴道安装基本知识
4. 了解采精的程序和操作要领</td><td colspan="3">1. 通过图片和标本识别各种家畜的生殖器官
2. 掌握牛和羊的假阴道的安装方法
3. 掌握雄性动物调教和采精方法
4. 掌握精液品质检查的方法</td></tr>
<tr><td rowspan="2">学习内容</td><td>理论知识内容</td><td colspan="3">技能训练内容</td></tr>
<tr><td>任务 2-1　雄性动物性机能发育与性行为
一、雄性动物的初情期、性成熟和适配年龄
二、雄性动物性行为
任务 2-2　精子的发生与形态结构
一、精子的发生
二、精子在附睾内的转运、成熟和贮存
三、精子的形态结构
任务 2-3　精液的组成与生理特性
一、精液的组成
二、精清的主要化学成分
三、精子的代谢和运动
四、外界环境因素对精子的影响
任务 2-4　采精技术
一、采精前的准备
二、采精操作
三、采精频率
任务 2-5　精液品质检查
一、精液品质检查的目的和原则
二、精液的外观检查
三、显微镜检查</td><td colspan="3">1. 雄性动物生殖器官解剖构造的观察
2. 睾丸的组织学切片观察
3. 假阴道的认识与安装
4. 公猪采精技术
5. 精液品质检查及评定</td></tr>
<tr><td>教学要求</td><td colspan="4">1. 掌握公畜(禽)生殖器官的组成和特点
2. 学会采精、精液品质检查</td></tr>
<tr><td>教学方法</td><td colspan="4">多媒体和网络教学、标本教学和现场教学</td></tr>
<tr><td>教学重点</td><td colspan="4">1. 假阴道采精方法和猪的手握采精方法
2. 精液品质的检查方法</td></tr>
<tr><td>教学难点</td><td colspan="4">采精技术</td></tr>
</table>

<table>
<tr><td>学习情景</td><td colspan="2">项目 3　精液的稀释与保存技术</td><td>学时</td><td>6</td></tr>
<tr><td rowspan="2">学习目标</td><td>知识目标</td><td colspan="3">技能目标</td></tr>
<tr><td>1. 了解精液稀释的目的及要求
2. 了解稀释液的成分和作用
3. 掌握配制稀释液的基本程序
4. 了解精液保存方法的原理</td><td colspan="3">1. 掌握稀释液的配制方法及注意事项
2. 掌握稀释精液的方法
3. 掌握精液低温保存、常温保存及冷冻保存的方法</td></tr>
<tr><td rowspan="2">学习内容</td><td>理论知识内容</td><td colspan="3">技能训练内容</td></tr>
<tr><td>任务 3-1　精液的稀释
一、精液稀释液的主要成分和作用
二、稀释液的基本要求
三、稀释液的分类
四、稀释液的配制原则及注意事项
五、精液的稀释方法
六、精液稀释倍数的确定
任务 3-2　精液保存
一、常温保存
二、低温保存
三、冷冻保存</td><td colspan="3">1. 稀释液的配制与精液的稀释
2. 牛颗粒冻精的制作、保存和解冻</td></tr>
<tr><td>教学要求</td><td colspan="4">掌握精液稀释和精液保存技术</td></tr>
<tr><td>教学方法</td><td colspan="4">多媒体和网络教学,实行理实一体化或现场教学</td></tr>
<tr><td>教学重点</td><td colspan="4">1. 稀释液的配制方法和精液稀释
2. 冷冻保存精液方法</td></tr>
<tr><td>教学难点</td><td colspan="4">精液冷冻原理</td></tr>
</table>

<table>
<tr><td>学习情景</td><td>项目 4　发情与发情鉴定技术</td><td>学时</td><td>8</td></tr>
<tr><td rowspan="2">学习目标</td><td>知识目标</td><td colspan="2">能力目标</td></tr>
<tr><td>1. 了解雌性动物生殖器官的位置、形态特点及生理机能
2. 掌握卵泡发育和卵子发生过程
3. 了解排卵和黄体形成过程
4. 掌握发情的变化和发情周期各阶段的特点
5. 掌握诱发发情、同期发情和超数排卵的原理</td><td colspan="2">1. 掌握发情情鉴定的基本方法
2. 掌握牛、马、猪、羊的发情鉴定
3. 掌握诱发发情、同期发情和超数排卵的方法</td></tr>
<tr><td rowspan="2">学习内容</td><td>理论知识内容</td><td colspan="2">技能训练内容</td></tr>
<tr><td>任务 4-1　雌性动物性机能发育
一、初情期
二、性成熟
三、体成熟
四、适配年龄
五、繁殖能力停止期
任务 4-2　卵子发生与卵泡发育
一、卵泡发育
二、卵子的发生和形态结构
三、排卵和黄体形成
任务 4-3　发情与发情周期
一、发情
二、发情周期
三、异常发情
四、产后发情
任务 4-4　发情鉴定技术
一、发情鉴定的目的
二、发情鉴定常用方法
三、常见动物的发情鉴定
任务 4-5　发情控制技术
一、诱发发情
二、同期发情
三、超数排卵</td><td colspan="2">1. 雌性动物生殖器官解剖构造的观察
2. 卵巢的组织学切片观察
3. 母畜发情的外部观察与试情
4. 牛的直肠检查
5. 同期发情技术</td></tr>
<tr><td>教学要求</td><td colspan="3">1. 掌握发情、性成熟、适配年龄的概念，母畜发情周期的划分及常见的异常发情现象
2. 理解发情公母畜发情时机体的变化，为家畜配种及做好发情鉴定做准备
3. 了解和掌握家畜发情控制的先进技术</td></tr>
<tr><td>教学方法</td><td colspan="3">多媒体教学，标本教学，现场教学</td></tr>
<tr><td>教学重点</td><td colspan="3">发情鉴定技术和诱发发情、同期发情、超数排卵的机理与处理方法</td></tr>
<tr><td>教学难点</td><td colspan="3">发情鉴定、同期发情的机理、超数排卵的处理时机</td></tr>
</table>

<table>
<tr><td>学习情景</td><td>项目 5　输精与受精</td><td>学时</td><td>6</td></tr>
<tr><td rowspan="2">学习目标</td><td>知识目标</td><td colspan="2">能力目标</td></tr>
<tr><td>1. 了解雌性动物输精的基本要求
2. 了解精子、卵子的运行和受精准备，掌握受精过程
3. 掌握胚胎移植的概念和生理学基础
4. 掌握胚胎移植的基本原则
5. 了解体外受精、动物克隆、胚胎嵌合、胚胎性别鉴定、转基因动物相关知识</td><td colspan="2">1. 掌握各种动物输精时间的确定和输精方法
2. 掌握胚胎移植的操作程序</td></tr>
<tr><td rowspan="2">学习内容</td><td>理论知识内容</td><td colspan="2">技能训练内容</td></tr>
<tr><td>任务 5-1　输精前的准备和输精的基本要求
一、输精前的准备
二、输精的基本要求
任务 5-2　各种动物的输精方法
一、母牛的输精
二、母猪的输精
三、母羊的输精
四、母马(驴)的输精
五、母鸡的输精
六、母兔的输精
任务 5-3　受精
一、动物射精类型
二、精子的运行和维持受精能力的时间
三、卵子在输卵管中的运行
四、精子和卵子受精前的变化
五、受精过程
六、异常受精
七、胚胎的早期发育
任务 5-4　胚胎移植技术
一、胚胎移植的概念
二、胚胎移植的意义
三、胚胎移植的生理学基础
四、胚胎移植的基本原则
五、胚胎移植的操作程序
任务 5-5　配子与胚胎生物工程技术
一、体外受精技术
二、卵母细胞和胚胎冷冻保存技术
三、动物克隆技术
四、性别控制与性别鉴定技术
五、胚胎嵌合技术
六、转基因动物技术
七、动物胚胎干细胞技术</td><td colspan="2">1. 牛、羊、猪的输精
2. 羊的手术法胚胎移植</td></tr>
<tr><td>教学要求</td><td colspan="3">掌握畜禽输精技术，了解并掌握配子的运行和受精过程，掌握胚胎移植技术</td></tr>
<tr><td>教学方法</td><td colspan="3">多媒体和现场教学</td></tr>
<tr><td>教学重点</td><td colspan="3">畜禽输精技术和胚胎移植技术</td></tr>
<tr><td>教学难点</td><td colspan="3">输精时机把握和胚胎移植</td></tr>
</table>

<table>
<tr><td>学习情景</td><td colspan="2">项目 6　妊娠与妊娠诊断技术</td><td>学时</td><td>6</td></tr>
<tr><td rowspan="2">学习目标</td><td>知识目标</td><td colspan="3">能力目标</td></tr>
<tr><td>1. 了解胚泡附植的规律和胎膜、胎盘的结构特点
2. 掌握妊娠母畜的生理变化特点
3. 掌握母畜妊娠诊断的操作要领</td><td colspan="3">1. 掌握母畜预产期的推算方法
2. 掌握牛、猪和羊的妊娠诊断方法</td></tr>
<tr><td rowspan="2">学习内容</td><td>理论知识内容</td><td colspan="3">技能训练内容</td></tr>
<tr><td>任务 6-1　胚胎附植
一、妊娠的识别与建立
二、胚胎附植
三、各种家畜的妊娠期及预产期的推算
任务 6-2　胎膜和胎盘
一、胎膜
二、胎盘
任务 6-3　妊娠母畜的生理变化
一、全身的变化
二、卵巢的变化
三、子宫的变化
四、阴道的变化
任务 6-4　妊娠诊断技术
一、妊娠诊断的意义
二、妊娠诊断的方法</td><td colspan="3">母畜的妊娠诊断</td></tr>
<tr><td>教学要求</td><td colspan="4">1. 学习并掌握家畜妊娠生理，为妊娠诊断奠定基础
2. 在掌握家畜妊娠生理的基础上，掌握家畜妊娠诊断的方法</td></tr>
<tr><td>教学方法</td><td colspan="4">多媒体和现场教学</td></tr>
<tr><td>教学重点</td><td colspan="4">妊娠诊断</td></tr>
<tr><td>教学难点</td><td colspan="4">胎膜和胎盘</td></tr>
</table>

<table>
<tr><td>学习情景</td><td>项目 7　分娩与助产技术</td><td>学时</td><td>7</td></tr>
<tr><td rowspan="2">学习目标</td><td>知识目标</td><td colspan="2">能力目标</td></tr>
<tr><td>1. 了解母畜分娩的预兆和分娩过程
2. 了解决定母畜分娩的因素
3. 掌握胎向、胎位和胎势的概念
4. 掌握难产时助产原则</td><td colspan="2">1. 掌握母畜正常分娩的助产方法
2. 学会难产的救助方法和难产的预防方法
3. 掌握诱发母畜分娩的技术
4. 掌握母畜产后护理和新生仔畜护理的方法</td></tr>
<tr><td rowspan="2">学习内容</td><td>理论知识内容</td><td colspan="2">技能训练内容</td></tr>
<tr><td>任务 7-1　分娩预兆与分娩过程
一、分娩预兆
二、分娩过程
任务 7-2　决定分娩的因素
一、产力
二、产道
三、胎儿
四、胎势
五、前置
任务 7-3　分娩助产技术
一、助产前的准备
二、正常分娩的助产
三、难产及其助产
四、产后期母畜及新生仔畜的护理
任务 7-4　诱发分娩技术
一、诱发分娩的意义
二、诱发分娩的机理
三、诱发分娩的方法</td><td colspan="2">1. 母牛分娩接产与初生犊牛的护理
2. 母畜的难产助产技术</td></tr>
<tr><td>教学要求</td><td colspan="3">1. 能根据分娩征兆判断分娩时间，做好准备和助产工作
2. 掌握诱发分娩技术</td></tr>
<tr><td>教学方法</td><td colspan="3">多媒体和现场教学</td></tr>
<tr><td>教学重点</td><td colspan="3">接产、分娩助产技术</td></tr>
<tr><td>教学难点</td><td colspan="3">分娩的机理</td></tr>
</table>

<table>
<tr><td>学习情景</td><td>项目 8 动物繁殖管理</td><td>学时</td><td>5</td></tr>
<tr><td rowspan="2">学习目标</td><td>知识目标</td><td colspan="2">能力目标</td></tr>
<tr><td>1. 掌握动物繁殖力的概念
2. 掌握常用繁殖指标的含义及统计方法
3. 了解动物正常繁殖力指标
4. 了解动物繁殖障碍的种类,明确雌性动物不孕症的原因
5. 了解影响繁殖力的因素,掌握提高动物繁殖力的措施</td><td colspan="2">1. 能正确判断动物不孕的原因和类型,掌握动物常见不孕症的治疗方法
2. 正确运用常用的繁殖力评价指标
3. 运用所学的知识和技能,能制订综合方案,提高动物的繁殖力</td></tr>
<tr><td rowspan="2">学习内容</td><td>理论知识内容</td><td colspan="2">技能训练内容</td></tr>
<tr><td>任务 8-1 动物繁殖力及其评价
一、繁殖力的概念
二、评定繁殖力的主要指标
三、动物正常的繁殖力
四、影响繁殖力的因素
任务 8-2 动物的繁殖障碍
一、雄性动物的繁殖障碍
二、雌性动物的繁殖障碍
任务 8-3 提高繁殖率的措施
一、加强选种
二、保证优良品质的精液
三、做好发情鉴定,适时配种或输精
四、减少胚胎死亡和流产
五、推广繁殖新技术
六、消除动物的繁殖障碍
七、做好繁殖组织和管理工作</td><td colspan="2">1. 猪场母猪繁殖力统计
2. 母牛不孕症的诊治
3. 猪场或牛场繁殖管理调查</td></tr>
<tr><td>教学要求</td><td colspan="3">1. 明确家畜繁殖力的有关概念和意义
2. 熟悉各种家畜的正常繁殖力
3. 掌握繁殖力的各项评定方法
4. 了解和掌握公母畜繁殖障碍
5. 了解影响家畜繁殖力的因素</td></tr>
<tr><td>教学方法</td><td colspan="3">多媒体和现场教学</td></tr>
<tr><td>教学重点</td><td colspan="3">繁殖率计算和提高繁殖率的措施</td></tr>
<tr><td>教学难点</td><td colspan="3">家畜繁殖力评定方法,动物的繁殖障碍</td></tr>
</table>

六、课程的考核与评价

1. 对学生的考核与评价应该落实课程标准的目标和理念。

2. 采用课堂提问、学生作业、平时测验、实验实训、技能竞赛等过程评价与终结性评价相结合，自评、互评及师评的多元化评价模式。

3. 应重点评价学生的职业能力，即学生动手能力、分析解决问题能力及创新能力，以发展学生心智和潜能。

4. 成绩计算

在考试成绩分配上一般采用理论考试和实践技能操作两种形式，具体分配比例见附表 1。

附表 1　动物繁殖原理与技术课程考核成绩分配表

项目	期末理论考试	实践技能操作	学习态度	出勤率	实习报告	合计
比例	40%	30%	10%	10%	10%	100%

七、教学资源的要求

（一）教学条件

1. 师资队伍

应构建一支校企合作的专兼结合、结构合理的双师型教师队伍，将企业中的技术能手、专家聘为兼职教师开展教学，专业教师按生产季节进入企业锻炼和教学，以提高专业水平。要求任课教师必须具有丰富的实践经验（包括理论知识和实践知识）、课程开发能力，基于学生能力培养的教学能力、为社会提供科技服务的能力等，以利于教学和课程的改革。

2. 实验实训条件与场所

有“理实一体化”教学场所，拥有电热恒温干燥箱、电动离心机、分析天平、气相色谱仪、紫外分光光度计、高压消毒器、PCR 扩增仪、精子分析仪、精子计数器、胚胎移植器、超声波妊娠诊断仪、液氮罐、电视生物显微镜、电泳仪等仪器设备。

3. 生产实习实训基地

有完善校内实习条件，拥有 2 家以上固定的种畜场、畜牧公司或养殖场作为学生校外实训基地。

（二）教学方法与手段

1. 教学方法和教学手段

本课程主要通过案例教学法、项目教学法、演示教学法等教学方法，根据教学目的要求，组织学生对案例的调查、阅读、思考、分析、讨论和交流等活动，教给他们分析问题和解决问题的方法或道理，进而提高分析问题和解决问题的能力；通过具体的任务，培养学生解决具体问题的能力；通过展示各种实物标本、模型、挂图，放映幻灯、电影、电视、录像等或进行实际操作，使学生通过观察获得关于事物及其现象的感性认识，从而激发学生的学习兴趣，集中注意力，使学生获得感性知识的同时，加深对事物的印象，并能够把理论知识与实际知识联系起来，从而有利于形成深刻的、正确的概念。整个教学贯彻“学生为主，老师为辅”的理念，充分调动学生学习的积极性，从而提高教学效果。

2. 教学建议

（1）在教学过程中，要紧扣教学目标，以能力为本位，切实将培养学生的实践能力放在突出位置。采用项目教学，以学习任务引领提高学生学习兴趣，激发学生的成就动机。

(2) 组织教学活动时，要应用挂图、投影仪、幻灯片、多媒体课件等教学资源辅助教学，帮助学生掌握动物繁育技术。

(3) 本课程教学的关键是现场教学，以专业教室、实训室为载体，在教学过程中教师示范和学生分组操作训练，学生提问与教师解答、指导有机结合，让学生在“教”与“学”过程中掌握动物繁殖的基本操作技能。

(4) 在教学过程中，加强职业技能的实际操作项目的训练，按照学生形成职业能力的客观规律，精讲多练，做学一体。

(5) 在教学过程中，根据畜禽实际生产情况，对教学内容的时序安排可以进行必要的前后调整。重视本专业领域新知识和新技术，贴近生产现场。

(6) 教学过程中教师应积极引导学生提升职业素养，提高职业道德。

(三) 数字化课程资源的开发与利用

利用现代信息技术开发多媒体课件，通过搭建多维、动态、活跃、自主的课程训练平台，使学生的主动性、积极性和创造性得以充分调动。

努力搭建网络化学习的平台，让学生能够通过网络进行自主学习，也可以进行虚拟实训，通过网络进行在线答疑和辅导，为学生创造个性化学习的条件，提高学生学习的兴趣和效果。

搭建产学合作平台，充分利用本行业的企业资源，满足学生参观、实训和毕业实习的需要，并在合作中关注学生职业能力的发展和教学内容的调整。

积极利用电子书籍、电子期刊、数字图书馆、各大网站等网络资源，使教学内容从单一化向多元化转变，进一步拓展学生的知识和能力。

八、教材与参考书

教材编写必须依据本课程大纲，要充分体现项目课程设计思想，以项目为载体实施教学，项目选取要科学、符合该门课程的工作逻辑，让学生在完成项目的过程中逐步提高职业能力，同时要考虑可操作性。理论知识以应用为目的、注重实践能力的培养，并要及时对教材内容进行更新。

(1) 必须以本课程标准为依据进行开发，要与产业、行业、职业岗位对接，充分体现职业性。

(2) 教材内容应突出实践性，不仅要充分体现社会职业岗位所需要的实践内容，还要体现各种实践的可操作性，把实践教学内容进行任务驱动、项目开发、模块设置。

(3) 教材开发过程中，要及时吸收新知识、新技术、新方法，保证教材先进性。

(4) 教材应图文并茂易于理解，有利于引发学生学习兴趣，提高学习的持续性。

选用的教材一定要符合职教师资本科人才培养的要求，科学、合理地安排教材内容，帮助学生不断提高综合素质与职业能力。教材应突出实用性，应避免把职业能力简单理解为纯粹的技能操作，同时要具有前瞻性。教材应以学生为本，文字表述要简明扼要，内容展现应图文并茂，突出重点，重在提高学生学习的主动性和积极性。教材中的实训内容要具有可操作性。

1. 杨利国. 动物繁殖学. 3 版. 北京：中国农业出版社，2019.

2. 王锋. 动物繁殖学. 2 版. 北京：中国农业大学出版社，2022.

3. 周虚. 动物繁殖学. 北京：科学出版社，2015.

4. 潘英树. 动物遗传育种与繁殖学. 长春：吉林大学，2010.

5. 李纯锦，陈璐. 动物繁殖学实验指导. 北京：科学出版社，2022.

附录二 相关网站

1. 中国畜牧兽医学会动物繁殖学分会
   http://dwfzxfh.caav.org.cn/
2. 中国畜牧业信息网
   https://www.caaa.cn/
3. 动物繁殖学,中国农业大学精品课程网
   https://www.icourses.cn/sCourse/course_7334.html
4. 动物繁殖学,华中农业大学精品课程网
   https://www.icourses.cn/sCourse/course_2738.html
5. 动物繁殖学,南京农业大学精品课程网
   https://www.icourses.cn/sCourse/course_6156.html

参考文献

[1] 冯肖艺，徐茜，张航，等. 牛体外胚胎冷冻保存的研究进展[J]. 畜牧兽医学报，2023，54(2)：451-462.

[2] 甘肃农业大学. 兽医产科学[M]. 2版. 北京：农业出版社，1988.

[3] 耿会欣. 胚胎冷冻技术在不同促排卵方案患者中的应用效果及对囊胚形成率的影响研究[J]. 中国优生与遗传杂志，2020，28(2)：243-245.

[4] 李光鹏，张立. 中国转基因家畜最新研究进展[J]. 内蒙古大学学报(自然科学版)，2017，48(4)：346-355.

[5] 李来平，贾万臣. 动物繁殖技术[M]. 北京：中国农业大学出版社，2015.

[6] 李蕊蕊. 不同胚胎移植方案在体外受精——胚胎移植中的效果分析[J]. 黑龙江医学，2022，46(11)：1292-1294，1300.

[7] 宋雪莹，佟桂芝，宋斌，等. 家畜胚胎克隆关键技术及应用研究[J]. 黑龙江动物繁殖，2020，28(6)：19-22.

[8] 孙敬宇，史佳斌，鄂志强，等. 延边黄牛活体采卵体外受精胚胎程序化冷冻保存的研究[J]. 黑龙江畜牧兽医，2021(14)：54-59.

[9] 王锋. 动物繁殖学[M]. 2版. 北京：中国农业大学出版社，2022.

[10] 王立民，周平，唐红，等. 转生长激素基因小鼠、猪、羊的研究进展[J]. 内蒙古大学学报(自然科学版)，2019，50(5)：544-549.

[11] 王腾飞，张燕，王彦平，等. 奶牛活体采卵-体外受精效率的影响因素研究[J]，2021，48(2)：574-580.

[12] 徐相亭，秦豪荣. 动物繁殖[M]. 北京：中国农业大学出版社，2008.

[13] 杨利国. 动物繁殖学[M]. 3版. 北京：中国农业出版社，2019.

[14] 杨利国. 动物繁殖学实验实习教程[M]. 北京：中国农业出版社，2015.

[15] 翟亚莹，张子敬，吕世杰，等. 牛胚胎冷冻技术及冷冻保护剂研究进展[J]. 中国畜禽种业，2022，18(10)：34-37.

[16] 张长兴. 猪人工授精图解[M]. 北京：金盾出版社. 2010.

[17] 张花锦，王鸿周，周广义，等. 小鼠胚胎培养在新建体外受精胚胎培养室质量控制中的作用[J]. 临床研究，2021，29(9)：4-7.

[18] 张仁森，刘秋月，胡文萍，等. 家畜生殖激素测定方法研究进展[J]. 家畜生态学报，2020，41(11)：1-5.

[19] 张周. 家畜繁殖[M]. 北京：中国农业出版社，2001.

[20] 周虚. 动物繁殖学[M]. 北京：科学出版社，2015.